高等学校"互联网+"新形态教材

建 设 法 规

主　编　刘红霞　柳立生　刘　欣
副主编　白祖国　王彦君　欧阳玉华　陈晓红

中国水利水电出版社
www.waterpub.com.cn
·北京·

内 容 提 要

本书根据国家最新法律法规，结合建筑业相关执业资格考试要求，以工程建设全过程为主线，用通俗易懂的语言阐述了我国现行的建设法规，包括城乡规划法律制度、勘察设计法律制度、建筑许可法律制度、工程招投标法律制度、建设工程承包及合同管理法律制度、建设工程质量管理法律制度、建设工程安全生产管理法律制度等。此外，本书还较为详细地介绍了与工程建设密切相关的房地产管理法律制度以及其他相关的法律制度，如环境保护法、建筑节能法、档案法、工程纠纷处理、文物保护法等。

本书体系完整，内容丰富，注重理论与实践的结合，同时还是基于互联网+的新形态教材，读者可以扫描书中二维码观看视频，既方便教师教学，又有利于学生巩固所学知识。

本书可作为高等学校土木工程、工程管理、工程造价、建筑学等专业的建设法规课程教材，以及其他相关专业、相关课程的参考教材，也可作为建筑业、房地产业的工程技术人员和管理人员学习的参考用书。

图书在版编目（CIP）数据

建设法规/刘红霞，柳立生，刘欣主编. —北京：
中国水利水电出版社，2020.2
ISBN 978-7-5170-8380-1

Ⅰ.①建…　Ⅱ.①刘…　②柳…　③刘…　Ⅲ.①建筑法
—中国—高等学校—教材　Ⅳ.①D922.297

中国版本图书馆 CIP 数据核字（2020）第 015712 号

书　　名	高等学校"互联网+"新形态教材 建设法规 JIANSHE FAGUI
作　　者	主　编　刘红霞　柳立生　刘　欣 副主编　白祖国　王彦君　欧阳玉华　陈晓红
出版发行	中国水利水电出版社 （北京市海淀区玉渊潭南路 1 号 D 座　100038） 网址：www.waterpub.com.cn E-mail：sales@waterpub.com.cn 电话：（010）68367658（营销中心）
经　　售	北京科水图书销售中心（零售） 电话：（010）88383994、63202643、68545874 全国各地新华书店和相关出版物销售网点
排　　版	京华图文制作有限公司
印　　刷	三河市龙大印装有限公司
规　　格	185mm×260mm　16 开本　17.5 印张　434 千字
版　　次	2020 年 2 月第 1 版　2020 年 2 月第 1 次印刷
印　　数	0001—3000 册
定　　价	49.80 元

前　言

建筑法规在规范工程建设活动、维护建筑市场秩序、保障工程质量和安全、促进建筑业的健康发展等方面，具有十分重要的意义。"建设法规"是一门理论性、综合性、实践性非常强的课程，是学生掌握专业理论知识和培养业务能力的主要途径，是今后从事本专业工作的基础，也是国家各类建筑业相关执业资格考试的必考科目。因此，本书编者在参阅了大量参考资料的基础上，结合注册建造师、注册监理工程师等各类执业资格考试的内容，精心编写了本书。

全书在内容上涵盖了工程建设领域涉及的主要法律法规，包括最新的城乡规划法律制度、勘察设计法律制度、建筑许可法律制度、工程招投标法律制度、建设工程承包及合同管理法律制度、建设工程质量管理法律制度、建设工程安全生产管理法律制度、房地产管理法律制度以及其他相关法律制度，如环境保护法、建筑节能法、档案法等，可以帮助读者全面系统地了解我国现行的建设法规体系。

为增强本书的实用性和趣味性，本书在每章前都有引例，在每章后都有相关的案例分析。为了方便检验学习效果，每章后都配有习题，深化读者对基本法律条文的理解。同时，编者在附录部分归纳了建设领域的相关法律法规，并附上质量管理、安全管理等主要法律法规的最新全文。

本书内容全面，系统性和实用性强，可作为高等学校土木工程、工程管理、工程造价、建筑学等专业的建设法规课程教材及其他相关专业、相关课程的参考教材，也可作为从事建筑业、房地产业的工程技术和管理人员的学习、参考用书，还可作为注册建造师、注册监理工程师、注册造价工程师等各类注册工程师执业资格考试的参考用书。本书依照最新法规录制了视频资源，读者可以在书中扫二维码学习，也可以登录"智慧职教"网站，搜索"建设工程法规"课程，在线系统地学习。

本书由刘红霞、柳立生、刘欣担任主编，白祖国、王彦君、欧阳玉华、陈晓红为副主编，华均为视频资源的总指导。特别感谢贾莲英、邵志华、刘洋、程斐涵、李娟、钟红、周豪为录制视频资源所做的大量工作。本书在编写过程中参阅了大量同类专著和教材，在此一并致谢。

由于编者水平有限，书中不足之处在所难免，衷心希望广大读者批评指正。

图书总码

编　者

2019 年 12 月

目　　录

导论

教学目标

本章主要讲述建设法规的概念及其在整个法律体系中所处的地位。通过本章的学习，应达到以下目标：

(1) 理解并熟悉建设法规的概念、调整对象及特征。

(2) 掌握建设法规体系的构成。

(3) 了解我国建设法规体系的发展历程。

教学要求

知识要点	能力要求	相关知识
建设法规的概念与构成	(1) 理解建设法规的概念； (2) 熟悉建设法规的调整对象； (3) 熟悉建设法规的特征	(1) 自然人、法人的概念； (2) 建设活动的含义； (3) 建设项目全寿命周期
建设法规体系	(1) 熟悉建设法规体系的含义； (2) 掌握建设法规体系的构成	(1) 法律体系； (2) 法律渊源； (3) 立法层次

 基本概念

建设法规　法律关系　调整对象　建设法规体系

 引言

建设法规是国家法律体系的重要组成部分，由于工程建设活动的公共性和特殊性，建设法规在服从国家法律体系总体要求，与上一层相关法律体系保持一致的同时，又自成体系，具有相对的独立性。作为工程类相关专业的学生，应该了解建设法规的基本知识，为将来的学习和工作打下基础。

1.1　建设法规概述

1.1.1　建设法规的定义、调整对象和关系

1.1.1.1　建设法规的定义

建设法规是指国家立法机关或其授权的行政机关制定的旨在调整国家及其有关机构、企事业单位、社会团体、公民之间，在建设活动中或建设行政管理活动中发生的各种社会关系的法律、法规的总称。

这里的建设活动是指建设工程、建筑工程、线路管道和设备安装工程的新建、改建、扩建及建筑装饰装修活动。从广义来看,建设活动横向包含了城市建设、村镇建设、工程建设,涉及建筑业、房地产业、市政公用事业("三建三业")。纵向包含了建设项目的全生命周期,即从立项开始,贯穿计划、资金筹措、勘察、设计、施工、投产使用、保修及固定资产投资后评价等建设全过程。

1.1.1.2 建设法规的调整对象

建设法规调整的是国家行政管理机关、法人、法人以外的其他组织、公民之间在建设活动中所发生的各种社会关系,主要体现在三个方面:一是建设活动中的行政管理关系;二是建设活动中的经济协作关系;三是建设活动中的民事法律关系。

(1)建设活动中的行政管理关系。建设活动关系到国计民生,与国家、社会的发展,公民的工作、生活及生命财产安全都有直接关系,国家必然要对建设活动进行监督管理。在国务院和地方各级人民政府都设有专门的行政主管部门,对建设活动的各个阶段进行监督管理,包括立项、资金筹措、勘察、设计、施工、验收等。同时,国务院和地方政府的其他行政管理部门,如财政、审计、监察等部门也承担了一些对建设活动进行监督管理的任务。

(2)建设活动中的经济协作关系。工程建设活动是多个主体和相关人员共同参与并协作完成的。在协作过程中这些主体之间产生了相应的民事权利和义务关系,应该由建设法规中的有关法律规定及《中华人民共和国民法通则》等相关法律规范来予以规范、调整。主要涉及对建设工程的质量、安全及劳动关系的监督管理。

(3)建设活动中的民事法律关系。建设活动中的民事法律关系是指在建设活动中由民事法律规范所调整的社会关系。它是所有建设法律关系的基础,主要表现为人身关系及财产关系。在建设活动中,往往会涉及土地征用、房屋征收、从业人员及相关人员的人身及财产的伤害、财产及相关权利的转让等有关公民个人的权利问题。这些社会关系都需要民事法律法规来调整。

1.1.1.3 建设法律关系

建设法律关系是指由建设法律规范所确认和调整的,在建设管理和建设协作过程中所产生的权利、义务关系。建设业活动面广,内容繁杂,法律关系主体非常广泛,所依据的法律法规多种多样,建设法律关系具有综合性、复杂性和协同性等特点。

扫一扫

建设法律关系由建设法律关系主体、建设法律关系客体和建设法律关系内容三个要素构成。

1. 建设法律关系主体

建设法律关系主体是指参加建设活动、受建设法律规范调整,在法律上享有权利、承担义务的人。建设法律关系主体有自然人、法人和其他组织。

(1)自然人。自然人是基于出生而依法成为民事法律关系主体的人。通常,自然人在建设活动中可以成为建设法律关系的主体,如施工企业工作人员(包括工人、专业技术人员、注册执法人员等)同企业签订劳动合同时,就成为建设法律关系主体。

 小思考

在某市政府主导的房屋征收活动中,当地房屋征收主管部门与被征收范围内房屋产权人张××签订了协议,但是其女儿认为自己的母亲已经70多岁,对关于房屋征收的事情不清楚，其签订的房屋征收补偿协议无效，要求房屋征收主管部门与自己签订协议。请问这个要求是否合理？

（2）法人。法人是具有民事权利能力和民事行为能力，依法独立享有民事权利和承担民事义务的组织，必须具备四个基本条件：依法成立，有必要的财产和经费，有自己的名称、组织机构和场所，能独立承担民事责任。包括企业法人和非企业法人两类。

1）企业法人。在工程建设活动中，企业法人主要为工程勘察企业、工程设计企业、城市规划编制单位、建筑业企业、房地产开发企业。

2）非企业法人。非企业法人主要包括机关法人、事业单位法人和社会团体法人。

机关法人是指依法享有国家赋予的权力，以国家预算作为活动经费，因行使职权的需要而享有民事权利能力和民事行为能力的各级国家机关，包括立法机关、行政机关、军事机关和司法机关。

事业单位法人是指从事非营利性的各项社会公益事业拥有独立财产或经费的各类法人，包括文化、教育、卫生、体育、新闻出版等公益事业单位。

社会团体法人是具有民事权利能力和民事行为能力，依法独立享有民事权利和承担民事义务的社会组织，包括各种政治团体（如各民主党派）、人民群众团体（如工会、妇联、共青团）、社会公益团体（如残疾人基金会）、文学艺术团体（如作家协会）、学术研究团体（如数学学会）。

（3）其他组织。其他组织指除了自然人，法人之外的一些其他的虽然不具有法人资格但可以独立承担民事责任能力的团体，比如行业协会，财团，基金会。

2. 建设法律关系客体

建设法律关系客体是指参加建设法律关系的主体权利义务所共同指向的对象。具体表现形式一般为四种：财、物、行为和非物质财富。如建设资金、贷款属于财，建筑材料、建筑机械属于物，勘察设计、施工安装、检查验收等属于行为，建筑设计方案等人们脑力劳动成果或智力方面的创作是非物质财富。

3. 建设法律关系内容

建设法律关系内容是指建设法律关系主体享有的建设权利和承担的建设义务。例如，在一个建设工程合同中，发包方的权利是获得符合法律规定和合同约定的完工工程，其义务是按照约定的时间和数量支付承包商工程款；承包商的权利是按照约定的时间和金额得到工程款，其义务是按照法律的规定和合同的约定完成工程的施工任务。享有的建设权利和承担的建设义务是相对应的，主体应自觉履行建设义务，如果不履行或者不适当履行，就要受到法律制裁。

 知识要点提醒

（1）主体——权利的享有者或者义务的承担者。

客体——权利和义务的共同载体。

内容——权利和义务。

（2）法律关系产生于法律事实。法律事实是指由法律规定的，能够引起法律关系产生、变更和消灭的各种事实的总称。与一般意义上的事实有所不同，法律事实只是能够引起法律后果的事实。如法律中并没有对恋爱关系进行调整，情侣之间的约定一般不会导致法律关系的产生。又如一对情侣约定在某处相见，这就不是法律事实。而甲乙两人约定，甲以200元购买乙的手机，这是法律事实，因此，这属于法律规范中的合同关系。

1.1.2　建设法规的特征与作用

1.1.2.1　建设法规的特征

建设法规作为调整工程建设管理所发生的社会关系的法律规范，除具有一般法律的基本特征外，还具有不同于其他法律的特征。

1. 行政隶属性

工程建设关系到国计民生，出于对工程安全、财产安全、人身安全的考虑，国家必须利用行政力量来调整工程建设中的各类活动。建设法规的行政隶属性是工程建设法的主要特征，也是区别于其他法律的主要特征。这一特征决定了工程建设法必然要采用直接体现行政命令的调整方法，即以行政指令为主的方法调整工程建设法律关系。调整方式包括以下几种。

（1）授权。国家通过工程建设法律法规，授予国家工程建设管理机关某种管理权限或具体的权利，对工程建设进行监督管理。如规定设计文件的审批权限、工程建设质量监督、工程建设合同的签订等。

（2）命令。国家通过工程建设法律法规赋予工程建设法律关系主体某种作为的义务。如限期拆迁房屋、进行企业资质认定、领取开工许可证等。

（3）禁止。国家通过工程建设法律法规赋予工程建设法律关系主体某种不作为的义务，即禁止主体某种行为。如严禁利用工程建设承发包索贿受贿，严禁无证设计、无证施工，严禁工程建设转包、肢解发包、挂靠等行为。

（4）许可。国家通过工程建设法律法规允许特别的主体在法律允许范围内有某种作为的权利。如规定了房屋建筑工程施工总承包企业资质等级，特级企业可承担各类房屋建筑工程的施工；一级企业可承担40层以下、各类跨度的房屋建筑工程的施工；二级企业可承担28层以下、单跨跨度36 m以下的房屋建筑工程的施工；三级企业可承担14层以下、单跨跨度24 m以下的房屋建筑工程的施工。

（5）免除。国家通过工程建设法律法规对主体依法应履行的义务在特定情况下予以免除。如用炉渣、粉煤灰等废渣作为主要原料生产建筑材料的可享有减、免税的优惠等。

（6）确认。国家通过工程建设法律法规授权工程建设管理机关依法对有争议的法律事实和法律关系进行认定，并确定其是否存在，是否有效。如各级工程建设质量监督站检查受监工程的勘察、设计、施工单位和建筑构件厂的资质等级与营业范围，监督勘察、设计、施工单位和建筑构件厂是否严格执行技术标准，并检查其工程（产品）质量等。

（7）计划。国家通过工程建设法律法规对工程建设进行计划调节。计划可分为两种：一种是指令性计划；另一种是指导性计划。指令性计划具有法律约束力，具有强制性。当事人必须严格执行，违反指令性计划的行为，要承担法律责任。指令性计划本身就是行政管理。指导性计划一般不具有法律约束力，是可以变动的，但是在条件可能的情况下也是应该遵守的。工程建设必须执行国家的固定资产投资计划。

（8）撤销。国家通过工程建设法律法规，授予工程建设行政管理机关，运用行政权力对某些权利能力或法律资格予以撤销或消灭。如没有落实工程建设投资计划的项目必须停建、缓建。对无证设计、无证施工、转包和挂靠予以坚决取缔等。

2. 经济性

工程建设活动直接为社会创造财富，为国家增加积累。如工程建设勘察设计、施工安装等都直接为社会创造财富。随着工程建设的发展，其在国民经济中的地位日益突出，许多国家把建筑业看作国民经济的强大支柱之一。可见，工程建设法律法规的经济性是非常明显的。其经济性既包括财产性，也包括其与生产、分配、交换、消费的联系性。

3. 政策性

工程建设法律法规体现着国家的工程建设政策。它一方面是实现国家工程建设政策的工具，另一方面也把国家工程建设政策规范化。国家工程建设形势总是处于不断发展变化之中的，工程建设法律法规要随着工程建设政策的变化而变化，灵活而机敏地适应变化了的工程建设形势的客观需要，政策性比较强。

4. 技术性

技术性是工程建设法律规范一个十分重要的特征。工程建设的发展与人类的生存、进步息息相关。工程建设产品的质量与人民的生命财产紧紧连在一起。为保证工程建设产品的质量和人民生命财产的安全，大量的工程建设法规是以技术规范形式出现的，具有直接、具体、严密、系统等特征，便于广大工程技术人员及管理机构遵守和执行。如各种设计规范、施工规范、验收规范、产品质量检测规范等。有些非技术规范的工程建设法律规范中也带有技术性的规定。如《中华人民共和国城乡规划法》中就含有计量、质量、规划技术、规划编制内容等技术性规范。

1.1.2.2　工程建设法的作用

工程建设法的作用具体表现为以下五个方面。

（1）指引作用。指引作用是指法对人的行为具有引导作用。通过法律的规定，明确了工程建设行为的正确方向，可以引导工程建设从业人员按照正确的行为规范进行活动。

（2）评价作用。评价作用是指法律作为一种行为标准，具有判断、衡量他人行为合法与否的评判作用。通过与工程建设法律中的具体规定相对比，可以判断某主体的行为是否是正确的，该主体是否应当为其行为承担法律责任。

（3）教育作用。教育作用是指通过法的实施使法律对一般人的行为产生影响。这种作用具体表现为示警作用和示范作用。通过对违法案例的处理，对守法案例的褒扬，可以起到对人们进行守法教育的作用。

（4）预测作用。预测作用是指凭借法律的存在，可以预先估计人们相互之间会如何行为。工程建设法律作为规范的存在，为预测人们的行为提供了依据。因为在一般情况下，人们都会依法行事。

（5）强制作用。强制作用是指法可以通过制裁违法犯罪行为来强制人们遵守法律。强制作用的对象是违法行为。通过对违法犯罪分子的制裁，目的在于能够使法律的规定得以落实。

1.2　建设法规体系的构成

我国建设法规体系由建设法律、建设行政法规、建设部门规章、地方性建设法规和地方性建设规章五个部分组成。

1. 建设法律

建设法律是指由全国人民代表大会及其常务委员会制定颁布的调整建设活动中行政管理关系和民事关系的各项法律；在全国范围内适用，是建设法规体系的核心和基础。这些建设法律主要包括《中华人民共和国建筑法》《中华人民共和国城市房地产管理法》《中华人民共和国城乡规划法》《中华人民共和国招标投标法》《中华人民共和国安全生产法》等。

2. 建设行政法规

建设行政法规是由国务院制定颁行的属于建设行政主管业务范围的条例、规定和办法，在全国范围内适用，是建设法规体系的主要组成部分。常见的建设行政法规有《建设工程质量管理条例》《建设工程勘察设计管理条例》《建设工程安全生产管理条例》《安全生产许可证条例》和《建设项目环境保护管理条例》等。行政法规的效力低于宪法和法律。

3. 建设部门规章

建设部门规章是指由国务院建设行政主管部门或者国务院建设行政主管部门与国务院其他相关部门（如国务院各部、委员会、中国人民银行、审计署和具有行政管理职能的直属机构）根据国务院规定的职责范围，依法制定并颁布的各项规定、办法、条例实施细则与工程建设技术规范等。在全国范围内适用，是建设法规体系的主要组成部分。部门规章的效力低于法律、行政法规，仅在本行业内有效。常见的建设部门规章包括《建筑业企业资质管理规定》《工程建设项目施工招标投标办法》等。

4. 地方性建设法规

地方性建设法规是指在不与宪法、法律、行政法规相抵触的前提下，由省、自治区、直辖市人民代表大会及其常务委员会制定颁行的或经其批准颁行的由下级人民代表大会或者常务委员会制定的调整其行政区划范围内建设法律关系的法规。如《北京市建筑市场管理条例》《新疆维吾尔自治区建筑市场管理条例》等。

5. 地方性建设规章

地方性建设规章是指由省、自治区、直辖市人民政府所制定的建设方面的法律规范性文件。地方性建设法规的效力低于法律、行政法规，低于同级或上级地方性法规，由于其仅适用于本行政区域，不具有共性。如安徽省人民政府令第 145 号《安徽省建设工程造价管理办法》、重庆市人民政府令第 307 号《重庆市建设工程造价管理规定》等。

《中华人民共和国立法法》第九十五条规定：地方性法规、规章之间不一致时，由有关机关依照下列规定的权限作出裁决：

（1）同一机关制定的新的一般规定与旧的特别规定不一致时，由制定机关裁决。

（2）地方性法规与部门规章之间对同一事项的规定不一致，不能确定如何适用时，由国务院提出意见，国务院认为应当适用地方性法规的，应当决定在该地方适用地方性法规的规定；认为应当适用部门规章的，应当提请全国人民代表大会常务委员会裁决。

（3）部门规章之间、部门规章与地方政府规章之间对同一事项的规定不一致时，由国务院裁决。

建设法律法规框架示意图如图 1.1 所示。

除了这五大构成部分外，还有最高人民法院司法解释可用于调整建筑法律关系。例如，《最高人民法院关于审理建设工程施工合同纠纷案件适用法律问题的解释》《最高人民法院关于建设工程价款优先受偿权问题的批复》等。目前，司法解释在我国并不是法律体系的

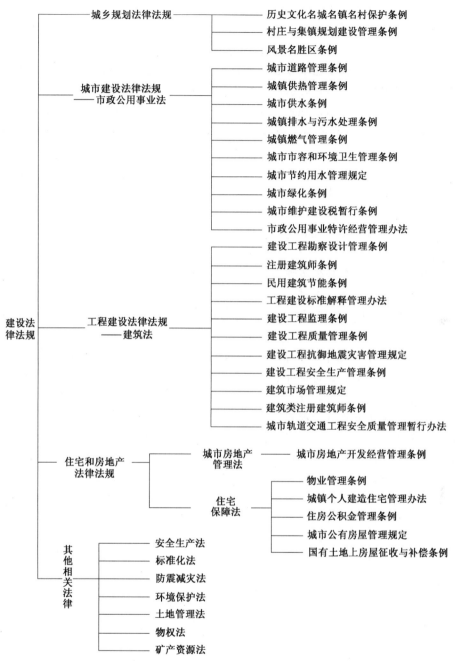

图 1.1　建设法律法规框架示意图

构成部分，但是在解决建筑法律关系纠纷时有重要的参考作用。

 案例分析

原告：张某，男

被告一：浙江某建设集团有限公司

被告二：浙江某市第一中学

1. 基本案情

2005 年，被告一浙江某建设集团有限公司（以下简称"某建设集团"）承建被告二浙江某市第一中学（以下简称"某中学"）体育馆土建安装等工程，同年 2 月 15 日某建设集团将该工程西侧小广场工程分包给原告张某施工，原告张某与某建设集团为此签订了承包协议书。双方在合同中约定，工程的承包方式为包工包料，结算方式为按实结算。但某建设集团可向原告收取审计后工程款总额的 15%，原告还应承担该部分工程的税金或管理费，付款方式为原告垫资施工。5 个月后，原告按合同约定完成施工任务并经验收合格，将工程交付使用。原告所承建工程经二被告共同委托审计，核定价值为 45 万余元。但原告承建该工程至今，被告一某建设集团仅支付 10 万元，扣除管理费及税金等费用后，尚欠 27.5 万元。此欠款原告多次向被告一某建设集团追索，却被告知是因为某中学未给某建设集团付款，以此为由拒付。而被告二则称，某建设集团负责施工的体育馆工程存在部分质量问题，其中原告施工部分存在广场砖开裂、脱落情形，要求被告一进行维修。

2. 案例审理

法院认为，本案中，原告张某作为无相应资质的个人，其与被告一某建设集团签订的工程分包协议不仅违反了被告一某建设集团与被告二某中学之间的建设工程合同，还违反了《中华人民共和国建筑法》的强制性规定，属无效合同，双方基于该合同而取得的财产应予返还。但由于原告张某承建的工程已作为被告一向被告二履行的施工义务的一部分且经验收合格交付被告二，原告张某所投入的已物化在该工程上的劳务、材料等不能也没有必要再予返还，被告一某建设集团应当折价补偿。由于原告张某承建的工程经竣工验收合格，原告张某请求参照分包合同约定支付工程价款，可予支持。被告一某建设集团将建设工程分包给没有资质的个人进行施工并收取管理费，其行为违反了法律、行政法规的强制性规定，依法应由建设管理机关进行查处。原告张某施工的工程是否存在质量问题，双方在庭审中存在争议，但由于该工程已经验收合格，被告二某中学仍应向被告一某建设集团支付工程款，并可就工程质量问题另行起诉解决。被告二某中学与原告张某不是同一合同当事人，无直接法律关系，但依有关法律规定，被告二某中学应在欠付工程价款范围内对原告张某承担责任。

本案件受理费由两被告负担。

3. 案例评析

任何民事主体订立民事合同都不得违反法律、行政法规的强制性规定，违反法律、行政法规强制性规定而订立的合同无效。无效合同自始无效，合同中有关当事人权利义务的内容也不具有约束当事人的法律效力，任何一方当事人均不得依无效合同的条款向对方主张民事权利。合同无效后，当事人因该合同所取得的财产应当予以返还，不能返还或者没有必要返还的，应当折价补偿。

依据《建筑业企业资质管理规定》，建筑企业必须取得建筑资质，并在资质许可的范围内承揽工程。如果建筑企业不具有施工资质或者资质不符合承揽工程的要求，所签的施工合同就是无效合同。个人签订的建设工程施工合同，必然无效。

 本章小结

本章对建设法规做了概括性的介绍，方便读者了解建设法规的定义及调整对象，理解建设法规的特征及作用，建立起对建设法规体系的完整认识，以便进入后续章节的学习。

习　题

1. 单选题

（1）下列规范性文件中，效力最高的是（　　　）。

　　A. 行政法规　　　　　B. 司法解释　　　　　　C. 地方性法规　　　　　D. 行政规章

（2）下列已经颁布的规范性法律文件中，不属于宪法部门的是（　　　）。

　　A.《全国人民代表大会组织法》

　　B.《中华人民共和国国际法》

　　C.《中华人民共和国反垄断法》

　　D.《全国人民代表大会和地方各级人民代表大会选举法》

（3）在下列法律责任中，属于刑事处罚的是（　　　）。

　　A. 处分　　　　　　B. 暂扣执照　　　　　C. 恢复原状　　　　　D. 罚金

（4）民事权利能力是指（　　　）。

　　A. 获取民事权利的资格

　　B. 享有民事权利和负担民事义务的法律资格

　　C. 承担民事责任的资格

　　D. 处分自己权利的能力

2. 多选题

（1）可以作为法律关系主体的国家机关包括（　　　）。

　　A. 国家权力机关　　　　　B. 国家司法机关　　　　　C. 国家检察机关

　　D. 行政机关　　　　　　　E. 教育部门

（2）建设法规区别于其他法律的主要特征是（　　　）。

　　A. 技术性　　　　　　B. 经济性　　　　　　C. 政策性

　　D. 行政隶属性　　　　E. 指导性

（3）从法学理论上讲，法律关系客体可以分为（　　　）。

　　A. 精神　　　　　　B. 财　　　　　　C. 物

　　D. 非物质财富　　　E. 行为

（4）国家权力机关是指（　　　）。

　　A. 全国人民代表大会　　　　　　B. 全国人民代表大会常务委员会

　　C. 各级人民政府　　　　　　　　D. 地方各级人民代表大会

　　E. 地方各级人民代表大会常务委员会

3. 思考题

（1）什么是建设法规？建设法规调整的社会关系有哪些？

（2）建设法律关系的三要素是什么？

（3）建设法规有哪些特征？

（4）什么是法人？法人分哪几类？

（5）建设行政管理关系、经济关系、其他的民事关系是指什么？并分别举例。

（6）我国建筑法规体系是由哪五个层次的规范性文件组成的？

（7）当前我国与工程建设相关的法律有哪些？

（8）谈谈你对建设法规体系的认识。

4. 案例分析题

2019 年 6 月 10 日，某施工单位与某水泥厂签订了一项购买水泥的合同。但水泥厂因为生产能力有限不能按时供货，便口头提出推迟一个月供货，施工单位未予答复。为此，水泥厂将全部合同转让给某建材公司，约定建材公司按照原合同的要求向施工单位供货，并就合同转让一事书面通知了施工单位。建材供应单位按照合同约定的时间和数量供应了水泥，但水泥质量不符合合同约定的标准。某施工单位要求水泥厂继续履行合同，并要求建材供应商赔偿相应的损失。

请分析本案例中的问题：

（1）该水泥厂的做法是否合理？

（2）如果施工单位同意水泥厂转让合同，水泥不合格的责任由谁承担？

城乡规划法律制度

教学目标

本章主要讲述城乡规划法的相关内容，包括城乡规划的相关概念、城乡规划的制定及实施、城乡规划的监督检查及法律责任等。通过本章的学习，应达到以下目标：

（1）了解城乡规划的相关概念，我国城乡规划法的立法背景及现状、城乡规划法的适用范围。

（2）熟悉我国城乡规划的制定原则、制度程序和修改程序。

（3）掌握城乡规划实施的基本概念和方法。

（4）理解城乡规划中的监督机制和法律责任。

教学要求

知识要点	能力要求	相关知识
城乡规划的相关概念	（1）城乡规划、城乡规划法的概念； （2）城乡规划的种类	（1）城乡规划法的立法背景； （2）城乡规划法的立法现状； （3）城市化进程的概念
城乡规划的编制	（1）城乡规划制定的基本原则； （2）不同层次规划的制定单位和审批单位； （3）制定、修改、审批城乡规划法的程序	（1）中国行政管理层次； （2）公众参与的作用和方式； （3）不同类型城乡规划的具体作用
城乡规划的实施	（1）规划许可证制度的具体内容； （2）城乡规划的监督机制； （3）违反城乡规划法的法律责任	（1）规划实施的评估； （2）确定建设项目合法性的依据； （3）建设工程规划违法的种类

 基本概念

城乡规划法　规划编制　公众参与　行政许可　监督体制　法律责任

 引例

2010年8月，某市居民张某租用市郊县某镇希望村村民李某某的承包土地，并在未依法取得建设规划许可证的情况下，在该土地上建造厂房1082 m²。为此，镇人民政府向张某作出《责令停止违法建设行为通知书》和《责令限期拆除违法建筑通知书》。随后，镇人民政府与县建设局签订了一份行政执法委托书，委托县建设局对张某违法建设行为进行行政执法。张某遂表示愿意自行拆除并向建设局出具承诺书一份。后张某未在承诺期限内自行拆除，于是镇人民政府组织人员强制拆除了该厂房。张某不服，起诉至人民法院。

在本案中，建设规划许可证的作用是什么？张某的行为将面临怎样的法律责任？镇人民政府与县建设局之间签订的行政执法委托书是否具有法律效力？如果镇人民政府没有严格按照法律规定的程序和设定的权限行使其职权，将面临怎样的法律责任？相信通过本章的学习，一定能找到这些问题的答案。

2.1 概　　述

2.1.1 城乡规划

2.1.1.1 城乡

城乡包括城市、集镇和村庄三个层面。

城市是指国家按行政建制设立的直辖市、市、镇。城市规划区是指城市市区、近郊区以及城市行政区域内因城市建设和发展需要实行规划控制的区域。城市规划区的具体范围，由城市人民政府在编制的城市总体规划中划定。

在我国，2014 年 11 月 20 日，国务院发布《关于调整城市规模划分标准的通知》（国发2014 第 51 号文件），新标准按城区常住人口数量将城市划分为五类。

（1）超大城市：城区常住人口 1000 万以上；

（2）特大城市：城区常住人口 500 至 1000 万；

（3）大城市：城区常住人口 100 至 500 万，其中 300 万以上 500 万以下的城市为Ⅰ型大城市，100 万以上 300 万以下的城市为Ⅱ型大城市；

（4）中等城市：城区常住人口 50 至 100 万；

（5）小城市：城区常住人口 50 万以下。

集镇是指乡、民族乡人民政府所在地和经县级人民政府确认由集市发展而成的作为农村一定区域经济、文化和生活服务中心的非建制镇，是介于乡村与城市之间的过渡型居民点。

村庄是农村村民居住和从事各种生产的聚居点，人们主要以农业为主，又称农村。包括所有的村庄和拥有少量工业企业及商业服务设施，但未达到建制镇标准的乡村集镇。

2.1.1.2 城乡规划的概念

城乡规划是指为了实现一定时期内城市和乡村的经济与社会发展目标，确定城乡的性质、规模和发展方向，合理利用城乡土地，协调城市空间布局和各项建设的综合部署与具体安排。

城乡规划一词最早出现在我国法律中，始于 2008 年 1 月 1 日起实施的《中华人民共和国城乡规划法》（以下简称《城乡规划法》）。此前只有《中华人民共和国城市规划法》（以下简称《城市规划法》）所称的城市规划，以及《村庄和集镇规划建设管理条例》所称的村庄规划和集镇规划。《城市规划法》和《村庄和集镇规划建设管理条例》（俗称"一法一条例"）在我国城镇化进程中发挥了重要作用，但是，随着我国经济与社会的快速发展，"一法一条例"也逐渐显现出一些问题，严重制约了我国的城镇化进程。为此，制定一部城乡统一适用的规划法律显得十分紧迫，《城乡规划法》便是在这样的背景下出台的。

2.1.1.3 城乡规划的种类

城乡规划，包括城镇体系规划、城市规划、镇规划、乡规划和村庄规划。城市规划、镇规划可分为总体规划和详细规划。详细规划又可分为控制性详细规划和修建性详细规划。

1. 城镇体系规划

城镇体系是指一定区域范围内在经济社会和空间发展上具有有机联系的城镇群体。城镇体系规划是指一定地域范围内,以区域生产力合理布局和城镇职能分工为依据,确定不同人口规模等级和职能分工的城镇的分布与发展规划。城镇体系规划可分为全国城镇体系规划和省域城镇体系规划。全国城镇体系规划对省域城镇体系规划和城市总体规划有指导作用,各省域城镇体系规划和城市总体规划的编制都应与全国城镇体系规划相符。

2. 城市规划、镇规划

城市规划、镇规划又分为总体规划和详细规划。

(1) 城市总体规划、镇总体规划。城市总体规划、镇总体规划是对一定时期内城市(镇)的性质、发展目标、发展规模、土地利用、空间布局,以及各项建设的综合部署、具体安排和实施措施,是引导和调控城市(镇)建设,保护和管理城市(镇)空间资源的重要依据与手段。

(2) 城市详细规划、镇详细规划。城市(镇)详细规划是指以城市(镇)的总体规划为依据,对一定时期内城市(镇)的局部地区的土地利用、空间布局和建设用地所作的具体安排与设计。城市(镇)详细规划又可以分为控制性详细规划和修建性详细规划。

城市(镇)控制性详细规划是指以城市的总体规划为依据,确定城市建设地区的土地使用性质和使用强度的控制指标、道路和工程管线控制性位置以及空间环境控制的规划要求。

城市(镇)修建性详细规划是指以城市的总体规划或控制性详细规划为依据,制定用以指导城市各项建筑和工程设施及其施工的规划设计。

3. 乡规划、村庄规划

乡规划是指一定时期内乡的经济和社会发展、土地利用、空间布局及各项建设的综合部署、具体安排和实施管理。

村庄规划是指在其所在乡(镇)域规划所确定的村庄规划建设原则基础上,对一定时期内村庄建设规模、用地范围和界限,村民住宅、公共服务设施和基础设施建设所进行的综合部署。

2.1.2 城乡规划法

1. 城乡规划法的概念

广义的城乡规划法包括所有有关城乡规划方面的法律、法规和规章;狭义的城乡规划法特指 2007 年 10 月 28 日第十届全国人民代表大会常务委员会第十三次会议通过的《中华人民共和国城乡规划法》。该法是我国建设领域中由国家最高立法机关制定的基本法律,自 2008 年 1 月 1 日起实施,包括总则、城乡规划的制定、城乡规划的实施、城乡规划的修改、监督检查、法律责任、附则共七章七十条。该法律从新的角度解释了城乡规划的作用、意义和编制办法,使得我国的城乡规划法由技术性法律条款逐步向公共管理、公共政策方向转变,摆脱了以往认为规划只是技术性工作的观点,从而使得我国的城乡规划与世界逐步接轨。本法出台后,原《中华人民共和国城市规划法》废止。现统一适用《城乡规划法》。本法已于 2015 年 4 月 24 日第十二届全国人民代表大会常务委员会第十四次会议修正并发布实施。2019 年 4 月 23 日第十三届全国人民代表大会常务委员会第十次会议通过第二次修正。

2. 城乡规划法的适用范围

《城乡规划法》第二条规定："制定和实施城乡规划，在规划区内进行建设活动，必须遵守本法。"

城乡规划法所称规划区是指城市、镇和村庄的建成区，以及因城乡建设和发展需要必须实行规划控制的区域。规划区的具体范围由有关人民政府在组织编制的城市总体规划、镇总体规划、乡规划和村庄规划中，根据城乡经济社会发展水平和统筹城乡发展的需要划定。

《城乡规划法》第三条规定："城市和镇应当依照本法制定城市规划和镇规划。城市、镇规划区内的建设活动应当符合规划要求。县级以上地方人民政府根据本地农村经济社会发展水平，按照因地制宜、切实可行的原则，确定应当制定乡规划、村庄规划的区域。在确定区域内的乡、村庄，应当依照本法制定规划，规划区内的乡、村庄建设应当符合规划要求。"

由此，城乡规划法的适用范围包括以下两个方面。

（1）城市和镇应当依据城乡规划法制定城市规划和镇规划。城市和镇需要依据城乡规划法的规定编制符合地方特色的规划，既包括总体规划，也包括详细规划，并且在城市、镇规划区内的各项建设活动必须遵守其城乡规划的要求，不得随意作出改变或者撤销。

（2）某些确定区域内的乡、村庄，应当依照城乡规划法制定规划，并且规划区内的乡、村庄建设必须符合其城乡规划要求。这里的乡、村庄不是指所有的乡和村庄，而是指县级以上地方人民政府根据本地农村经济和社会发展水平，按照因地制宜、切实可行的原则，确定应当制定乡规划、村庄规划的区域。

3. 我国城乡规划法的立法背景及现状

我国第一部正式的规划法律是 1990 年 4 月 1 日开始实行的《中华人民共和国城市规划法》，此外，还有 1993 年 11 月 1 日开始实施的《村庄和集镇规划建设管理条例》，简称"一条一法"。在实施后的 10 多年时间里，"一条一法"在城市和乡村建设中起到了相当积极的作用。但随着我国城镇化速度加快和经济变革，使得城乡建设遇到了一些新的问题。例如：①城乡之间联系越来越紧密，但原来的城、乡二元结构使得城市规划上缺乏统筹考虑和协调；②城市盲目扩大，环境恶化，侵占农村土地，使得农村的生态环境越来越差；③城市规划仅仅强调其自身的科学性，缺乏广大民众的参与，政府行政权力失去必要的约束；④城市发展和周边城镇、乡村整体协调和布局不当，区域性基础设施重复建设和资源浪费很大；⑤在《中华人民共和国城市规划法》中，法规的核心思想仍拘泥于"技术理性"，使规划工作技术色彩浓厚，模糊了规划工作法律管制的政策意义，没有从公共利益和政策的角度来把握城市规划发展。

基于社会变革与经济的发展，原来的"一条一法"已不能满足新的建设活动需要，特别是不能满足协调社会发展中出现的新问题、新矛盾的需要，造成城乡差别难以消除；政府权力得不到有效的监管；内容上对规划编制做了较多规定，而对规划管理、操作程序、监督检查、法律责任规定得较少、较笼统。例如，在规划编制的组织上，强调单一的政府行政部门责任，没有将公众参与、多部门参与作为法定程序，形成了"自封闭式的单一决策集权"的行政权力构建，难以发挥行政管理的有效性与公正性。因此，新的城乡规划法在很多方面进行了重大改变，力求从根本上解决城乡建设和管理中的问题。

2008 年 1 月 1 日起实施的《中华人民共和国城乡规划法》是仅次于宪法处于第二位阶

的法律，是我国城乡规划与建设领域的核心法律，也是其他配套法规的前提。我国目前的城乡规划法规体系是一个由多部法规组成的复杂而又相互联系的法规体系，它以《城乡规划法》为核心，由相关配套法规、技术标准及技术规范构成一个专门法规体系。与《城乡规划法》配套的相关法规文件主要有：

《建设项目选址规划管理办法》（1991 年 10 月施行）。

《城市国有土地使用权出让转让规划管理办法》（1993 年 1 月施行）。

《村庄和集镇规划建设管理条例》（1993 年 11 月施行）。

《建制镇规划建设管理办法》（1995 年 7 月施行）。

《城市规划编制单位资质管理规定》（2012 年 9 月施行）。

《城市抗震防灾规划管理规定》（2003 年 11 月施行）。

《城市规划编制办法》（2006 年 4 月施行）。

《历史文化名城名镇名村保护条例》（2008 年 7 月施行）。

《省域城镇体系规划编制审批办法》（2010 年 7 月施行）。

《城市、镇控制性详细规划编制审批办法》（2011 年 1 月施行）。

《城乡规划违法违纪行为处分办法》（2013 年 1 月施行）。

2.2　城乡规划的制定

城乡规划的制定是指有关主体依照法定的职权或授权编制和确定城乡规划的活动。城乡规划的制定可以分为两大阶段：一是编制阶段；二是确定阶段。编制阶段就是由组织编制的主体按照法定程序组织编制单位编制城乡规划草案；确定阶段是由有关主体按照法定的职权和程序对编制完成的规划草案进行审查，作出是否批准该规划的决定。

2.2.1　城乡规划制定的基本原则

1. 城乡统筹、合理布局、节约土地、集约发展原则

这是制定规划的首要原则。城乡规划制定过程中，必须全面考虑城市、镇、乡和村庄的发展，规划必须适应区域内的人口发展、国防建设、防灾减灾和公共卫生、公共安全等方面的需要，合理配置基础设施和公共服务设施，促进城乡居民均衡地享受公共服务，促进城乡一体化的进程，形成城乡、区域协调互动发展的良好机制。

规划是对区域内空间利用和布局作出的合理安排，要优化空间资源配置，维护空间资源利用的公平性，节约利用资源，保持地方特色、民族特色和传统风貌，保障城市运行安全和效率，促进各方面协调有序发展。

耕地缺少是我国的基本国情，而我国城镇建设基本上还是靠土地资源的开发而进行的，用地概念和用地结构很不合理，浪费土地资源现象十分严重。而《城乡规划法》就是要在建设中严格控制土地的开发使用，依法严格保护耕地；合理规划，提高土地利用效益，因地制宜、节约用地，严格控制占用农用地。特别是基本农田，在因需要的确需要占用的，一定要依法办理农用地转用审批手续。在手续办理后，再核发有关许可证。

集约发展是珍惜和合理利用土地资源的最佳选择，是推进城镇发展从粗放型向集约型转变、促进城乡经济社会全面发展的必然要求。

2. 先规划后建设原则

依法制定各级规划，并经过相应管理部门审批，保证规划的严肃性和科学性，加强对已经依法批准的规划实施监督管理，是保证城镇建设正常进行的前提。对现状存在的先建设后报批的行为要严加监督，及时依法处理。

3. 保护自然资源和历史文化遗产，体现地方特色，保持民族传统和地方风貌原则

自然资源和历史文化遗产是不可再生的资源，是自然界进化选择、人类社会长期积淀、扬弃的产物，有着独一无二、不可代替、不可再生的性质，一旦破坏，就很难恢复或者永远消失。因此，《城乡规划法》在保护自然资源和历史文化遗产方面作出了严格规定，生态环境规划已经成为我国城乡规划的基本组成部分，保护环境已经成为我国的基本国策。同时，城市特色和民族传统、地方风貌也是长期积累的成果，也需要重点保护。

4. 公众参与原则

城乡建设不再是政府单方面的主观认识。建设和谐社会，减少社会矛盾，协调各方利益，要求在制定和实施规划的前期、中期和后期都必须贯彻公众参与的原则，及时发现问题、协商问题、解决问题。随着城市建设的开展、投资主体的多样化，以及人民生活水平的提高，在城乡建设中，需要考虑的各个方面利益越来越多，利益冲突的地方明显增加，因此，城乡规划的制定必须坚持公众参与原则，保证各方有畅通的渠道表达自己的意愿，平等交流沟通，达成一致，促进社会和谐发展。

2.2.2 城乡规划的编制

1. 城乡规划编制的权限

城镇体系规划分为全国和省域城镇体系规划。其中，全国城镇体系规划由国务院城乡规划主管部门会同国务院有关部门组织编制，省域城镇体系规划由省、自治区人民政府组织编制。

城市总体规划由城市人民政府组织编制。县人民政府所在地镇的总体规划由县人民政府组织编制，其他镇的总体规划由镇人民政府组织编制。

城市的控制性详细规划由城市人民政府城乡规划主管部门根据城市总体规划的要求组织编制。镇的控制性详细规划由镇人民政府根据镇总体规划的要求组织编制。

重要地块的修建性详细规划由市、县人民政府城乡规划主管部门和镇人民政府组织编制。

乡规划、村庄规划由乡、镇人民政府组织编制。

2. 城乡规划编制的单位

城乡规划编制由具有相应权限的组织机关委托具有相应资质等级的单位承担规划的具体工作。规划编制单位必须是从事规划编制工作、具有独立法人地位的具体单位，须与委托方签订委托编制合同，依照合同约定确定双方的权利和义务关系。需特别强调的是，规划编制单位需有独立的法人地位和相应的规划编制资质，而不能由政府部门自己委托、自己编制，即编制和政府管理部门必须脱离，以更加公平合理地制定规划，并在制定规划的全过程中更好地开展公众参与。

规划编制工作是一项专业性非常强的工作，规划编制单位的资质等级核定，是对编制单位技术能力的一种管理方式。资质等级核定采用分级管理：甲级资质由国务院规划主管部门

（住建部）审批；乙级、丙级资质由省、自治区、直辖市人民政府规划主管部门审批。

规划编制单位要获得相应的规划资质，必须具备一定的条件：具有法人资格，有规定数量的注册规划师，有规定数量的相关专业技术人员，有相应的技术设备，有健全的技术、质量、财务管理制度，并且必须在已取得的相应资质范围内开展规划设计工作。

3. 城乡规划编制的层次

我国的城乡规划由不同等级层次的具体规划组成，一般来说，上一层次规划是制定下一层次规划的依据，具体层次体系如图 2.1 所示。

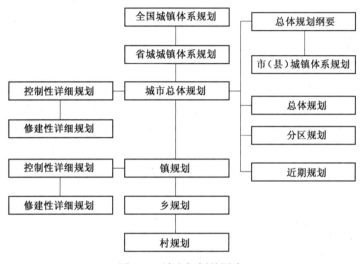

图 2.1 城乡规划的层次

4. 城乡规划编制的内容

全国城镇体系规划是统筹安排全国城镇发展和城镇发展布局的宏观性、战略性规划，涉及经济、社会、人文、资源环境、基础设施等相关内容，用于指导省域城镇规划体系及城市总体规划的编制，是引导城镇化健康发展的重要依据。在整个规划体系中，全国城镇体系规划具有最高的地位。

省域城镇体系规划是合理配置和保护利用空间资源、统筹全省（自治区）城镇空间布局、综合安排基础设施和公共设施、促进省域内各级城镇协调发展的综合性规划。其内容主要包括：城镇空间布局和规模控制，重大基础设施的布局，为保护生态环境、资源等需要严格控制的区域。

城市总体规划、镇总体规划是城镇发展方向的纲领性文件，是指一定时期内，城市和镇的发展目标、发展规模、土地利用、空间布局以及各项建设的综合部署和实施措施，是引导和调控城市建设、保护和管理城市空间资源的重要依据与手段，是判断城市建设是否正确的重要法律准绳，具有全局性、综合性和战略性的特点。其内容包括：城市、镇的发展格局，功能分区，用地布局，综合交通体系，禁止、限制和适宜建设的地域范围，各类专项规划，等等。需指出的是，总体规划的内容分为强制性内容和非强制性内容，如规划区范围、规划区内建设用地规模、基础设施和公共服务设施用地、水源地和水系、基本农田和绿化用地、环境保护、自然与历史文化遗产保护以及防灾减灾等内容为强制性内容，是总体规划必须包含的内容，强制性内容一般是不允许修改的，确需修改的必须严格遵循有关修改规定。

乡村规划应按实际出发，考虑乡村的不同需要，尊重村民意愿，体现地方和农村特色。以往乡村规划主要依据《村庄和集镇规划建设管理条例》实施，与城市规划形成二元管理结构，导致乡村规划管理薄弱，乡村发展不能满足农民生活和生产需要。在城乡一体化背景下，《城乡规划法》特别提出乡村规划必须统筹安排，均衡发展，尊重村民意愿，以村民作为乡村建设的主体。乡村规划的内容主要包括：安排村庄内农业生产用地布局及为其配套的各项服务设施；确定村庄居住、公共设施、道路、市政工程设施等用地布局；畜禽养殖场所等生产建设的用地布局；确定垃圾分类及转运方式，明确垃圾收集点、公厕等环境卫生设施的分布、规模；确定防灾减灾设施的分布和规模；对耕地、水源等自然资源和历史文化遗产保护，对村庄分期建设时序等作出安排。

控制性详细规划是以总体规划为依据，进一步深化总体规划意图，为有效地控制用地和实施规划管理而编制的详细规划。其内容是对近期建设或者开发区进行地块细化，确定各类用地性质、人口密度和建筑容量，确定规划区内的市政公用和交通设施的建设条件，以及内部道路和外部道路的联系；其作用主要是用于明确建设地区的土地使用性质和使用强制性控制指标，道路和工程管线控制性位置以及空间环境控制的规划要求，对近期建设或者开发地区进行地块细化。它是城市规划实施管理的最直接法律依据，是国有土地使用权出让、开发和建设管理的法定前置条件，为土地综合开发和规划管理提供必要的依据，同时用以指导修建性详细规划编制。

修建性详细规划是在控制性详细规划确定的规划设计条件下编制，直接对建设项目和周围环境进行具体的安排和设计，一般是针对具体地块，主要用于确定各类建筑、各项基础工程设施、公共服务设施的具体配置，并根据建筑和绿化空间布局进行环境景观设计，为各项建筑工程设计和施工图设计提供依据。

5. 城乡规划编制的程序

城乡规划编制的程序主要包括委托、审议与讨论、公告、审批与备案四个阶段。

（1）委托。城乡规划的编制由城乡规划的组织编制机关委托具有相应资质等级的单位进行具体编制工作。

（2）审议与讨论。省域城镇体系规划、城市总体规划、镇总体规划，在报上一级人民政府审批前，应当先经本级人民代表大会常务委员会审议。

村庄规划在报送审批前，应当经村民会议或者村民代表会议讨论同意。

（3）公告。城乡规划报送审批前，组织编制机关应当依法将城乡规划草案予以公告，并采取论证会、听证会或者其他方式征求专家和公众的意见。公告的时间不得少于30日。

（4）审批与备案。城镇体系规划、城市总体规划、镇总体规划均需报相应的上一级人民政府审批并备案。

2.2.3 城乡规划的审批

1. 城乡规划审批权限

全国城镇体系规划由国务院城乡规划主管部门报国务院审批，省域城镇体系规划由国务院审批。

直辖市的城市总体规划由直辖市人民政府报国务院审批；省、自治区人民政府所在地的城市以及国务院确定的城市的总体规划，由省、自治区人民政府审查同意后，报国务院审批；其他城市的总体规划，由市人民政府报省、自治区人民政府审批。

县人民政府组织编制县人民政府所在地镇的总体规划，报上一级人民政府审批。其他镇的总体规划由镇人民政府组织编制，报上一级人民政府审批。

城市的控制性详细规划，由本级人民政府审批；镇的控制性详细规划，由县人民政府审批。

2. 城乡规划审批程序

各级城乡规划在编制形成后，组织编制单位必须依法将规划草案予以公告，并采取论证会、听证会或者其他方式征求专家和公众意见，公告时间不得少于 30 日。

公告结束后，规划草案须按规定审批权限上报有关主管部门审批。一项规划必然在相当长的一段时期内，对城镇或乡村的建设发展起指导作用，对居民的生产生活带来相当大的影响。因此，规划审批过程中，应进行充分的专家论证，并扩大社会公众参与，其形式包括座谈会、问卷调查、向社会公开征求意见等，以保障各利益群体能够在规划编制和审批过程中充分表达自己的意愿，保证规划制定的民主性和科学性。

在各级规划的审批程序中，人民代表大会或其常务委员会的审查、监督作用十分重要，各级规划必须经本级人民代表大会或其常务委员会审查并提出意见，编制单位修改后，才可以连同审查意见、修改意见稿一同上报上级部门审定。

需要指出的是，对于城市的控制性详细规划，经本级人民政府批准后，还应当报本级人民代表大会常务委员会和上一级人民政府备案；县人民政府所在地镇的控制性详细规划，经县人民政府批准后，应当报本级人民代表大会常务委员会和上一级人民政府备案。

2.2.4　城乡规划的修改

城乡规划具有法律效力，一经批准就必须保持稳定，不经过法定程序不得随意进行修改。只有在符合法定程序的前提下，城乡规划才可以进入修改程序。

对于省域城镇体系规划、城市总体规划、镇总体规划，应定期组织有关部门和专家对规划实施情况进行评估，并由人民代表大会和常务委员会定期提交相关意见，将专家意见和群众意见结合起来，既从技术上保证规划适应形势发展，也让规划充分反映不同利益的要求，这样得出的评估报告得到一致认可后，可以进行规划修改，也叫修编。

以往修改规划的程序不规范，修改规划成本过低，致使一些地方政府随意改变规划，违规建设的情况比较严重，特别是个别领导个人意志的转变，成为规划修改的主要原因。为此，城乡规划法明确、具体规定了规划修改的条件和程序，以保证规划的严肃性。

 知识要点提醒

城乡规划未经法定程序不得修改。

1. 城乡规划修改的准备工作

城乡规划是政府指导和调控建设的基本手段与重要依据，在规划实施期间，必须定期对规划目标实现情况进行跟踪评估，及时监督执行情况，保证规划实施方向。对规划进行全面、科学的评估，有利于及时研究新问题，及时总结存在的优点和不足，提高实施的科学性。因此，对已执行的规划进行执行情况评估是对现有规划进行修改的前提。

省、自治区、直辖市组织编制与实施的省域城镇体系规划、城市总体规划、镇总体规划，由原人民政府负责进行规划实施评估并提出修改申请；城市人民政府组织编制的城市总体规划，由原人民政府负责组织评估和修改；镇、县制镇组织编制、实施的城镇总体规划，由原人民政府组织评估和修改。

对已经执行的规划进行评估，其工作的组织由原规划的编制组织单位承担。

组织编制机关对相关规划进行评估后，应当分别向本级人民代表大会或者其常务委员会提交评估报告并征求意见，通过后方可向上级机关（原审核单位）提出修改申请。

2. 城乡规划修改的条件

具有以下情形之一的，可以提出修改规划：①上级人民政府制定的城乡规划发生变更，提出修改规划要求的；②行政区划调整确需修改规划的；③因国务院批准重大建设工程确需修改规划的；④经评估确需修改的；⑤城乡规划的审批单位认为应当修改规划的其他情形。

其中①~③项是刚性条件，这些现实事件的出现，使得城乡规划已经不能适应需要，甚至阻碍社会发展了，必须进行修改；④、⑤项是政府本身拥有的自由裁量权，政府可以行使这个权力对城乡规划进行修改，但须走法定程序。

3. 城乡规划修改的程序

具备了法定条件，并不意味着可以马上修改规划。《城乡规划法》规定，启动规划修改仍需经过一定的程序。

修改省域城镇体系规划、城市总体规划、镇总体规划前，组织编制单位应当对原规划的实施情况进行总结，并向原审批机关报告；修改涉及城市总体规划、镇总体规划强制性内容的，应当先向原审批单位提出专题报告，经同意后，方可编制修改方案。如果修改内容是一般性规定，组织编制单位可以自行决定是否启动修改程序。

控制性详细规划的全部内容相当于总体规划中的强制性内容，因此它的修改与总体规划强制性内容修改程序相同。同时，控制性详细规划的修改直接涉及已经审批过的项目，对相关项目的权利人会产生直接的影响。因此，控制性详细规划在修改前必须进行必要性论证，征求规划区域内利害关系人的意见，提交专题报告并经原审批机关同意后，方可进行修改方案；同时，也要听取社会意见。

根据《城乡规划法》，控制性详细规划的修改必须先编制修改方案，再通过修改方案审批后才可以进行。

控制性详细规划修改内容如果与原来城市规划中强制性内容相抵触，就必须先对总体规划中的强制性内容进行修改、审批，审批完成后才可以进行。

乡镇规划、村庄规划的修改由乡、镇人民政府组织编制其修改方案，并经村民会议或者村民代表会议讨论同意后，上报上一级人民政府审批后，才可以进行。

近期建设规划是对已经依法批准的城市、镇总体规划的分阶段实施安排和行动计划。它的修改必须符合城市、镇总体规划限定范围内，对实施时序、分阶段目标和重点等进行调整，不得变相修改城市总体规划内容或者超越总体规划规定的内容，并且在修改后应当报总体规划审批机关备案。

总之，城乡规划的修改必须在坚持效率、公正、准确、可接受这几个方面的仔细研究的基础上谨慎进行。

4. 城乡规划修改的利益受损问题

规划作为行政审批的依据和建设活动的依据，如果对原来已经认可的建设行为进行变动，造成当事人损失的情况有以下三种。

（1）规划修改后，根据原规划发放的选址意见书、建设用地规划许可证、建设工程规划许可证可能会失效，从而给当事人造成损失。这种损失是由于行政许可被撤销而直接造成的，损失和许可被撤销之间存在直接的因果关系，因此国家应该给予补偿。这种损失因为发生在具体建设开始以前，一般容易处理，损失金额也不会太大，多数情况是造成该地块建设量发生变化，通过退还部分土地出让金就可以解决。

（2）规划修改后，根据原规划而制订并得到审批的建筑方案、施工图不满足新规划的要求而必须修改的，规划管理部门应当采取听证会等形式，听取利害关系人的意见，协调相关利益，因修改造成的损失，应当依法给予补偿。

（3）规划修改后，根据原规划已经得到实施的建设工程不满足新规划的要求，这种情况一般在修改规划前就应当得到确认并通知相关利益人停止新的建设，对已经实施的部分，由于涉及金额一般比较高，需要和利益相关人进行协商，给予补偿。这种情况的出现，一般是重大公共利益项目对原有项目造成的损失。例如，城市地铁建设使得原来已建成的建筑必须拆除或部分拆除或修改其用途等。在出现有关方面利益受损时，城市规划法规定依法给予"补偿"，不是"赔偿"。补偿是相对于合法行政行为而言的，行政机关依法修改规划是一种合法行政行为，因此，给被许可人造成的损失应当给予补偿。赔偿是指行政机关违法的行政行为，给公民、法人或者其他组织的合法权益造成损失的，才给予赔偿。

在出现损失而需要给予补偿的时候，这种损失必须是客观存在的，能够具体确认的，只包括财产损失，不包括精神损失。

2.3　城乡规划的实施

城乡规划的实施，主要通过城乡规划主管部门对城乡建设活动的管理来实施，即对城乡规划区内的各项建设活动进行规划审查，并核发相关规划许可证等行政行为。规划许可证制度是城乡规划实施的基本制度。

2.3.1　建设项目选址的规划管理

建设项目选址的规划管理主要通过建设项目用地选址意见书制度来实施。

建设项目用地选址意见书，是用于管理建设项目预先申请用地的许可。需要申请建设项目用地选址意见书的建设项目，必须满足以下三个条件。

（1）该项目是在城市、镇规划区内的项目，在规划区外的项目，规划主管部门不可以核发选址意见书。

（2）该项目是需要有关部门批准或者核准的建设项目。建设项目立项审批有三种：批准、核准和备案，只有前两种项目需要选址意见书。

（3）该项目使用土地是以划拨方式获得的国有土地使用权。

按现行法律规定，取得国有土地使用权的方式有划拨和出让两种方式。出让方式获得土地的项目，出让前规划条件已经具备，不再需要选址意见书。因此，只有以划拨方式获得国有土地使用权的建设项目才可能需要选址意见书。

通过建设项目选址意见书的核发，既可以从规划上对建设项目加以引导和控制，充分合理地利用现有土地资源，避免各自为政，无序建设；又可以为项目审批或者核准提供依据，对于促进从源头上把好项目开工建设关，维护投资建设秩序，促进国民经济又快又好发展具有重要意义。

随着国有土地使用权有偿使用制度的全面推行，除划拨使用土地项目（主要是公益事业项目）外，都实行土地使用权有偿使用。按照城乡规划法规定，出让地块必须同时具有城乡规划主管部门提出的规划条件，而规划条件明确了该地块面积、使用性质、建设强度、基础设施、公共设施的配置原则等相关要求，而且这些要求是规划主管部门依据控制性详细规划的数据得出的，是符合规划要求的，因此，这些项目不再需要选址意见书。

2.3.2 建设用地的规划管理

建设项目用地的规划管理主要通过建设用地规划许可证制度来实施。

1. 以划拨方式获得国有土地使用权的规划管理

以划拨方式获得国有土地使用权的建设项目，在获得建设用地选址意见书后，该项目经有关部门批准、核准后，向城乡规划管理部门送审建设工程设计方案，申请建设用地规划许可证。

政府规划主管部门应当审核建设单位申请建设用地规划许可证的各项文件、资料、图纸等是否完备，并依据控制性详细规划审核建设用地的位置、面积及建设工程总平面，确定建设用地范围，对具备相关文件且符合城乡规划的建设项目核发建设用地规划许可证；对不符合法定要求的建设项目不予核发建设用地许可证并说明理由，给予书面答复。

建设单位只有在取得建设用地规划许可证、明确建设用地范围及界线之后，才可以向县级以上政府土地主管部门申请用地，经县级以上人民政府审批后，由土地部门划拨土地。

取得建设用地规划许可证是使用划拨国有土地的建设项目必须经历的过程，在这个过程中，从选址意见书到用地规划许可证，该项目经过多个政府管理部门的审批、核查，以确保这类项目的社会公益性。

2. 以出让方式获得国有土地使用权的规划管理

以出让方式获得国有土地使用权的，在土地出让前，城市规划主管部门依据控制性详细规划提出规划条件，随同土地一起出让，建设单位在获得出让的土地后，持建设项目批准、核准、备案文件和国有土地出让合同，向规划主管部门领取建设用地规划许可证。规划主管部门不得在发放建设用地规划许可证的过程中擅自改变作为土地出让合同组成部分的规划条件。规划主管部门对项目的规划条件进行审核，符合城乡规划的建设项目，核发建设用地规划许可证，对不符合法定要求的建设项目，不予核发建设用地许可证并说明理由，给予书面答复。

对于规划条件未纳入国有土地使用权出让合同的，应当认定该国有土地使用权出让合同无效，并收回该地块。因出让合同无效给当事人造成损失的，有关部门应当分清责任，依照有关法律规定给予补偿。

2.3.3 建设工程的规划管理

1. 建设工程的规划条件

依据总体规划编制的控制性详细规划，对每个规划区域内的地块都给出了用地性质、建设强度、基础设施和公共服务设施配套的具体控制数据。依据控制性详细规划，对每个要用于建设的地块，都可以得出一个确定建设内容的规划条件，这个规划条件是不允许建设单位在建设过程中任意变更的，建设单位必须在满足规划条件的前提下进行建设项目的设计和施工，这就是规划条件。

对划拨取得国有土地使用权的建设项目，由规划主管部门在办理建设用地许可证时，结合用地的控制性详细规划，给出规划条件；对出让方式取得土地使用权的，在出让合同中就已经包含规划条件。

规划条件和国有土地使用权出让或者划拨是联系在一起的，是国有土地使用权出让合同的组成部分，它明确了该地块可以建设的内容和强度，是一个和开发量、开发性质紧密相关的数据，同时也是这个地块价值的真实体现，也关系到周边地块和这个地块的相互关系，是重要的控制城市建设关键点。

规划条件满足控制性详细规划的建设项目，就是满足规划的项目，是可以进行的，而不满足规划条件的项目，肯定在某些方面违反了规划要求，是不能批准进行的。

规划条件和土地使用权出让合同一起，是组成合同的一部分，建设单位在取得土地使用权出让合同后，提出要修改规划条件的，必须连同出让合同一起考虑修改，对提出的新规划条件不满足控制性详细规划的，一律不得批准。

要加强对建设工程的事后规划监督，落实规划条件到具体工程中去，对未经核实或者核实不符合规划条件的建筑工程，建设单位不得组织竣工验收，无法投入使用。

2. 建设工程规划许可证制度

在城市、镇规划区域内进行建筑物、构筑物、道路、管线等工程建设，建设单位或个人应当先向规划主管部门申请办理建设工程规划许可证。建设工程规划许可证的管理是城乡规划管理实施的关键环节。

申办建设工程规划许可证，应当提交使用土地的有关文件、建设工程设计方案等材料，有些项目还需要编制修建性详细规划，规划管理部门审核这些资料，对符合控制性详细规划和规划条件的，核发建设工程规划许可证，并依法将审定的修建性详细规划、建设工程设计方案的总平面图予以公布，保证公众的知情权，使审批过程更加透明化和公开化，相关的被许可人、利害相关人和公众可以通过查阅公开的图纸资料，加强对行政机关的监督，保证行政机关作出的行政许可合法并符合公共利益的需要。

通过建设工程规划许可证制度，可以确认城市中有关建设活动符合法定规划要求，确保建筑主体的合法权益；可以作为建设活动在实施过程中接受监督检查时的法定依据；可以作为完善城乡建设档案的重要内容，其意义十分重大。

在乡、村庄集体土地上的有关建设工程，同样应当办理乡村建设规划许可证。

城乡规划主管部门不得在城乡规划确定的建设用地范围以外作出规划许可，以确保规划范围的不扩大。对于已经取得建设工程规划条件的建设项目，建设单位需要变更的，必须向规划主管部门提出申请，变更内容不符合控制性详细规划的，规划部门不得批准；变更内容符合规划的，规划主管部门应当及时将依法变更后的规划条件通报同级土地管理部门并给予公示，办理相关手续，完成后才可核发新的建设用地规划许可。

建设工程规划许可证是所有建设工程都必须领取的，也只有在领取后建设工程才能合法进行施工。

建设工程规划许可证结合工程规划总平面，主要包括建筑物使用性质的控制、建筑容积率和建筑密度的控制、建筑高度的控制、间距的控制、建筑退让距离的控制、用地绿化率的控制、用地出入口、停车和交通组织的控制、基地标高控制等。

建设工程审核批准后，城市规划行政主管部门要加强监督检查。监督检查主要包括：①验线是对建筑物在用地上的定位，建筑单位应当按照建设工程规划许可证的要求放线，并经城市规划行政主管部门检查无误后方可施工。②现场检查是指城市规划管理工作人员进入施工现场，了解建设工程的位置、施工等情况是否符合规划设计条件。在检查中，任何单位和个人都不得阻挠城市规划管理人员进入现场或者拒绝提供与规划管理有关的情况。城市规划管理人员有为被检查者保守技术秘密或者业务秘密的义务。

 知识要点提醒

未取得建设工程规划许可证的工程建筑将被作为违法建筑进行处置。

2.3.4 建设工程的核实和竣工验收

建设工程的核实主要是核实建设工程是否符合规划条件，是对建设工程是否按照建设工程规划许可证及其附件、附图确定的内容进行建设予以现场审核。建设工程从开工至竣工是一个连续的生产过程，在这个过程中，对建设单位是否严格按照规划法及规划许可要求进行建设，规划主管部门都有权进行监督检查，并且应当是贯穿整个建设过程。它还可以分为规划核实和竣工验收两个阶段。

在规划核实过程中，对符合规划许可内容要求的，及时提出有关核实意见；对不符合规划许可内容要求的，及时提出修改意见，并且书面告知建设单位，不得继续施工。在建设过程中出现不符合规划许可要求并且拒不修改的项目，完工后不得组织竣工验收。

建设工程完工后，必须向城乡规划主管部门提请竣工验收，并在竣工验收后6个月内向规划主管部门报送有关竣工验收资料。

建设工程竣工验收是事后规划核实的重要环节。竣工验收是政府各个管理部门对建设工程进行的综合审核，一般包括规划部门、公安消防部门、环保部门、质量监督部门以及勘探单位、设计单位、图纸审查单位、监理单位等多个涉及该项目的单位，共同检查建设工程的各个方面和环节，得到认可后，共同签发竣工验收报告。

规划验收、消防验收、环保验收、节能验收的相关规定在此做简单介绍。

1. 规划验收

《城乡规则法》第四十五条规定：

（1）县级以上地方人民政府城乡规划主管部门按照国务院规定对建设工程是否符合规划条件予以核实。未经核实或者经核实不符合规划条件的，建设单位不得组织竣工验收。

（2）建设单位应当在竣工验收后6个月内向城乡规划主管部门报送有关竣工验收资料。

规划部门依据选址意见书、建设用地规划许可证、建设工程规划许可证、乡村建设规划许可证及其有关规划要求对工程进行验收。

对验收合格的，由城乡规划行政主管部门出具规划认可文件或核发建设工程竣工规划验收合格证。

2. 消防验收

《建设工程消防监督管理规定》第二十二条规定：公安机关消防机构应当自受理消防验

收申请之日起 20 日内组织消防验收，并出具消防验收意见。

《中华人民共和国消防法》（2019 年修正）第十三条规定：国务院公安部门规定的大型的人员密集场所和其他特殊建设工程，建设单位应当向公安机关消防机构申请消防验收，未经消防验收或者消防验收不合格的，禁止投入使用。其他建设工程，建设单位在验收后应当报公安机关消防机构备案，公安机关消防机构应当进行抽查，经依法抽查不合格的，应当停止使用。

3. 环保验收

《建设项目环境保护管理条例》第十五条和第十七条规定：

（1）编制环境影响报告书、环境影响报告表的建设项目竣工后，建设单位应当按照规定的标准和程序，对配套建设的环境保护设施进行验收，编制验收报告。

（2）除按照国家规定需要保密的情形外，建设单位应当依法向社会公开验收报告。

（3）建设项目需要配套建设的环境保护设施，必须与主体工程同时设计、同时施工、同时投产使用。

（4）分期建设、分期投入生产或者使用的建设项目，其相应的环境保护设施应当分期验收。

4. 节能验收

能源是指煤炭、石油、天然气、生物质能和电力、热力以及其他直接或者通过加工、转换而取得有用能的各种资源。

节约能源是指加强用能管理，采取技术上可行、经济上合理以及环境和社会可以承受的措施，从能源生产到消费的各个环节，降低消耗、减少损失和污染物排放、制止浪费，有效、合理地利用能源。

《节约能源法》规定：

（1）国家实行固定资产投资项目节能评估和审查制度。不符合强制性节能标准的项目，建设单位不得开工建设；已经建成的，不得投入生产、使用。

（2）建筑工程的建设、设计、施工和监理单位应当遵守建筑节能标准。不符合建筑节能标准的建筑工程，建设主管部门不得批准开工建设；已经开工建设的，应当责令停止施工、限期改正；已经建成的，不得销售或者使用。

《建筑节能工程施工质量验收规范》规定：

（1）节能工程的检验批验收和隐蔽工程验收应由监理工程师主持，施工单位相关人员参加。

（2）节能分项工程验收应由监理工程师主持，施工单位相关人员参加，必要时可邀请设计单位相关人员参加。

（3）节能分部工程验收应由总监理工程师主持，施工单位项目经理、项目技术负责人、相关专业质量检验员、施工员参加，设计单位节能人员应参加。

2.4　城乡规划的监督检查及法律责任

2.4.1　城乡规划的监督检查

1. 城乡规划的监督形式

城乡规划的监督有行政监督、立法监督和公众监督。

（1）行政监督。行政监督就是各级政府的层级监督，下级部门要向上级部门汇报规划的实施情况和管理工作，上级部门要对下级部门违法案件的查处情况进行监督，其监督主体是县级以上人民政府及其城乡规划主管部门。其内容包括政府层级监督检查、规划许可证的监督检查、建设工程竣工规划验收和竣工档案资料的检查。

（2）立法监督。立法监督是指国家的立法机关对行政机关实行的监督，各级人民代表大会及其常务委员会对国家行政机关及其工作人员的监督，即监督各级政府及其工作人员的一切活动是否坚持依法办事。其内容主要是各种规范性法律文件的效力情况和地方各级政府对城乡规划的实施情况。

（3）公众监督。公众监督是指积极引导公众参与到规划实施的检查中来，城乡规划的实施关系到公众的切身利益，引导公众参与监督规划实施有十分重要的意义。其前提是规划管理部门公开规划相关情况。

 知识要点提醒

城乡规划监督检查分为行政监督检查、立法监督检查和公众监督检查三类。

2. 规划行政主管部门的监督检查权

县级以上人民政府城乡规划主管部门依法对城乡规划的实施情况进行监督检查，是他们本身的义务，他们有直接的技术力量和专业知识，因此是对规划实施情况进行监督时最常见也是最重要的主体，他们有权采取以下措施：

（1）要求有关单位和人员提供与监督事项有关的文件、资料，并进行复制。

（2）要求有关单位和人员就监督事项涉及的问题作出解释和说明，并根据需要进行现场勘测。

（3）责令有关单位和人员停止违反有关城乡法律、法规的行为。

城乡规划主管部门的工作人员在履行规定的监督检查职责时，应当出示执法证件，表明身份，然后才能行使权力，体现依法执法、公开执法的要求。

监督检查情况和处理结果应当依法公开，供公众查阅和监督。

城乡规划主管部门在查处违反城乡规划法规定的行为时，发现国家机关工作人员依法应当给予行政处分的，应当向其任免机关或者监察机关提出处分建议。

2.4.2 违反城乡规划法的法律责任

违反城乡规划法应承担法律责任的主体主要有两类：一是针对行政主体的法律责任；二是针对行政相对人的法律责任。

《城乡规划法》第五十八条至第六十条规定了行政主体承担法律责任的情形，主要包括以下几点。

（1）依法应当编制城乡规划而未组织编制，或者未按法定程序编制、审批、修改城乡规划的。

（2）委托不具有相应资质等级的单位编制城乡规划的。

（3）违法编制或实施城乡规划的。

行政主体承担的法律责任主要是：由上级人民政府责令改正，通报批评；对有关人民政府负责人和其他直接责任人员依法给予处分。

《城乡规划法》第六十二条至第六十七条规定了行政相对人承担法律责任的情形，主要包括以下几点。

（1）城乡规划编制单位无资质、超越资质、违反编制标准进行城乡规划编制的。

（2）未取得建设工程规划许可证，或者未按照建设工程规划许可证的规定进行建设的，以及未依法取得乡村建设规划许可证，或者未按照乡村建设规划许可证的规定进行建设的。

（3）违法进行临时建设的。

（4）建设单位未在建设工程竣工验收后 6 个月内向城乡规划主管部门报送有关竣工验收资料的。

行政相对人承担的法律责任主要包括：责令限期改正，责令停业整顿、降低资质等级或者吊销资质证书、罚款等。

此外，《城乡规划法》第六十九条规定："违反本法规定，构成犯罪的，依法追究刑事责任。"

 知识要点提醒

（1）城乡规划不是一部独立的规划，包括城镇体系规划、城市规划、镇规划、乡规划和村庄规划。

（2）城市规划、镇规划分为控制性详细规划和修建性详细规划，一般期限为 20 年。

（3）城乡规划具有系统性、科学性、政策性和区域性等特征。

（4）城乡规划必须符合土地利用总体规划。

 案例分析

基本案情：2012—2013 年，经市规划管理部门批准的情况下，居民张某的前邻居李某采取分层施工的方法，在张家两层小楼前 20 m 处建房，损害了张家的采光、通风权益。为此，张某曾多次要求区规划局依法处理。2013 年，李某在原建筑基础上加盖二层时，张某出面阻止，并砸坏了一根新建水泥柱。李某诉至法院，要求张某负责恢复原状、赔偿损失。受诉法院经审理判令张某赔偿李某损失 600 元，并驳回了李某恢复水泥柱原状的诉讼请求。同年 9 月，张某再次前往所在区规划管理办公室，反映李某非法加盖二层楼房问题并要求处理。规划局于同年 10 月 28 日作出并向李某送达了《关于李某违法建筑的处罚决定》，要求李某拆除第二层建筑，但未向原告张某送达。李某收到处罚决定后未自动履行，规划局也因未在法定期限 3 个月内申请人民法院强制执行，而使该行政决定对李某违法建筑的处罚落空。

原告张某于 2014 年 5 月 9 日以规划局不履行规划管理职责为由向区人民法院提出行政诉讼，请求人民法院判决被告区规划局履行法定职责，作出具体行政行为，对李某违法建筑予以拆除，以保护原告的合法权利。

被告辩称：原告曾来规划局反映前邻居李某非法加盖二层楼问题，但被告已经于 2013 年 10 月 28 日下发了 2013（158）号《关于李某违法建筑的处罚决定》，并于同日将该决定送达李某。后原告没有主动查问，被告认为李某已经履行处罚决定，两家矛盾已经解决。2014 年 5 月，被告接到原告起诉书后，申请法院强制执行 2013（158）号文，但法院以超出申请执行的期限为由而不予强制执行。

案件审理：区人民法院经审理认为，被告规划局系地方人民政府城市规划行政主管部门，主管本行政区域内的城市规划管理工作，对本行政区域内的建筑行为依法负有管理职责。原告认为其前邻居李某未经批准擅自建筑楼房而严重影响其采光、通风的合法权益，请求被告依法处理是正确的，被告对原告的请求不仅应当作出明确的答复和处理，而且在违章建筑责任人不自觉履行处罚决定的情况下也应依职权在法定期限内申请人民法院强制执行，以确保原告的合法权益不受侵害。依照《中华人民共和国城乡规划法》《中华人民共和国行政诉讼法》之相关规定，区人民法院于 2014 年 8 月 18 日作出判决：责成被告区规划局在判决生效后 30 日内对原告张某的请求作出具体行政行为。一审判决送达后，原、被告在法定期限内均未提起上诉。

案例评析：本案中，市规划管理部门虽然对李某违法建筑的行为作出了行政处罚决定并责令其拆除违法加盖的二楼，但规划管理部门既未认真督促李某自觉履行，也未在规定期限内申请人民法院强制执行，致使该处罚决定落空。《城乡规划法》第六十八条规定，"城乡规划主管部门作出责令停止建设或者限期拆除的决定后，当事人不停止建设或者逾期不拆除的，建设工程所在地县级以上地方人民政府可以责成有关部门采取查封施工现场、强制拆除等措施"。据此，对李某违法建筑的行为作出具体行政行为以及依法申请人民法院强制执行均系规划管理部门的法定职责。《行政诉讼法》第五十四条规定，"被告不履行或者拖延履行法定职责的，人民法院应判决其在一定期限内履行。"本案中，区人民法院责成被告区规划局在判决生效后 30 日内对原告张某的请求作出具体行政行为的判决是正确的。

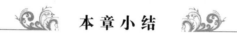

本章小结

通过本章的学习，了解城乡规划的基本概念和内容，掌握我国城乡规划的制定、审批、实施的全过程的基本概念，加深对目前我国城市化过程中存在问题的理解。

了解城乡规划法建立的基本目的，明确城乡规划的内涵由"技术主导"向"公共政策"转变的背景，掌握不同类型规划的审批的管理部门和方式。

公众参与是解决城乡规划脱离现实的最好方法，也是真正约束冒进思想、违法建设行为的重要组成部分，必须依据中国实际社会情况，加大推广力度。

建设项目违反规划的，一定要坚决制止和纠正，维护规划法的权威，真正依法行政、依法建设，解决工程建设领域民众关切的问题。

习题

1. 单选题

（1）《中华人民共和国城乡规划法》的适用范围是（　　）。

  A. 城市规划区范围内   B. 城市规划区国有土地范围内

  C. 城市范围内   D. 规划区范围内

（2）关于城乡规划，观点不对的是（　　）。

  A. 城乡规划是规划体系的统称

  B. 城乡规划是多层次的体系

  C. 城乡规划覆盖全国所有城市和乡村

  D. 城乡规划要求"一级政府一级规划"，各级政府都应该根据自己的职权，编制相应的规划

（3）省域城镇体系规划由（　　）部门来制定。

  A. 国务院　　　　　　　　　　　B. 国土厅

  C. 省或自治区政府　　　　　　　D. 各个城市的政府

（4）关于城市总体规划，说法错误的是（　　）。

  A. 直辖市的城市总体规划报国务院审批

  B. 省、自治区政府所在地的城市报国务院审批

  C. 重点城市的总体规划报国务院审批

  D. 深圳、珠海、北京、天津的城市总体规划报国务院审批

（5）控制性详细规划包含的内容有（　　）。

  A. 该区域内人口的总数量　　　　B. 该区域内人口的密度

  C. 该区域内每个建筑的高度　　　D. 该区域内每个建筑的造型

（6）对于出让国有土地使用权的土地，规划管理中错误的观点是（　　）。

  A. 先规划再出让，这样规划条件在出让前就可以制定

  B. 先有控制性详细规划后，才可以出让

  C. 出让国有土地，只需向土地管理部门申报

  D. 规划条件和出让合同是共同生效的文件，两者缺一不可

（7）建设过程中，规划条件可以改变的情况是（　　）。

  A. 控制性详细规划修改了，该地块的规划条件有变化

  B. 经济情况变好了，可以增加建设量

  C. 政府招商引资后，新的建设单位需要的规划条件和原规划不相符合

  D. 建设工程的实际需要超过现有规划的许可要求

2. 多选题

（1）关于修建性详细规划，正确的说法有（　　）。

  A. 修建性详细规划是在控制性详细规划指导下编制的

  B. 修建性详细规划是在城市总体规划指导下编制的

  C. 修建性详细规划不是每个区域都必须编制的

  D. 修建性详细规划确定了用地上的人口数量

  E. 修建性详细规划的任务之一是确定建筑的色彩

（2）关于规划编制，不正确的说法有（　　）。

  A. 不是所有的城市、镇、乡村都需要编制规划

  B. 对于自然保护区，必须编制城乡规划

  C. 每个乡村只要存在，就必须编制乡村规划

  D. 城镇只要有发展的建设需要，就必须编制规划

  E. 城乡规划由政府部门编制

（3）在城市的总体规划中，应该有（　　）方面。

  A. 总体规划中要确定人口规模

B. 总体规划不包括区域内乡村的规划

C. 总体规划既是点的规划，又是面的规划，是一个全面规划

D. 城市的总体规划中，强制性规划和非强制性规划并存

E. 城市的总体规划不包括交通体系

（4）关于建设工程规划许可证，不正确的说法有（　　　）。

A. 建设工程规划许可证只在城市建设中有效

B. 建设工程规划许可证中，包含内容有建筑密度、建筑高度控制的关键信息

C. 建设工程规划许可证是在该项目建设地块上没有规划覆盖的时候，才需要审批的

D. 对于划拨土地上的建设，不需要建设规划许可证

E. 建设工程规划许可证用于控制地块上的绿化率、用地出入口、停车和交通组织等技术指标

（5）对各级人大和人大常务委员会在规划中的作用，不正确的观点是（　　　）。

A. 人大负责组织编制城乡规划

B. 人大有对规划提出批评意见的权力

C. 人大负责审批城乡规划

D. 人大应该负责规划的修改

E. 人大必须负责公众参与的组织工作

（6）有下列情况之一的，可以考虑对规划进行修改。（　　　）

A. 上级规划发生变动修改的　　　　　B. 人大提出要求的

C. 上级部门批准重大项目需要的　　　D. 经过评估确实需要修改的

E. 规划规定期限到期的

（7）对控制性详细规划的内容的说法，正确的有（　　　）。

A. 控制性详细规划是非强制性规划

B. 控制性详细规划由规划管理部门编制

C. 控制性详细规划在审批前不需要人大的审议

D. 控制性详细规划确定地块的用地性质和强制性控制指标

E. 控制性详细规划是规划管理最直接的法律依据

（8）下面关于城乡规划编制的概念中，不正确的内容有（　　　）。

A. 规划编制单位是独立于政府规划管理部门的

B. 规划编制单位必须是国有背景的单位

C. 规划编制单位由国务院确定其具有哪一级别的资质

D. 规划编制单位有不同的级别，低级别的单位所编制的规划必须有一定的限制

E. 规划编制单位中的工作人员必须具有注册规划师资质

3. 思考题

（1）制定《中华人民共和国城乡规范法》的意义是什么？

（2）是否所有的城市、镇、乡村都需要编制规划？

（3）城市总体规划由谁负责制定？其主要内容是什么？

（4）划拨土地的工程项目和出让土地的工程项目在规划管理上各有什么特点？

（5）为什么说规划设计条件是土地使用权转让合同中的重要部分？

（6）建设工程规划许可证主要控制建设工程项目的哪些具体内容？

（7）规划修改的条件和程序是什么？

（8）如何对城乡规划进行监督？有哪几种形式？

（9）规划管理部门进行规划监督时有哪些权力？

（10）哪些建设工程需要领取选址意见书？为什么？

4. 案例分析题

某市市中心有一污染严重的工厂，占地 3.2 万 m²，依据经市政府批准的该地区控制性详细规划，该厂应予搬迁，原用地拟改为商业用地。厂方根据控制性详细规划提出的改建方案经城市规划行政主管部门初审认为可行。后来，厂方依据初审方案找到了一个投资方，并与其签订了土地使用权转让协议。投资方未办理规划管理审批手续即开工建设。在完成基础和地下一层结构工程时，受到城市规划行政主管部门查处。

问题：

（1）城市规划行政主管部门应如何处理该工程？

（2）投资方应办理哪些审批手续？

第3章

勘察设计法律制度

教学目标

本章主要讲述工程勘察设计的概念、标准以及工程勘察设计文件的编制、审批。通过本章的学习，应达到以下目标：

(1) 了解建设工程勘察设计的概念。

(2) 掌握工程建设标准的概念及种类，了解工程建设标准制定的原则和实施办法。

(3) 理解设计文件的编制要求。

(4) 理解施工图设计文件审查的概念、范围、内容及程序。

(5) 了解工程勘察设计质量的监督管理及法律责任。

教学要求

知 识 要 点	能 力 要 求	相 关 知 识
工程建设标准概念与种类	(1) 理解工程建设标准的概念； (2) 理解工程建设标准的种类； (3) 掌握工程建设强制性标准的实施	(1) 标准、标准化的概念； (2) 强制性标准、标准设计的含义； (3) 工程建设标准的分类
工程勘察设计文件的编制	(1) 熟悉建设工程设计文件的编制依据； (2) 熟悉建设工程设计文件的编制要求	(1) 工程设计的原则； (2) 工程文件编制的依据； (3) 工程设计各阶段的内容及深度
施工图设计文件审查	(1) 理解施工图设计文件审查的概念； (2) 掌握施工图设计文件审查的范围； (3) 掌握施工图设计文件审查的内容及程序	(1) 施工图审查机构及应具备的条件； (2) 施工图审查的范围； (3) 施工图送审应提交的材料及审查内容； (4) 施工图审查的报送

 基本概念

工程勘察设计　工程建设标准　工程勘察设计文件　施工图设计文件审查

 引例

某厂新建一厂房，分别与某设计院和某建筑公司签订设计合同与施工合同。工程竣工后厂房一侧楼板出现裂缝，因此，该厂向法院起诉建筑公司。经勘察发现，裂缝是由于地基不均匀沉降引起的，结论是结构设计图纸所依据的地质资料不准，于是该厂又起诉设计院。设计院答辩称，设计院是根据该厂提供的地质资料设计的，不应承担事故责任。经法院查证：该厂提供的地质资料不是新建车间的地质资料，事故前设计院也不知道该情况。

问题：

（1）事故的责任者是谁？

（2）某厂所发生的诉讼费应由谁承担？

分析：

（1）事故所涉及的是设计合同中的责权关系，而与施工合同无关，所以，建筑公司没有责任。在设计合同中，提供准确的资料是委托方的义务之一，而且要对资料的可靠性负责，所以委托方提供不准确的地质资料是事故的根源，委托方是事故的责任者之一；设计院在整个设计过程中并未对地质资料进行认真的审查，导致事故发生，所以，设计院也是责任者之一。故在此事件中，某厂作为委托方应是事故直接责任人，应负主要责任；设计院作为承接方，应负间接责任，是次要责任人。

（2）该案件中发生的诉讼费主要应由某厂负担，市设计院也应承担一小部分。

3.1　概　　述

3.1.1　工程勘察、设计的定义和意义

1. 工程勘察的定义

工程勘察是指根据建设工程的要求，查明、分析、评价建设场地的地质、地理环境特征和岩土工程条件，编制建设工程勘察文件的活动。

工程勘察的目的是根据工程建设的规划、设计、施工、运营和综合治理的需要，对地形、地质及水文等要素进行测绘、勘察、测试和综合评定，并提供可行性评价和建设所需要的勘察设计成果。

2. 工程设计的定义

工程设计是指根据建设工程的要求，对建设工程所需的技术、经济、资源、环境等条件进行综合分析、论证，编制建设工程设计文件的活动。

工程设计运用工程技术理论及技术经济方法，按照现行技术标准对新建、扩建、改建项目的工艺、土建、公用工程、环境工程等进行综合性设计及技术经济分析，并提供作为建设依据的设计文件和图纸。

3. 工程勘察、设计的意义

在工程建设过程中，设计是工程建设活动的灵魂，勘察是工程建设活动的基础，对工程的质量和效益都有着至关重要的作用，从事建设工程勘察设计活动应坚持先勘察、后设计、再施工的原则。在建设项目的选址和设计任务书已定的情况下，建设项目能否满足技术先进、经济合理的要求，设计起着决定性的作用。设计文件是安排建设计划和组织施工的主要依据。

国家鼓励在建设工程勘察设计活动中采用先进技术、先进设备、新型材料和现代管理办法。国家对从事建设工程勘察设计活动的企业及专业技术人员实现资质管理及执业资格注册制度。建设工程勘察设计企业只能在其资质等级许可范围内承揽建设勘察设计业务；建设工程勘察设计注册执业人员和其他专业技术人员只能受聘于一个建设工程勘察设计企业，未受聘于企业的，不得从事建设工程勘察设计活动。

3.1.2　工程勘察设计法规的立法现状

1. 工程勘察设计法律法规的概念

工程勘察设计法律法规是指调整工程勘察、设计活动中所产生的各种社会关系的法律规范的总称。工程勘察设计法律规范涉及范围广、内容多，不仅包括工程勘察设计的专门法律法规，也包括其他法律法规中与工程勘察设计方面有关的规范内容。

工程勘察设计法律法规调整的对象主要包括行政管理关系、经济技术合同关系、内部管理关系三个方面。

2. 工程勘察设计法规立法概况

目前，我国工程勘察设计方面的立法层次总的来说还比较低，主要由住房和城乡建设部（原建设部）及相关部委的规章和规范性文件组成。现行的法规主要有：

2007年建设部颁布的《建设工程勘察设计资质管理规定》；

2007年建设部颁布的《建设工程勘察质量管理办法》（2007修订）；

2017年住建部颁布的《工程设计资质标准》；

2018年12月13日修订并施行的《房屋建筑和市政基础设施工程施工图设计文件审查管理办法》。

这些法规极大地推进了我国工程建设勘察设计的法制建设，是现阶段主要勘察设计法律制度。

3.2　工程勘察设计标准

3.2.1　工程建设标准的概念

标准是指对重复性事物和概念所做的统一性规定。它以科学、技术和实践经验的综合成果为基础，经有关方面协商一致，由主管机构批准，以特定形式发布，作为共同遵守的准则和依据。

在建设工程行业中，工程建设标准是指对基本建设中各类工程的勘察、规划、设计、施工、安装、验收等需要协调统一的事项所制定的标准。

标准化是指在经济、技术、科学及管理等社会实践中，对重复性的事物和概念通过制定、发布和实施标准，达到统一，以获得最佳秩序和社会效益的活动。

工程建设标准化是国家、行业和地方政府从技术控制的角度，为建设市场提供运行规则的一项基础性工作，对引导和规范建设市场行为具有重要作用。

制定和实施各项工程建设标准，并逐步使其各系统的标准形成相辅相成、共同作用的完整体系，实现工程建设标准化，是我国建设领域现阶段一项重要的经济、技术政策。它不仅可以保证工程建设的质量及安全生产，规范建筑市场，而且能够全面提高工程建设的经济效益、社会效益和环境效益。随着我国的建设工程不断发展和科学技术不断进步，工程建设标准也在不断地提高改进，我们在建设过程中应该严格遵循工程建设标准并以高标准来要求自己，使我国的工程建设达到世界先进水平。

3.2.2　工程建设标准的种类

工程建设标准从不同的角度有不同的分类方法。

1. 按标准的内容分类

工程建设标准可分为技术标准、经济标准和管理标准三类。

（1）技术标准。技术标准是指对标准化领域中需要协调统一的技术事项所制定的标准，是企业在进行建设必须满足的工程技术要求。

（2）经济标准。经济标准是指为在建设过程中控制资源、节约财力、避免浪费，特别是保证不可再生资源的节约使用而制定的标准。

（3）管理标准。管理标准是指对标准化领域中需要协调统一的管理事项所制定的标准，是在建设过程中合理管理，保证建设按要求顺利进行的需要。

2. 按适用范围分类

按适用范围分类不同，工程建设标准可分为国家标准、行业标准、地方标准和企业标准四类。

（1）国家标准。工程建设国家标准是指对全国经济、技术发展有重大意义的，跨行业、跨地区的，需要在全国范围内统一的技术要求所制定的标准。如通用的质量标准，通用的术语、符号、代号、建筑模数等。国家标准在全国范围内适用，其他各级标准不得与之相抵触。

（2）行业标准。工程建设行业标准是指在工程建设活动中，在全国某个行业范围内统一的技术要求。如行业专用的质量标准，专用的术语、符号、代号，专用的试验、检验、评定方法等。行业标准是对国家标准的补充，是专业性、技术性较强的标准。

（3）地方标准。工程建设地方标准是指在工程建设活动中，根据当地的气候、地质、资源、环境等条件，制定的在省、自治区、直辖市范围内统一的技术要求。它不得低于相应的国家标准或者行业标准。

（4）企业标准。工程建设企业标准是指工程建设活动中，企业所制定的产品标准和在企业内需要协调、统一的技术要求和管理、工作要求所制定的标准。企业标准是对上级标准的补充和依据自身企业特点的具体化标准，它不得低于国家标准、行业标准和地方标准。

3. 按执行效力分类

按执行效力不同，工程建设标准可分为强制性标准和推荐性标准两类。

（1）强制性标准。强制性标准是指国家通过法律的形式明确要求对于一些标准所规定的技术内容和要求必须执行，不允许以任何理由或方式加以违反、变更的标准，包括强制性的国家标准、行业标准和地方标准。如工程建设勘察、规划、设计、施工及验收等通用的综合标准和质量标准等。

（2）推荐性标准。推荐性标准是指国家鼓励自愿采取的具有指导作用而又不宜强制执行的标准，即标准所规定的技术内容和要求具有普遍的指导作用，允许使用单位结合自己的实际情况灵活选用。凡是强制性标准以外的标准皆为推荐性标准。

3.2.3　工程勘察设计标准

根据《基本建设设计工作管理暂行办法》《基本建设勘察工作管理暂行办法》的规定，

工程勘察设计标准包括工程建设勘察设计规范和标准设计两种。

1. 工程建设勘察设计规范

工程建设勘察设计规范是强制性勘察设计标准。一经颁发，就是技术法规，在一切工程勘察设计工作中都必须执行。勘察设计规范分为国家、部、省（自治区、直辖市）、设计单位4级。

2. 标准设计

标准设计是推荐性设计标准。一经颁发，建设单位和设计单位要因地制宜地积极采用，凡无特殊理由的不得另行设计。标准设计分为国家、部、省（自治区、直辖市）3级。

3.2.4 工程建设强制性标准的实施

1. 工程建设标准的制定原则

（1）遵守国家的有关法律、法规及相关方针、政策，密切结合自然条件，合理利用资源，充分考虑使用和维修的要求，做到安全适用、技术先进、经济合理。

（2）积极开展科学实验或测试验证。有关项目应纳入主管部门的科研计划，认真组织实施，写出成果报告。

（3）积极采用新技术、新工艺、新设备、新材料。经有关主管部门或受委托单位鉴定，有完整的技术文件，且经实践检验的，应纳入标准。

（4）积极采用国际标准和国外先进标准。凡经认真分析论证或测试验证，并符合我国国情的，应纳入标准。

（5）条文规定严谨明确，文句简练，不得模棱两可，内容深度、术语、符号以及计量单位等应前后一致，不得矛盾。

（6）标准条文应与现行标准协调。要遵守现行的工程建设标准，确有更改需要的，必须经过审批。工程建设标准中，不得规定产品标准的内容。

（7）发扬民主，充分讨论。对有关政策问题应认真研究、统一认识；对有争议的技术性问题，应在调查研究、实验验证或专题讨论的基础上充分协商，才做结论。

2. 工程建设标准的审批和发布

（1）工程建设国家标准的审批和发布。工程建设国家标准由国务院建设行政主管部门审查批准，国务院标准化行政主管部门和建设行政主管部门联合颁布。

（2）工程建设行业标准的审批和发布。工程建设行业标准由国务院有关行政主管部门审批、颁布，并报国务院建设行政主管部门备案。

（3）工程建设地方标准的审批和发布。工程建设地方标准的制定、审批、发布方法由省、自治区、直辖市人民政府规定。但标准发布后应报国务院建设行政主管部门和标准化行政主管部门备案。

（4）工程建设企业标准的审批和发布。工程建设企业标准由企业组织制定，并按国务院有关行政主管部门或省、自治区、直辖市人民政府的规定报送备案。

3. 工程建设标准的实施

工程建设标准的实施不仅关系到建设工程的经济效益、社会效益和环境效益，而且直接关系到工程建设者、所有者和使用者的人身安全及国家、集体和公民的财产安全。因此，必须严格执行，认真监督。

各级行政主管部门在制定有关工程建设标准时，不得擅自更改国家及行业的强制性标准；从事工程建设活动的部门、单位和个人都必须执行强制性标准；对于不符合强制性标准的工程勘察成果报告和规划、设计文件，不得批准使用；不按标准施工，质量达不到合格标准的工程，不得验收。

工程质量监督机构和安全监督机构，应根据现行的强制性标准，对工程建设的质量和安全进行监督，当监督机构与被监督单位对适用的强制性标准发生争议时，由该标准的批准部门进行裁决。

各级行政主管部门应对勘察、设计、规划、施工单位及建设单位执行强制性标准的情况进行监督检查。国家机构、社会团体、企事业单位及全体公民均有权检举、揭发违反强制性标准的行为。

对于工程建设推荐性标准，国家鼓励自愿采用。采用何种推荐性标准，由当事人在工程合同中予以确认。

小思考

（1）工程建设标准化的意义是什么？工程建设标准如何分类？

（2）强制性标准和推荐性标准的区别有哪些？

知识要点提醒

（1）工程建设标准按适用范围分为国家标准、行业标准、地方标准和企业标准，这四者的标准要求有高低之分。

（2）工程建设标准可分为强制性标准和推荐性标准，前者是强制执行，后者是鼓励采用，应区别两者的执行效力。

3.3　工程勘察设计文件的编制

3.3.1　工程勘察设计文件的编制依据

1. 工程设计的原则

工程设计是工程建设的主导环节，对工程建设的质量、投资效益起着决定性的作用。设计的优劣直接决定工程项目的实际效果。为保证工程设计的质量和水平，使建设工程设计与社会经济发展水平相适应，真正做到经济效益、社会效益和环境效益相统一，相关法规规定，工程设计必须遵循以下主要原则。

（1）贯彻经济、社会发展规划、城乡规划和产业政策。经济、社会发展规划及产业政策是国家某一时期的建设目标和指导方针，工程设计必须贯彻其精神，城市规划、村庄和集镇规划一经批准公布，即成为工程建设必须遵守的规定。工程设计活动也必须符合其要求。

（2）合理配置资源，满足环保要求。工程设计中，要充分考虑矿产、能源、水利、林业、渔业等资源的综合利用。要求"城市节能，农村节地"，要因地制宜，提高土地利用率。要尽量利用荒地、劣地，不占或少占耕地。工业项目中要选用耗能少的生产工艺和设备；民用项目中要采取节约能源的措施，提高区域集中供热，重视余热的利用。城市的新建、扩建和改建项目中应配备建设节约用水用电设施。在工程设计时，还应积极改进工艺，采取行之有效的技术措施，防止粉尘、毒物、废水、废气、废渣、噪声、放射性物质及其他有害因素对环境的污染，要进行综合治理和利用，使设计符合国家的环保标准。

（3）遵守工程建设技术标准和规范。工程建设中有关安全、卫生和环境保护等方面的标准都是强制性标准，工程设计时必须严格遵守。

（4）积极采用新技术、新工艺、新材料、新设备。工程设计应当广泛吸收国内外先进的科研技术成果，结合我国的国情和工程实际情况，积极采用新技术、新工艺、新材料、新设备，以保证建设工程的先进性和可靠性。

（5）重视技术和经济效益的结合。采用先进的技术，可提高生产效益，增加产量，降低成本，但往往会增加建设成本和建设工期。因此，要注意技术和经济效益的结合，从总体上全面考虑工程的经济效益、社会效益和环境效益。

（6）公共建筑和住宅要注意美观、适用和协调。建筑既要有实用功能，又要能美化城市，给人们提供精神享受。公共建筑和住宅设计应巧于构思，造型新颖、独具特色，但又与周围环境相协调，保护自然景观。同时，还要满足功能适用、结构合理的要求。在公共建筑方面，要特别注意"以人为本"的设计思想，在具体设计中应考虑到对残疾人士等弱势群体的照顾和关心。

2. 工程勘察设计文件编制的依据

《建设工程勘察设计管理条例》规定，编制建设工程勘察、设计文件，应当以下列规定为依据。

（1）项目批准文件。

（2）城乡规划。

（3）工程建设强制性标准。

（4）国家规定的建设工程勘察、设计深度要求。

铁路、交通、水利等专业建设工程还应当以专业规划的要求为依据。

其中，项目建议书是非常重要的指导性文本，是进行工程设计、编制设计文件的主要依据。如有可能，设计单位应积极参与项目建议书的编制、建设地址的选择、建设规划及试验研究等设计前期工作。对大型水利枢纽、水电站、大型矿山、大型工厂等重点项目，在项目建议书批准前，可根据长远规划的要求进行必要的资源调查、工程地质和水文勘察、经济调查和多种方案的技术经济比较等方面的工作，从中了解和掌握有关情况，收集必要的设计基础资料，为编制设计文件做好准备。

3.3.2 工程勘察设计文件的编制要求

3.3.2.1 工程设计的内容

1. 工程建设项目设计的阶段划分

为保证设计工作有序展开，设计阶段可根据建设项目的复杂程度划分。

（1）一般建设项目。一般建设项目按两个阶段进行设计，即初步设计和施工图设计。如有需要，可先进行方案设计，再进行初步设计和施工图设计。

（2）技术复杂的建设项目。技术上复杂又缺乏设计经验的建设项目，经主管部门指定，可增加技术设计阶段，即初步设计、技术设计和施工图设计三个设计阶段。

（3）存在总体部署问题的建设项目。一些牵涉面广，如大型矿区、油田、林区、垦区和联合企业等建设项目，存在总体开发方案和建设的总体部署等重大问题，在初步设计前可进行总体规划设计或总体设计。

2. 工程设计各阶段的内容及深度

（1）总体设计。总体设计一般是由文字说明和设计图两部分组成。其内容包括建设规模、产品方案、原材料来源、工艺流程概况、主要设备配备、主要建筑物及构筑物、公用和辅助工程、"三废"治理及环境保护方案、占地面积估计、总图布置及运输方案、生活区规划、生产组织和劳动定员估计、工程进度和配合要求、投资估算等。

总体设计的深度应满足初步设计、主要大型设备与材料的预安排、土地征用谈判的要求。

（2）初步设计。初步设计应根据批准的可行性研究报告、设计任务书和可靠的设计基础资料进行编制。一般应包括以下有关文字说明和图纸：设计依据、设计指导思想、建设规模、产品方案、各类资源的用量和来源、工艺流程、主要设备选型及配置、总图运输、主要建筑物和构筑物、公用及辅助设施、新技术采用情况、主要材料用量、外部协作条件、占地面积的土地利用情况、综合利用和"三废"治理、生活区建设、抗震和人防措施、生产组织和劳动定员、各项技术经济指标、建设顺序和期限、总概算等。

初步设计的深度应满足以下要求：设计方案的比选和确定、主要设备材料订货、土地征用、基建投资的控制、施工招标文件的编制、施工图设计的编制、施工组织设计的编制、施工准备和生产准备。

（3）技术设计。技术设计应根据批准的初步设计文件进行编制。技术设计的内容由有关部门根据工程的特点和需要自行制定。其深度应能满足确定设计方案中重大技术问题和有关实验、设备制造等方面的要求。

（4）施工图设计。施工图设计应根据已获批准的初步设计进行。其深度应能满足以下要求：设备材料的安排和非标准设备的制作与施工、施工图预算的编制、施工要求等，并应注明建设工程合理使用年限。

3.3.2.2　勘察设计文件的要求

《建设工程勘察设计管理条例》规定，勘察设计文件必须满足下述要求。

1. 勘察文件

编制建设工程勘察文件，应当真实、准确，满足建设工程规划、选址、设计、岩土治理和施工的需要。

2. 设计文件

编制方案设计文件，应当满足编制初步设计文件和控制概算的需要。

编制初步设计文件，应当满足编制施工招标文件、主要设备材料订货和编制施工图设计文件的需要。

编制施工图设计文件，应当满足设备材料采购、非标准设备制作和施工的需要，并注明建设工程合理使用年限。

3. 材料、设备的选用

（1）注明技术指标。设计文件中选用的材料、构配件、设备，应当注明其规格、型号、性能等技术指标，其质量要求必须符合国家规定的标准。

除有特殊要求的建筑材料、专用设备和工艺生产线等外，设计单位不得指定生产厂、供应商。

（2）新技术、新材料的选用。建设工程勘察、设计文件中规定采用的新技术、新材料，可能影响建设工程质量和安全，又没有国家技术标准的，应当由国家认可的检测机构进行试验、论证，出具检测报告，并经国务院有关部门或者省、自治区、直辖市人民政府有关部门组织的建设工程技术专家委员会审定后，方可使用。

3.3.2.3　抗震设防

根据《房屋建筑工程抗震设防管理规定》（2006年版）的规定，房屋建筑工程的抗震设防，坚持以预防为主的方针。国家鼓励采用先进的科学技术进行房屋建筑工程的抗震设防。

制定、修订工程建设标准时，应当及时将先进适用的抗震新技术、新材料和新结构体系纳入标准、规范，在房屋建筑工程中推广使用。

新建、扩建、改建的房屋建筑工程，应当按照国家有关规定和工程建设强制性标准进行抗震设防。任何单位和个人不得降低抗震设防标准。

城市房屋建筑工程的选址，应当符合城市总体规划中城市抗震防灾专业规划的要求；村庄、集镇建设的工程选址，应当符合村庄与集镇防灾专项规划和村庄与集镇建设规划中有关抗震防灾的要求。

《建筑工程抗震设防分类标准》（GB 50223—2008）中规定：甲类和乙类建筑工程的初步设计文件应当有抗震设防专项内容。超限高层建筑工程应当在初步设计阶段进行抗震设防专项审查。新建、扩建、改建房屋建筑工程的抗震设计应当作为施工图审查的重要内容。

3.4　施工图设计文件的审查与修改

3.4.1　施工图设计文件审查的概念

施工图设计文件审查是指国务院建设行政主管部门和省、自治区、直辖市人民政府建设行政主管部门依法认定的设计审查机构，根据国家的法律、法规、技术标准与规范，对施工图设计文件涉及公共利益、公共安全与工程建设强制性标准的内容进行结构安全与强制性标准、规范执行情况等进行的独立审查。

2000年2月，原建设部颁发的《建设工程施工图设计文件审查暂行办法》中规定，施工图审查是政府主管部门对建筑工程勘察设计质量监督管理的重要环节，是基本建设必不可少的程序，工程建设有关各方必须认真贯彻执行。

2000年5月，原建设部《关于印发〈建筑工程施工图设计文件审查有关问题的指导意见〉的通知》中指出，对施工图设计文件进行安全和强制性标准执行情况的审查是今后建设行政主管部门对建筑工程勘察设计质量进行监督管理的主要途径和方式，各地建设行政主管部门应对此项工作予以高度重视。

2000年9月，国务院颁布《建设工程勘察设计管理条例》中规定，县级以上人民政府建设行政主管部门和交通、水利等有关部门应当依照本条例的规定，加强对建设工程勘察、设计活动的监督管理。建设工程勘察、设计单位必须依法进行建设工程勘察、设计，严格执行工程建设强制性标准，并对建设工程勘察、设计的质量负责。

2018年12月，住建部发布了《住房和城乡建设部关于修改〈房屋建筑和市政基础设工程施工图设计文件审查管理办法〉的决定》。规定国家实施施工图设计文件（含勘察文件，以下简称"施工图"）审查制度。施工图审查是指施工图审查机构（以下简称"审查机构"）按照有关法律、法规，对施工图涉及公共利益、公众安全和工程建设强制性标准的内容进行的审查。施工图审查应当坚持先勘察、后设计的原则。施工图未经审查合格的，不得使用。从事房屋建筑工程、市政基础设施工程施工、监理等活动，以及实施对房屋建筑和市政基础设施工程质量安全监督管理，应当以审查合格的施工图为依据。

3.4.2　施工图审查机构

施工图审查是一项专业性和技术性都非常强的工作，必须由政府主管部门审定批准的审查机构来承担，审查机构是具有独立法人资格的公益性中介组织。省、自治区、直辖市人民政府住房城乡建设主管部门应当会同有关主管部门按照《房屋建筑和市政基础设施工程施工图设计文件审查管理办法》规定的审查机构条件，结合本行政区域内的建设规模，确定相应数量的审查机构，逐步推行以政府购买服务方式开展施工图设计文件审查。

3.4.2.1　施工图审查机构应具备的条件

根据现行《房屋建筑和市政基础设施工程施工图设计文件审查管理办法》规定，审查机构按承接业务范围分为两类：一类机构承接房屋建筑、市政基础设施工程施工图审查业务范围不受限制，二类机构可以承接中型及以下房屋建筑、市政基础设施工程的施工图审查。

1. 一类审查机构

一类审查机构应当具备下列条件：

（1）有健全的技术管理和质量保证体系。

（2）审查人员应当有良好的职业道德；有 15 年以上所需专业勘察、设计工作经历；主持过不少于 5 项大型房屋建筑工程、市政基础设施工程相应专业的设计或者甲级工程勘察项目相应专业的勘察；已实行执业注册制度的专业，审查人员应当具有一级注册建筑师或者建设工程勘察设计注册工程师资格，并在本审查机构注册；未实行执业注册制度的专业，审查人员应当具有高级工程师职称；近 5 年内未因违反工程建设法律法规和强制性标准受到行政处罚。

（3）在本审查机构专职工作的审查人员数量：从事房屋建筑工程施工图审查的，结构专业审查人员不少于 7 人，建筑专业不少于 3 人，电气、暖通、给排水等专业审查人员各不少于 2 人；从事市政基础设施工程施工图审查的，所需专业的审查人员不少于 7 人，其他必须配套的专业审查人员各不少于 2 人；专门从事勘察文件审查的，勘察专业审查人员不少于 7 人。

承担超限高层建筑工程施工图审查的，还应当具有主持过超限高层建筑工程或者100 m以上建筑工程结构专业设计的审查人员不少于 3 人。

（4）60 岁以上审查人员不超过该专业审查人员规定数的 1/2。

（5）注册资金不少于 300 万元。

2. 二类审查机构

二类审查机构应当具备下列条件：

（1）有健全的技术管理和质量保证体系。

（2）审查人员应当有良好的职业道德；有 10 年以上所需专业勘察、设计工作经历；主持过不少于 5 项中型以上房屋建筑工程、市政基础设施工程相应专业的设计或者乙级以上工程勘察项目相应专业的勘察；已实行执业注册制度的专业，审查人员应当具有一级注册建筑师或者建设工程勘察设计注册工程师资格，并在本审查机构注册；未实行执业注册制度的专业，审查人员应当具有高级工程师职称；近5年内未因违反工程建设法律法规和强制性标准受到行政处罚。

（3）在本审查机构专职工作的审查人员数量：从事房屋建筑工程施工图审查的，结构专业审查人员不少于3人，建筑、电气、暖通、给排水等专业审查人员各不少于2人；从事市政基础设施工程施工图审查的，所需专业的审查人员不少于4人，其他必须配套的专业审查人员各不少于2人；专门从事勘察文件审查的，勘察专业审查人员不少于4人。

（4）60岁以上审查人员不超过该专业审查人员规定数的1/2。

（5）注册资金不少于100万元。

3.4.2.2 对施工图审查机构的管理

国务院城乡建设主管部门负责规定审查机构的条件、施工图审查工作的管理办法，并对全国的施工图审查工作实施指导、监督。

省、自治区、直辖市人民政府建设主管部门负责认定本行政区域内的审查机构，对施工图审查工作实施监督管理，并接受国务院建设主管部门的指导和监督。

市、县人民政府建设主管部门负责对本行政区域内的施工图审查工作实施日常监督管理，并接受省、自治区、直辖市人民政府建设主管部门的指导和监督。

省、自治区、直辖市人民政府住房城乡建设主管部门应当按照国家确定的审查机构条件，结合本行政区域内的建设规模，确定相应数量的审查机构。

3.4.3 施工图审查的范围及内容

1. 施工图审查的范围

根据《房屋建筑和市政基础设施工程施工图设计文件审查管理办法》，在中华人民共和国境内从事房屋建筑工程、市政基础设施工程施工图设计文件审查和实施监督管理的，应当遵守本办法。

2. 施工图送审应提交的材料

建设单位应当向审查机构提供下列资料并对所提供资料的真实性负责。

（1）作为勘察、设计依据的政府有关部门的批准文件及附件。

（2）全套施工图。

（3）其他应当提交的材料。

3. 施工图审查内容

根据《房屋建筑和市政基础设施工程施工图设计文件审查管理办法》，审查机构应当对施工图审查下列内容。

（1）是否符合工程建设强制性标准。

（2）地基基础和主体结构的安全性。

（3）消防安全性。

（4）人防工程（不含人防指挥工程）防护安全性。

（5）是否符合民用建筑节能强制性标准，对执行绿色建筑标准的项目，还应当审查是否符合绿色建筑标准。

（6）勘察设计企业和注册执业人员以及相关人员是否按规定在施工图上加盖相应的图

章和签字。

（7）法律、法规、规章规定必须审查的其他内容。

其中，对消防安全和人防工程的防护安全性是 2018 年 12 月 29 日新修订的内容。本次修订还增加了一条："涉及消防安全性、人防工程（不含人防指挥工程）防护安全性的，由县级以上人民政府有关部门按照职责分工实施监督检查和行政处罚，并将监督检查结果向社会公布。"体现了政府对消防安全和人工防护安全的重视。

3.4.4　施工图审查的程序

1. 建设单位送审

建设单位应当将施工图送审查机构审查。建设单位可自行选择审查机构，但审查机构不得与所审查项目的建设单位、勘察设计企业有隶属关系或者其他利害关系。送审管理的具体办法由省、自治区、直辖市人民政府住房城乡建设主管部门按照"公开、公平、公正"的原则制定。

2. 审查机构审查

施工图审查原则上不超过下列时限。

（1）大型房屋建筑工程、市政基础设施工程为 15 个工作日，中型及以下房屋建筑工程、市政基础设施工程为 10 个工作日。

（2）工程勘察文件，甲级项目为 7 个工作日，乙级及以下项目为 5 个工作日。

以上时限不包括施工图修改时间和审查机构的复审时间。

3. 审查的结果

审查机构对施工图进行审查后，应当根据下列情况分别作出处理。

（1）审查合格的，审查机构应当向建设单位出具审查合格书，并在全套施工图上加盖审查专用章。审查合格书应当由各专业的审查人员签字，经法定代表人签发，并加盖审查机构公章。审查机构应当在出具审查合格书后 5 个工作日内，将审查情况报工程所在地县级以上地方人民政府住房城乡建设主管部门备案。

（2）审查不合格的，审查机构应当将施工图退回建设单位并出具审查意见告知书，说明不合格原因。同时，应当将审查意见告知书及审查中发现的建设单位、勘察设计企业和注册执业人员违反法律、法规和工程建设强制性标准的问题报工程所在地县级以上地方人民政府建设主管部门。

施工图退回建设单位后，建设单位应当要求原勘察设计企业进行修改，并将修改后的施工图送原审查机构复审。

4. 施工图的修改

任何单位或者个人不得擅自修改审查合格的施工图；确需修改的，凡涉及《房屋建筑和市政基础设施工程施工图设计文件审查管理办法》第十一条规定内容的，建设单位应当将修改后的施工图送原审查机构审查。

3.4.5　施工图审查各方的责任

1. 设计单位与设计人员的责任

《建设工程质量管理条例》《建设工程勘察设计管理条例》等法规规定，勘察设计单位及其设计人员必须对自己的勘察设计文件的质量负责，这也是国际上通行的规则，不因通过了审查机构的审查就可免责。审查机构的审查只是一种监督行为，它只对工程设计质量承担间接的审查责任，其直接责任仍由完成设计的单位和个人负责。如若出现质量问题，设计单位和设计人员还必须依据实际情况与相关法律的规定，承担相应的经济责任、行政责任和刑事责任。

2. 审查机构与审查人员的责任

在设计文件质量上，审查单位和审查人员只负间接的监督责任，因设计质量问题造成的损失，业主只能向设计单位和设计人员追责，审查机构和审查人员在法律上并不承担赔偿责任。

但审查机构和审查人员在设计质量问题上的免责，并不意味着审查机构和审查人员就不需要承担任何责任。审查机构对施工图审查工作负责，承担审查责任。施工图经审查合格后，仍有违反法律、法规和工程建设强制性标准的问题，给建设单位造成损失的，审查机构依法承担相应的赔偿责任。

审查机构违反《房屋建筑和市政基础设施工程施工图设计文件审查管理办法》规定，有下列行为之一的，由县级以上地方人民政府住房城乡建设主管部门责令改正，处3万元罚款，并记入信用档案；情节严重的，省、自治区、直辖市人民政府住房城乡建设主管部门不再将其列入审查机构名录。

（1）超出范围从事施工图审查的。

（2）使用不符合条件审查人员的。

（3）未按规定的内容进行审查的。

（4）未按规定上报审查过程中发现的违法违规行为的。

（5）未按规定填写审查意见告知书的。

（6）未按规定在审查合格书和施工图上签字盖章的。

（7）已出具审查合格书的施工图，仍有违反法律、法规和工程建设强制性标准的。

审查机构出具虚假审查合格书的，审查合格书无效，县级以上地方人民政府住房城乡建设主管部门处3万元罚款，省、自治区、直辖市人民政府住房城乡建设主管部门不再将其列入审查机构名录。审查人员在虚假审查合格书上签字的，终身不得再担任审查人员。

3. 政府主管部门的责任

依据相关法律规定，政府各级建设行政主管部门在施工图审查中享有行政审批权，主要负责行政监督管理和程序性审批工作。对设计文件的质量不承担直接责任，但对其审查工作质量负有不可推卸的责任。具体表现为行政责任和刑事责任。

国家机关工作人员在建设工程勘察设计活动的监督管理工作中玩忽职守、滥用职权、徇私舞弊、贪污受贿，构成犯罪的，依法追究其刑事责任；尚不构成犯罪的，依法给予行政处分。

 小思考

（1）施工图送审应提交哪些材料？

（2）施工图审查的内容包括哪些？

知识要点提醒

（1）施工图审查的时限要求：大型房屋建筑工程、市政基础设施工程为 15 个工作日，中型及以下房屋建筑工程、市政基础设施工程为 10 个工作日；工程勘察文件，甲级项目为 7 个工作日，乙级及以下项目为 5 个工作日。

（2）在设计文件质量上，审查单位和审查人员只负间接的监督责任，因设计质量问题造成的损失，审查机构和审查人员在法律上并不承担赔偿责任。但审查机构对施工图的审查工作必须负责，应承担审查责任。如果施工图经审查合格后，仍有违反法律、法规和工程建设强制性标准的问题，给建设单位造成损失的，审查机构依法承担相应的赔偿责任。

3.5　中外合作设计的管理

3.5.1　中外合作设计的发展

早在 1984 年，经国务院批准，原国家计委和原外经贸部联合发布了《中外合作设计工程项目暂行规定》，对允许进行中外合作设计的建设项目的审批权限和内容、对外国设计机构的资格审查权限和审查内容、中外双方的合作设计合同、合作方式等内容进行了规定。

加入世贸组织后，中国工程建设领域进一步开放，中外合作设计项目越来越多。这些中外合作设计项目不仅使我国城市建设呈现多元化风格，给我国建筑设计提供了启发，也促进了中外合作设计项目的管理。

加强外国设计机构在中国的设计活动及中外合作设计活动的管理，已成为中国有关部门面临的重要问题之一。在此情况之下，2002 年，国务院在清理有关行政审批时废止了《中外合作设计工程项目暂行规定》，另发布了《外商投资建设工程设计企业管理规定》，2003 年发布了《外商投资城市规划服务企业管理规定》等相关文件。2004 年，为了规范在中华人民共和国境内从事建设工程设计活动的外国企业的管理，根据《中华人民共和国建筑法》《建设工程勘察设计管理条例》《建设工程质量管理条例》《工程建设项目勘察设计招标投标办法》等法律、法规和规章，原建设部起草制定了《关于外国企业在中华人民共和国境内从事建设工程设计活动的管理暂行规定》，用以指导我国现阶段中外合作设计项目的管理活动。

3.5.2　中外合作设计的范围

外国企业以跨境交付的方式在中华人民共和国境内提供编制建设工程初步设计（基础设计）、施工图设计（详细设计）文件等建设工程设计服务的，应遵守《关于外国企业在中华人民共和国境内从事建设工程设计活动的管理暂行规定》。

提供建设工程初步设计（基础设计）之前的方案设计不适用本规定。

保密工程、抢险救灾工程和我国未承诺对外开放的其他工程，禁止外国企业参与设计。

3.5.3　中外合作设计项目应符合的条件

外国企业承担我国境内建设工程设计，必须选择至少一家持有建设行政主管部门颁发的建设工程设计资质的中方设计企业进行中外合作设计，且在所选择的中方设计企业资质许可的范围内承接设计业务。合作设计项目的工程设计合同，应当由合作设计的中方设计企业或者中外双方设计企业共同与建设单位签订，合同应明确各方的权利、义务。工程设计合同应为中文文本。

建设单位负责对合作设计的外国企业是否具备设计能力进行资格预审，符合资格预审条件的外国企业方可参与合作设计。

建设单位在对外国企业进行设计资格预审时，可以要求外国企业提供以下能满足建设工程项目需要的有效证明材料，证明材料均要求有外国企业所在国官方文字与中文译本两种文本。

（1）所在国政府主管部门核发的企业注册登记证明。

（2）所在国金融机构出具的资信证明和企业保险证明。

（3）所在国政府主管部门或者有关行业组织、公证机构出具的企业工程设计业绩证明。

（4）所在国政府主管部门或者有关行业组织核发的设计许可证明。

（5）国际机构颁发的 ISO 9000 系列质量标准认证证书。

（6）参与中国项目设计的全部技术人员的简历、身份证明、最高学历证明和执业注册证明。

（7）与中方设计企业合作设计的意向书。

（8）其他有关材料。

3.5.4 中外合作设计协议或合同

外国企业与其所选择的中方设计企业进行合作设计时，必须按照中国的有关法律法规签订合作设计协议，明确各方的权利、义务。合作设计协议应有中文文本。

中外合作设计协议应包括以下内容：

（1）合作设计各方的企业名称、注册登记所在地和企业法定代表人的姓名、国籍、身份证明登记号码、住所、联系方式。

（2）建设工程项目的名称、所在地、规模。

（3）合作设计的范围、期限和方式，对设计内容、深度、质量和工作进度的要求。

（4）合作设计各方对设计任务、权利和义务的划分。

（5）合作设计的收费构成、分配方法和纳税责任。

（6）违反协议的责任及对协议发生争议时的解决方法。

（7）协议生效的条件及协议签订的日期、地点。

（8）各方约定的其他事项。

工程设计合同（副本）、合作设计协议（副本）和外方提供给建设单位进行资格预审的文件（复印件）应报项目所在地省级建设行政主管部门备案。

3.5.5 中外合作设计成果的管理

根据《中华人民共和国建筑法》《中华人民共和国城市规划法》等有关法律法规的规定，需报中国政府有关部门审查的中外合作设计文件应符合以下要求。

（1）提供中文文本。

（2）符合中国有关建设工程设计文件的编制规定。

（3）采用中国法定的计量单位。

（4）初步设计（基础设计）文件封面应注明项目及合作各方企业名称、首页应注明合作各方企业名称及法定代表人、主要技术负责人、项目负责人名称并签章。

（5）施工图设计（详细设计）文件图签中应注明合作设计各方的企业名称，应有项目设计人员的签字，其他按中国有关工程设计文件出图规定办理。

（6）初步设计（基础设计）文件、施工图设计（详细设计）文件应按规定由取得中国注册建筑师、注册工程师等注册执业资格的人员审核确认、在设计文件上签字盖章，并加盖中方设计企业的公章后方为有效设计文件。

未实施工程设计注册执业制度的专业，应由中方设计企业的专业技术负责人审核确认后，在设计文件上签字，并加盖中方设计企业的公章后方为有效设计文件。

外国企业违反以上规定的，由中国政府有关部门按有关的法律、法规、规章处罚，并在有关媒体上公布其不良记录，向其所在国政府和相关行业组织通报。

3.6 工程勘察设计质量的监督管理及法律责任

3.6.1 工程勘察设计质量的监督管理

1. 监督管理机构

《建设工程勘察设计管理条例》规定，国务院建设行政主管部门对全国的建设工程勘察、设计活动实施统一监督管理。国务院铁路、交通、水利等有关部门按照国务院规定的职责分工，负责全国的有关专业建设工程勘察、设计活动的监督管理。

县级以上地方人民政府建设行政主管部门对本行政区域内的建设工程勘察、设计活动实施监督管理，县级以上地方人民政府交通、水利等有关部门在各自的职责范围内，负责本行政区域的有关专业建设工程勘察、设计活动的监督管理。

任何单位和个人对建设工程勘察、设计活动中的违法行为都有权检举、控告、投诉。

2. 监督管理的内容

县级以上人民政府建设行政主管部门或交通、水利等有关部门应当对施工图设计文件中涉及公共利益、公共安全、工程建设强制性标准的内容进行审查。施工图设计文件未经审查批准的，不得使用。

建设工程勘察、设计单位在建设工程勘察、设计资质证书规定的业务范围内跨部门、跨地区承揽勘察、设计任务的，有关地方人民政府及其所属部门不得设置障碍，不得违反国家规定收取任何费用。

3.6.2 违反工程勘察设计法规的法律责任

1. 建设单位的违法责任

违反《建设工程勘察设计管理条例》和《建设工程质量管理条例》的行为，必须受到相应的处罚，造成重大安全事故的，还要追究刑事责任。

发包方将建设工程勘察、设计业务发包给不具备相应资质等级的建设工程勘察、设计单位的，责令改正，处以 50 万元以上 100 万元以下的罚款。

建设单位施工图设计文件未经审查或审查不合格，擅自施工的，责令改正，处以 20 万元以上 50 万元以下的罚款。

2. 勘察、设计单位的违法责任

（1）非法承揽业务的责任。建设工程勘察设计单位未取得资质证书承揽工程的，予以取缔。以欺骗手段取得资质证书承揽工程的，吊销其资质证书。对于超越资质等级许可范围，或以其他勘察设计单位的名义承揽勘察、设计业务；或者允许其他单位或个人以本单位的名义承揽建设工程勘察、设计业务的建设工程勘察设计单位，可责令其停业整顿，降低资质等级；情节严重的，吊销其资质证书。

对于有上述各种行为的勘察设计单位，还应处合同约定的勘察费、设计费 1 倍以上 2 倍以下的罚款，并没收其违法所得。

（2）非法转包的责任。建设工程勘察、设计单位将其所承揽的建设工程勘察、设计进行转包的，责令改正，没收违法所得，处合同约定的勘察费、设计费 25% 以上 50% 以下的罚款，可以责令停业整顿，降低资质等级，情节严重的，吊销资质证书。

（3）不按规定进行设计的责任。2015 年 6 月，国务院公布了修改的《建设工程勘察设计管理条例》，增加了对因设计问题造成质量事故或者环境污染和生态破坏的处罚规定。勘察、设计单位未依据项目批准文件，城乡规划及专业规划，国家规定的建设工程勘察、设计深度要求编制建设工程勘察、设计文件的，责令限期改正；逾期不改正的，处 10 万元以上 30 万元以下的罚款；造成工程质量事故或者环境污染和生态破坏的，责令停业整顿，降低资质等级；情节严重的，吊销资质证书；造成损失的，依法承担赔偿责任。

3. 勘察、设计执业人员的违法责任

个人未经注册，擅自以注册建设工程勘察、设计人员的名义从事建设工程勘察、设计活动的；已注册的执业人员和其他专业技术人员，但未受聘于一个建设工程勘察、设计单位或同时受聘于两个以上的建设工程勘察、设计单位从事有关业务活动，情节严重的，可责令停止执行业务或吊销资格证书。对于上述人员，责令停止违法行为，没收违法所得，并处违法所得的 2 倍以上 5 倍以下的罚款，给他人造成损失的，依法承担赔偿责任。

4. 国家机关工作人员的违法责任

国家机关工作人员在勘察设计监督管理中玩忽职守、滥用职权、徇私舞弊，构成犯罪的，依法追究其刑事责任；尚不构成犯罪的，依法给予行政处分。

 小思考

建设项目各方如有违法，应相应地承担哪些责任？

 知识要点提醒

注意分包和转包的区别。分包是指从事工程总承包的单位将所承包的建设工程的一部分依法发包给具有相应资质的承包单位的行为，该总承包人并不退出承包关系，其与第三人就第三人完成的工作成果向发包人承担连带责任。转包则是指承包人在承包工程后，又将其承包的工程建设任务转让给第三人，转让人退出承包关系，受让人成为承包合同的另一方当事人的行为。常见的转包行为有两种形式：一种是承包单位将其承包的全部建设工程转包给别人；另一种是承包单位将其承包的全部建设工程肢解以后以分包的名义分别转包给他人，即变相的转包。

案例分析一

某设计院 A 承揽了工厂 B 厂房的勘察设计任务，随后又承揽了另一房地产公司 C 的住宅小区整体设计任务。该设计院 A 为节省时间，将工厂 B 厂房的设计任务私下委托给另一设计事务所 D，但设计事务所 D 完成全部施工设计图时已临近办公楼预定的开工日期。为保证按期施工，在施工图设计文件尚未经过审查的情况下，工厂 B 进行了施工单位的招标工作，开展施工工作。试分析本案例中各方是否违反相关法律法规？

分析：

（1）工程勘察设计可将整个工程建设勘察设计发包给一家勘察设计单位，也可分别发包给几个勘察设计单位。经发包方书面同意，也可将除建设工程主体部分外的其他部分的勘察、设计分包给具有相应资质等级的其他勘察、设计单位。但工程建设勘察设计单位不得将承包的建设工程勘察设计再进行转包。

根据《建设工程勘察设计管理条例》规定，"建设工程勘察、设计单位将所承揽的建设工程勘察、设计转包的，责令改正，没收违法所得，处合同约定的勘察费、设计费 25% 以上 50% 以下的罚款，可以责令停业整顿，降低资质等级；情节严重的，吊销资质证书。"

本案中，设计院 A 将承包的设计任务进行了转包，明显违反上述规定，应该承担相应责任。

（2）《建设工程质量管理条例》中规定，"建设单位应当将施工图设计文件报县级以上人民政府建设行政主管部门或其他有关部门审查。"

（3）《建设工程勘察设计管理案例》中规定，"县级以上人民政府建设行政主管部门或交通、水利等有关部门应对施工图设计文件中涉及公共利益、公共安全、工程建设强制性标准的内容进行审查。施工图设计文件未经审查批准的，不得使用。"

本案例中，工厂 B 在施工图设计文件未经审查的情况下擅自施工，违反了上述规定，应该承担相应责任。

 案例分析二

某房地产公司 A 欲新建一办公楼，由于时间紧迫，在未验明设计单位的资质证书的情况下，与某甲级设计院 B 的李某签订了设计合同，随即房地产公司 A 与建筑公司 C 签订了施工合同，展开施工。但在施工过程中，建筑出现了严重的质量问题，经分析是由施工图设计不合理造成的。因此，房地产公司 A 向法院提出起诉设计院 B。但进一步调查后发现，该施工图是由李某以设计院 B 的名义组织无证设计人员设计的，并在施工图纸上加盖了自行刻制的施工图出图章和施工图发图负责人章。据此，法院作出判决如下：对李某和房地产公司 A 均作出了罚款的行政处罚。试分析法院的判决是否正确？

分析：

（1）根据《建设工程勘察设计管理条例》规定，个人未经注册，擅自以注册建设工程勘察、设计人员的名义从事建设工程勘察、设计活动的，责令停止违法行为；已注册的执业人员和其他专业技术人员，但未受聘于一个建设工程勘察设计单位或同时受聘于两个以上的建设工程勘察设计单位从事有关业务活动的，可责令停止执行业务或吊销资格证书。对于上述人员，还要没收违法所得，并处违法所得的 2 倍以上 5 倍以下的罚款，给他人造成损失的，依法承担赔偿责任。

李某在进行施工图设计时，组织没有设计从业资格的设计人员进行设计，并在施工图纸上加盖了自行刻制的施工图出图章和施工图发图负责人章，明显违反上述规定，应处以相应处罚。

（2）根据《建设工程质量管理条例》规定，建设单位将建设工程发包给不具有相应资质等级的勘察、设计、施工单位或者委托给不具有相应资质等级的工程监理单位的，责令改正，并处50万元以上100万元以下的罚款。

房地产公司A将设计任务发包给设计院B时，应当并且有能力验明设计单位的资质证书，却并没有根据以上规定依法进行发包，应当处以相应的处罚。

综上可知，法院的判决是正确的。

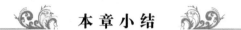

本章小结

通过本章的学习，可以加深对工程勘察设计的立法现状、标准的理解。对勘察、设计文件编制的依据和要求，审查与修改有所了解。能更好地理解中外合作设计管理的有关规定。对违反工程勘察设计的有关责任有清晰的认识。

习　题

1. 单选题

（1）行业标准是指（　　）。

　　A. 由国务院行政主管部门制定的在全国范围内适用的统一的技术要求

　　B. 国家建设的安全指标，任何工程建设活动都必须遵守的行业强制性规定

　　C. 国务院有关行政部门制定并报国务院备案的，而又需要在全国范围内适用的统一技术要求

　　D. 在全国范围内统一适用的技术指标

（2）一般建设项目设计分为（　　）两个阶段。

　　A. 初步设计、施工图设计　　　　　　　B. 初步设计、技术设计

　　C. 方案设计、初步设计　　　　　　　　D. 技术设计、施工图设计

（3）承包单位将承包的工程转包或者违法分包的，设计费的罚款为（　　）。

　　A. 10%以上25%以下　　　　　　　　　B. 25%以上50%以下

　　C. 30%以上60%以下　　　　　　　　　D. 50%以上75%以下

（4）建筑设计单位不按照建筑工程质量，安全标准进行设计的应（　　）。

　　A. 责令改正，处以罚款　　　　　　　　B. 责令停业整顿，降低资质等级

　　C. 承担赔偿责任　　　　　　　　　　　D. 依法追究刑事责任

（5）下列行为违反了《建设工程勘察设计管理条例》的是（　　）。

　　A. 将对建筑艺术造型有特殊要求的项目的勘察设计任务直接发包

　　B. 业主将一个工程建设项目的勘察设计分别发包给几个勘察设计单位

　　C. 勘察设计单位将所承揽的勘察设计任务进行转包

　　D. 经发包方同意，勘察设计单位将所承揽的勘察设计任务的非主体部分进行分包

(6) 关于设计单位的权利的说法，正确的是（　　）。

  A. 为节约投资成本，设计单位可不依据勘察成果文件进行设计

  B. 有特殊要求的专用设备，设计单位可以指定生产厂商或供应商

  C. 设计单位有权将承揽的工程交由资质等级更高的设计单位完成

  D. 设计深度由设计单位酌定

(7) 在保证项目完整性的前提下，甲建设单位将工程的设计业务分别委托给了乙、丙两家设计单位，并选定乙设计单位为主体承包方，负责整个工程项目设计的总体协调。关于该项目的设计责任，下列说法中正确的是（　　）。

  A. 丙设计单位直接对甲建设单位负责

  B. 丙设计单位仅对乙设计单位负责

  C. 乙设计单位就整个项目的设计任务负总责

  D. 乙、丙设计单位对甲建设单位承担连带责任

2. 多选题

(1) 编制建设工程勘察、设计文件应当以（　　）规定为依据。

  A. 项目批准文件   B. 城市规划

  C. 招标文件   D. 工程建设强制性标准

  E. 国家规定的建设工程勘察、设计深度要求

(2) 根据《建设工程勘察设计管理条例》，可以直接发包的工程建设勘察、设计项目有（　　）。

  A. 采用特定专利的项目   B. 采用特定的专有技术的项目

  C. 小型项目   D. 私人投资的项目

  E. 建筑艺术造型有特殊要求的项目

(3) 工程建设标准按适用范围分类可分为（　　）。

  A. 国家标准   B. 行业标准   C. 地方标准

  D. 企业标准   E. 区域标准

(4) 技术上复杂又缺乏设计经验的建设项目，工程设计的内容分（　　）阶段。

  A. 总体设计   B. 技术设计   C. 施工图设计

  D. 初步设计   E. 总体规划设计

(5) 施工图送审应提交的材料包括（　　）。

  A. 作为勘察、设计依据的政府有关部门的批准文件及附件

  B. 全套施工图   C. 招标文件

  D. 勘察、设计合同文件   E. 其他应当提交的材料

3. 思考题

(1) 什么是工程勘察设计标准？它有哪些种类？

(2) 什么是工程建设标准？它是如何分类的？

(3) 工程设计的原则是什么？

(4) 工程设计分哪几个阶段进行？

(5) 工程设计的内容和深度都有什么要求？

(6) 工程勘察设计文件的编制依据有哪些？

（7）施工图设计审查的范围和内容有哪些？

（8）施工图审查中有关各方应承担的责任是什么？

（9）根据《建设工程勘察设计管理条例》，可以直接发包的工程建设勘察设计项目有哪些？

4. 案例分析题

（1）某房地产开发公司 A 与某汽车公司 B 共同合作，在市区内共同开发一个住宅项目，总建筑面积 6.3 万 m^2，配套 3 万多 m^2 的综合楼。该住宅项目各项手续、证件齐备。为使配套综合楼工程加快准备工作，在综合楼工程规划许可证未审核批准的情况下，A 公司自行修改了综合楼的平面图，在东西方向增加了轴线长度，增加了 2 680 m^2 的建筑面积，并开始施工。该行为被市规划监督执法大队发现后及时制止，并勒令停工。

问题：联系本章节所学内容，指出该工程中的不妥之处。

（2）某建设工程项目，某建设单位 A 委托某监理公司 B 负责施工阶段，目前正在施工。监理工程师在施工准备阶段组织了施工图纸的会审，施工过程中发现由于施工图的错误，造成承包商停工 2 天，业主代表认为监理工程师对图纸会审监理不力，提出要扣监理费 1 000 元。

问题：监理工程师有责任吗？

建筑法、招标投标法及合同法

教学目标

本章主要讲述建筑法、招标投标法及合同法的主要内容。通过本章的学习，应达到以下目标：

(1) 理解掌握建筑法的概念、掌握建筑许可制度、建筑工程发包与承包管理制度和执业资格许可制度；对建筑工程监理实务、建筑安全生产管理、建筑工程质量管理等有相当了解。

(2) 掌握合同法的主要内容；掌握合同的含义、合同的种类、订立、效力、履行、变更和转让、终止、违约责任以及合同争议的解决等基本知识；熟悉建设工程合同的基本法律特征和种类方面的内容；熟悉建设工程合同的示范文本。

教学要求

知识要点	能力要求	相关知识
建设法律法规	熟悉一般建设法律法规的适用范围	广义的建筑法和狭义的建筑法
施工许可	掌握施工许可制度	施工许可
企业资质	掌握企业资质等级许可制度	资质管理
个人执业资格	(1) 掌握专业人员执业资格制度； (2) 了解考试管理、注册管理、执业管理、继续教育管理、信用档案管理	(1) 继续教育； (2) 职业资格和执业资格的区别； (3) 信用档案
工程发包与承包	掌握工程承发包制度、工程分包制度	(1) 工程承包的概念； (2) 工程发包的概念
工程监理	掌握工程监理制度、强制监理的范围	强制监理的含义
招投标	(1) 掌握招标投标活动原则、适用范围及要求； (2) 掌握联合体投标； (3) 掌握禁止投标人实施的不正当竞争行为的规定； (4) 熟悉招标程序、了解招标组织形式和招标代理； (5) 掌握开标程序、评标委员会的规定、评标方法及中标的要求	(1) 联合体； (2) 要约； (3) 中标
合同法	(1) 掌握合同法的主要内容； (2) 掌握合同的含义、种类、订立、效力、履行、变更和转让、终止、违约责任以及合同争议的解决等基本知识； (3) 熟悉建设工程合同的示范文本	(1) 权利和义务； (2) 示范文本、格式文本

 **基本概念**

建筑法　建筑许可　承发包　招投标　工程监理　合同法　合同条款及履行

 引例

某甲电讯公司为修建办公楼，与乙建筑承包公司签订了工程总承包合同。其后，经甲同意，乙公司分别与丙建筑设计院和丁建筑工程公司签订了工程勘察设计合同与工程施工合同。勘察设计合同约定由丙交付相关的设计文件和资料。施工合同约定由丁根据丙提供的设计图纸进行施工。合同签订后，丙按时将设计文件和有关资料交付给丁，丁依据设计图纸进行施工。工程竣工后，甲会同有关质量监督部门对工程进行验收，发现工程存在严重的质量问题，其原因是由于设计不符合规范所致。原来丙未对现场进行仔细勘察即自行进行设计，导致设计不合理，给甲带来了重大损失。丙以与甲没有合同关系为由拒绝承担责任，乙又以自己不是设计人为由推卸责任，甲遂以丙为被告向法院起诉。

问题：

(1) 甲起诉丙是否合理？在这样的纠纷中，甲、乙、丙、丁各自的法律地位如何？

(2) 甲与乙，乙与丙、丁签订的合同是否有效？为什么？

(3) 运用《中华人民共和国建筑法》的知识分析上述纠纷应如何解决。

4.1　建　筑　法

4.1.1　建筑法概述

1. 建筑法的含义

建筑法是指调整建筑活动的法律规范的总称。建筑活动是指各类房屋及其附属设施的建造和与其配套的线路、管道、设备的安装活动。

建筑法有狭义和广义之分。狭义的建筑法是指 1997 年 11 月 1 日由第八届全国人民代表大会常务委员会第二十八次会议通过的，于 1998 年 3 月 1 日起施行的《中华人民共和国建筑法》（以下简称《建筑法》，于 2019 年 4 月 23 日通过修正版），该法是调整我国建筑活动的基本法律，以规范建筑市场行为为出发点，以建筑工程质量和安全为主线，规范了总则、建筑许可、建筑工程发包与承包、建筑工程监理、建筑安全生产管理、建筑工程质量管理、法律责任、附则等内容，并确定了建筑活动中的一些基本法律制度。广义的建筑法，除狭义的《建筑法》之外，还包括所有调整建筑活动的法律规范性文件。这些法律规范分布在我国的宪法、法律、行政法规、部门规章、地方性法规、地方规章以及国际惯例之中。由这些不同法律层次的调整建筑活动的法律规范所组成即是广义的建筑法。更为广义的建筑法是指调整建设工程活动的法律规范的总称。

本章所讲的建筑法，主要是从狭义的角度出发，谈建筑许可、发包与承包、监理等方面的规定，同时兼顾招投标法和合同法的相关内容。《建筑法》中关于质量和安全管理方面的内容因其特别重要，将分别在后述专门章节中讲述。

2. 建筑法的立法目的

《建筑法》第一条规定："为了加强对建筑活动的监督管理，维护建筑市场秩序，保证建筑工程的质量和安全，促进建筑业健康发展，制定本法。"此条即规定了我国《建筑法》的立法目的。

（1）加强对建筑活动的监督管理。建筑活动是一个由多方主体参加的活动。没有统一的建筑活动行为规范和基本的活动程序，没有对建筑活动各方主体的管理和监督，建筑活动就是无序的。为保障建筑活动的正常、有序进行，就必须加强对建筑活动的监督管理。

（2）维护建筑市场秩序。建筑市场作为社会主义市场经济的组成部分，需要确定与社会主义市场经济相适应的新的市场管理。但是，在新的管理体制转轨过程中，建筑市场中旧的经济秩序被打破后，新的经济秩序尚未完全建立起来，以致造成某些混乱现象。制定《建筑法》就要从根本上解决建筑市场混乱状况，确立与社会主义市场经济相适应的建筑市场管理，以维护建筑市场的秩序。

（3）保证建筑工程的质量与安全。建筑工程的质量与安全是建筑活动永恒的主题，无论是过去、现在还是将来，只要有建筑活动的存在，就有建筑工程的质量和安全问题。《建筑法》以建筑工程质量与安全为主线作出了一些重要规定。

1）要求建筑活动应当确保建筑工程质量和安全，符合国家的建筑工程安全标准。

2）建筑工程的质量与安全应当贯彻建筑活动的全过程，进行全过程的监督管理。

3）建筑活动的各个阶段、各个环节，都要保证质量和安全。

4）明确建筑活动各有关方面在保证建筑工程质量与安全中的责任。

（4）促进建筑业健康发展。建筑业是国民经济的重要物质生产部门，是国家重要支柱产业之一。建筑活动的管理水平、效果、效益直接影响到我国固定资产投资的效果和效益，从而影响到国民经济的健康发展。制定并实施《建筑法》，有利于解决建筑业发展中存在的问题，有利于促进建筑业健康发展，保证建筑业在经济和社会发展中的地位与作用。

 知识要点提醒

狭义的建筑法仅单指《中华人民共和国建筑法》这一部法律，广义的建筑法是指所有调整建筑活动的法律规范性文件。本章所指为狭义的建筑法。

4.1.2 建筑许可

4.1.2.1 施工许可制度

1. 申请施工许可证的条件

扫一扫

根据 2019 年 4 月 23 日修订的《中华人民共和国建筑法》第八条规定，申请领取施工许可证应当具备下列条件。

（1）已经办理该建筑工程用地批准手续。

（2）依法应当办理建设工程规划许可证的，已经取得建设工程规划许可证。

（3）需要拆迁的，其拆迁进度符合施工要求。

（4）已经确定建筑施工企业。

（5）有满足施工需要的资金安排、施工图纸及技术资料。

（6）有保证工程质量和安全的具体措施。

建设行政主管部门应当自收到申请之日起 7 日内，对符合条件的申请颁发施工许可证。2018 年 9 月 28 日，住房和城乡建设部令第 42 号修正的《建筑工程施工许可管理办法》，建设单位申请领取施工许可证，应当具备下列条件，并提交相应的证明文件。

（1）依法应当办理用地批准手续的，已经办理该建筑工程用地批准手续。

（2）在城市、镇规划区的建筑工程中，已经取得建设工程规划许可证。

（3）施工场地已经基本具备施工条件，需要征收房屋的，其进度符合施工要求。

（4）已经确定施工企业。按照规定应当招标的工程没有招标，应当公开招标的工程没有公开招标，或者肢解发包工程，以及将工程发包给不具备相应资质条件的企业的，所确定的施工企业无效。

（5）有满足施工需要的技术资料，施工图设计文件已按规定审查合格。

（6）有保证工程质量和安全的具体措施。施工企业编制的施工组织设计中有根据建筑工程特点制定的相应质量、安全技术措施。建立工程质量安全责任制并落实到人。专业性较强的工程项目编制了专项质量、安全施工组织设计，并按照规定办理了工程质量、安全监督手续。

（7）建设资金已经落实。建设单位应当提供建设资金已经落实承诺书。

（8）法律、行政法规规定的其他条件。

县级以上地方人民政府住房城乡建设主管部门不得违反法律法规规定增设办理施工许可证的其他条件。

2．申请办理施工许可证的程序

（1）建设单位向发证机关领取《建筑工程施工许可证申请表》。

（2）建设单位持加盖单位及法定代表人印鉴的《建筑工程施工许可证申请表》，并附上文规定的各项证明文件，向发证机关提出申请。

（3）发证机关在收到建设单位报送的《建筑工程施工许可证申请表》和所附证明文件后，对于符合条件的，应当自收到申请之日起7日内颁发施工许可证；对于证明文件不齐全或者失效的，应当当场或者5日内一次告知建设单位需要补正的全部内容，审批时间可以自证明文件补正齐全后作相应顺延；对于不符合条件的，应当自收到申请之日起7日内书面通知建设单位，并说明理由。

3．施工许可证的管理

建筑工程在施工过程中，建设单位或者施工单位发生变更的，应当重新申请领取施工许可证。建设单位申请领取施工许可证的工程名称、地点、规模，应当符合依法签订的施工承包合同。

施工许可证应当放置在施工现场备查，并按规定在施工现场公开。施工许可证不得伪造和涂改。

（1）施工许可证的废止条件。建设单位应当自领取施工许可证之日起三个月内开工。因故不能按期开工的，应当在期满前向发证机关申请延期，并说明理由；延期以两次为限，每次不超过三个月。既不开工又不申请延期或者超过延期次数、时限的，施工许可证自行废止。

（2）重新核验施工许可证的条件。在建的建筑工程因故中止施工的，建设单位应当自中止施工之日起一个月内向发证机关报告，报告内容包括中止施工的时间、原因、在施部位、维修管理措施等，并按照规定做好建筑工程的维护管理工作。

建筑工程恢复施工时，应当向发证机关报告；中止施工满一年的工程恢复施工前，建设单位应当报发证机关核验施工许可证。

（3）发证机关对施工许可证的管理。发证机关应当将办理施工许可证的依据、条件、程序、期限以及需要提交的全部材料和申请表示范文本等，在办公场所和有关网站予以公示。

发证机关作出的施工许可决定应当予以公开，公众有权查阅。

发证机关应当建立颁发施工许可证后的监督检查制度，对取得施工许可证后条件发生变化、延期开工、中止施工等行为进行监督检查，发现违法违规行为及时处理。

（4）违反施工许可证管理规定的处罚。对于未取得施工许可证或者为规避办理施工许可证将工程项目分解后擅自施工的，由有管辖权的发证机关责令停止施工，限期改正，对建设单位处工程合同价款 1% 以上 2% 以下罚款；对施工单位处 3 万元以下罚款。

建设单位采用欺骗、贿赂等不正当手段取得施工许可证的，由原发证机关撤销施工许可证，责令停止施工，并处 1 万元以上 3 万元以下罚款；构成犯罪的，依法追究刑事责任。

建设单位隐瞒有关情况或者提供虚假材料申请施工许可证的，发证机关不予受理或者不予许可，并处 1 万元以上 3 万元以下罚款；构成犯罪的，依法追究刑事责任。

建设单位伪造或者涂改施工许可证的，由发证机关责令停止施工，并处 1 万元以上 3 万元以下罚款；构成犯罪的，依法追究刑事责任。

依照规定给予单位罚款处罚的，对单位直接负责的主管人员和其他直接责任人员处单位罚款数额 5% 以上 10% 以下罚款。

单位及相关责任人受到处罚的，作为不良行为记录予以通报。

4. 不需要申请施工许可证的工程类型

在我国，并不是所有工程在开工前都需要办理施工许可证，有以下几类工程不需要办理。

（1）国务院建设行政主管部门确定的限额以下的小型工程。根据《建筑工程施工许可管理办法》第二条规定，所谓限额以下的小型工程是指工程投资额在 30 万元以下或者建筑面积在 300 m² 以下的建筑工程。同时，该办法也进一步作出了说明，省、自治区、直辖市人民政府住房城乡建设主管部门可以根据当地的实际情况对限额进行调整，并报国务院住房城乡建设主管部门备案。

（2）作为文物保护的建筑工程。《建筑法》第八十三条规定："依法核定作为文物保护的纪念建筑物和古建筑等的修缮，依照文物保护的有关法律规定执行。"

（3）抢险救灾工程。由于此类工程的特殊性，《建筑法》明确规定此类工程开工前不需要申请施工许可证。

（4）临时性建筑。工程建设中经常会出现临时性建筑，如工人的宿舍、食堂等。这些临时性建筑由于其存在周期短，《建筑法》也明确规定此类工程不需要申请施工许可证。

（5）农民自建低层住宅。《建筑法》明确规定农民自建低层住宅的建筑活动不适用本法。

（6）军用房屋建筑。由于此类工程涉及军事秘密，不宜过多公开信息，《建筑法》第八十四条明确规定："军用房屋建筑工程建筑活动的具体管理办法，由国务院、中央军事委员会依据本法制定。"

（7）按照国务院规定的权限和程序批准开工报告的建筑工程。此类工程开工的前提是已经有经批准的开工报告，而不是施工许可证。因此，此类工程自然是不需要申请施工许可证的。《建筑法》第十一条规定："按照国务院有关规定批准开工报告的建筑工程，因故不能按期开工或者中止施工的，应当及时向批准机关报告情况。因故不能按期开工超过六个月的，应当重新办理开工报告的批准手续。"

4.1.2.2　企业资质许可

1. 建设工程企业的类型

建设工程企业一般包括施工企业、勘察单位、设计单位和工程监理单位。

扫一扫

《建筑法》第十三条规定："从事建筑活动的施工企业、勘察单位、设计单位和监理单位，按照其拥有的注册资本、专业技术人员、技术装备和已完成的建筑工程业绩等资质条件，划分不同的资质等级，经资质审查合格，取得相应等级的资质证书后，方可在其资质等级许可的范围内从事建筑活动。"

2. 建设工程企业的资质管理

（1）建筑业企业资质分类管理。建筑业企业是指从事土木工程、建筑工程、线路管道设备安装工程、装修工程的新建、扩建、改建等活动的企业。

2014年11月6日，住房和城乡建设部发布《建筑业企业资质标准》，自2015年1月1日起，建筑业企业资质分为施工总承包、专业承包和施工劳务3个序列。其中，施工总承包序列设有12个类别，一般分为4个等级（特级、一级、二级、三级）；专业承包序列设有36个类别，一般分为3个等级（一级、二级、三级）；施工劳务序列不分类别和等级。

2016年10月14日，住房和城乡建设部为进一步推进简政放权、放管结合、优化服务改革，发布《关于简化建筑业企业资质标准部分指标的通知》（建市〔2016〕226号）。通知规定：①除各类别最低等级资质外，取消关于注册建造师、中级以上职称人员、持有岗位证书的现场管理人员、技术工人的指标考核。②调整建筑工程施工总承包一级及以下资质的建筑面积考核指标。③对申请建筑工程、市政公用工程施工总承包特级、一级资质的企业，未进入全国建筑市场监管与诚信信息发布平台的企业业绩，不作为有效业绩认定。进一步加强事中事后监管，加强对施工现场主要管理人员在岗履职的监督检查，重点加强对项目经理是否持注册建造师证书上岗、在岗执业履职等行为的监督检查。要将企业和个人不良行为记入信用档案并向社会公布，切实规范建筑市场秩序，保障工程质量安全。

1）施工总承包企业可以承揽的业务范围。取得施工总承包资质的企业（以下简称"施工总承包企业"），可以承接施工总承包工程。施工总承包企业可以对所承接的施工总承包工程内各专业工程全部自行施工，也可以将专业工程或劳务作业依法分包给具有相应资质的专业承包企业或劳务分包企业。

2）专业承包企业可以承揽的业务范围。取得专业承包资质的企业（以下简称"专业承包企业"），可以承接施工总承包企业分包的专业工程和建设单位依法发包的专业工程。专业承包企业可以对所承接的专业工程全部自行施工，也可以将劳务作业依法分包给具有相应资质的劳务分包企业。

3）劳务分包企业可以承揽的业务范围。取得劳务分包资质的企业（以下简称"劳务分包企业"），可以承接施工总承包企业或专业承包企业分包的劳务作业。

（2）建设工程勘察设计资质管理。

1）工程勘察资质的分类及可以承揽的业务范围，见表4-1。

表 4-1　建筑业企业资质等级及相应许可的业务范围

序列	类　别	等级	许可的业务范围
施工总承包	分 12 个类别，包括建筑工程施工总承包、公路工程施工总承包、铁路工程施工总承包等	特级	承接施工总承包工程，可以自行施工或者将专业、劳务作业依法分包
		一级	
		二级	
		三级	
专业承包	分 36 个类别，包括地基基础工程专业承包、起重设备安装工程专业承包、预拌混凝土专业承包、电子与智能化工程专业承包、消防设施工程专业承包等	一级	承接建设单位发包或总承包企业分包的专业工程，可将劳务分包
		二级	
		三级	
劳务分包	不分类别	不分等级	承接总承包企业或者专业承包企业分包的（全部）劳务作业

根据 2015 年 5 月 4 日住房和城乡建设部令第 24 号修正的《建设工程勘察设计资质管理规定》第五条的规定："工程勘察资质分为工程勘察综合资质、工程勘察专业资质、工程勘察劳务资质。工程勘察综合资质只设甲级；工程勘察专业资质设甲级、乙级，根据工程性质和技术特点，部分专业可以设丙级；工程勘察劳务资质不分等级。"

取得工程勘察综合资质的企业，可以承接各专业（海洋工程勘察除外）、各等级工程勘察业务；取得工程勘察专业资质的企业，可以承接相应等级相应专业的工程勘察业务；取得工程勘察劳务资质的企业，可以承接岩土工程治理、工程钻探、凿井等工程勘察劳务业务。

2）工程设计资质的分类及可以承揽的业务范围，见表 4-2。

表 4-2　我国工程勘察资质业务范围

类别	资质等级及相应许可的业务范围		
	甲级	乙级	丙级
综合类	除劳务外所有专业，业务范围和地区不受限制	—	—
专业类	本专业工程勘察，业务范围和地区不受限制	本专业中小型工程项目，承担业务地区不受限制	本专业小型工程项目，业务范围限定在省、自治区、直辖市行政区范围内
劳务类	只能承担岩土工程治理、工程钻探、凿井等劳务工作，工作地区不受限制		

《建设工程勘察设计资质管理规定》第六条的规定："工程设计资质分为工程设计综合资质、工程设计行业资质、工程设计专业资质和工程设计专项资质。工程设计综合资质只设甲级；工程设计行业资质、工程设计专业资质、工程设计专项资质设甲级、乙级。根据工程性质和技术特点，个别行业、专业、专项资质可以设丙级，建筑工程专业资质可以设丁级。取得工程设计综合资质的企业，可以承接各行业、各等级的建设工程设计业务；取得工程设计行业资质的企业，可以承接相应行业相应等级的工程设计业务及本行业范围内同级别的相应专业、专项（设计施工一体化资质除外）工程设计业务；取得工程设计专业资质的企业，

可以承接本专业相应等级的专业工程设计业务及同级别的相应专项工程设计业务（设计施工一体化资质除外）；取得工程设计专项资质的企业，可以承接本专项相应等级的专项工程设计业务。"

（3）工程监理企业资质管理。工程监理资质的分类及可以承揽的业务范围，见表4-3。

表4-3 我国工程设计资质业务范围

类别	资质等级及相应许可的业务范围		
	甲级	乙级	丙级
综合	综合资质只设甲级，可承揽21个行业各类建设项目的工程设计业务		
行业	本行业各类建设项目	本行业中、小型建设项目	本行业小型建设项目
专业	本专业各类建设项目	本专业中、小型建设项目	本专业小型建设项目
专项	8个专项资质根据具体规定分甲、乙、丙、丁不等		

根据《工程监理企业资质管理规定》第六条的规定："工程监理企业资质分为综合资质、专业资质和事务所资质。其中，专业资质按照工程性质和技术特点划分为若干工程类别。综合资质、事务所资质不分级别。专业资质分为甲级、乙级；其中，房屋建筑、水利水电、公路和市政公用专业资质可设立丙级。"

《工程监理企业资质管理规定》第八条规定：工程监理企业资质等级相应许可的业务范围如下。

1）综合资质。可以承担所有专业工程类别建设工程项目的工程监理业务。

2）专业资质。专业甲级资质：可承担相应专业工程类别建设工程项目的工程监理业务。专业乙级资质：可承担相应专业工程类别二级以下（含二级）建设工程项目的工程监理业务。专业丙级资质：可承担相应专业工程类别三级建设工程项目的工程监理业务。

3）事务所资质。可承担三级建设工程项目的工程监理业务，但是，国家规定必须实行强制监理的工程除外。

工程监理企业可以开展相应类别建设工程的项目管理、技术咨询等业务。

我国工程监理资质业务范围见表4-4。

表4-4 我国工程监理资质业务范围

类别	资质等级及相应许可的业务范围		
	甲级	乙级	丙级
综合	不分级别，业务范围不受限制		
专业	相应专业的各类工程	相应专业类别的二、三级工程监理业务	相应专业类别的三级工程监理业务
事务所	可承担各类三级工程监理业务（除国家规定必须实行强制监理的工程除外）		

3. 资质许可的管理部门

国务院建设行政主管部门负责全国建筑业企业资质、建设工程勘察、设计资质、工程监理企业资质的归口管理工作，国务院铁道、交通、水利、信息产业、民航等有关部门配合国务院建设行政主管部门实施相关资质类别和相应行业企业资质的管理工作。

4．新设立企业的资质申请手续办理及管理

新设立的企业，应到工商行政管理部门登记注册手续并取得企业法人营业执照后，方可到建设行政主管部门办理资质申请手续。任何单位和个人不得涂改、伪造、出借、转让企业资质证书，不得非法扣押、没收资质证书。

首次申请或者增项申请建筑业企业资质应当提交的材料有：①建筑业企业资质申请表及相应的电子文档；②企业法人营业执照副本；③企业章程；④企业负责人和技术、财务负责人的身份证明。

 小思考

工程总承包与施工总承包是一样的吗？有什么区别？

 知识要点提醒

（1）建筑业企业资质根据"人财物绩"分等级。

（2）建筑业企业资质分为施工总承包、专业承包和劳务分包三个序列。

（3）工程勘察资质分为工程勘察综合资质、工程勘察专业资质、工程勘察劳务资质三个序列。

（4）工程设计资质分为工程设计综合资质、工程设计行业资质、工程设计专业资质和工程设计专项资质。

（5）工程监理企业资质分为综合资质、专业资质和事务所资质。

（6）资质管理机关：国务院建设行政主管部门归口管理，各行业部门配合管理，工商部门进行营业执照的管理。

4.1.2.3　个人执业资格许可

我国《建筑法》第十四条明确规定："从事建筑活动的专业技术人员，应当依法取得相应的执业资格证书，并在执业资格证书许可的范围内从事建筑活动。"

建筑业专业人员执业资格制度指的是我国的建筑业专业人员在各自的专业范围内参加全国或行业组织的统一考试，获得相应的执业资格证书，经注册后在资格许可范围内执业的制度。建筑业专业人员执业资格制度是我国强化市场准入制度、提高项目管理水平的重要举措。

我国建筑行业从 1992 年实行注册制度以来，现已实行注册工程师制度的有：注册建筑师、注册结构工程师、注册造价工程师、注册土木（岩土）工程师、注册房地产估价师、注册监理工程师、注册建造师、注册规划师等。

1．建筑业专业技术人员执业资格的共同点

这些不同岗位的执业资格存在许多共同点，这些共同点正是我国建筑业专业技术人员执业资格的核心内容。

（1）均需要参加统一考试。跨行业、跨区域执业的，就要参加全国统一考试；只在本行业内部执业的，参加本行业统一考试；只在本区域内部执业的，要参加本区域统一考试。

（2）均需要注册。只有经过注册后才能成为注册执业人员。没有注册的，即使通过了统一考试也不能执业。每个不同的执业资格的注册办法均由相应的法规或者规章所规定。

（3）均有各自的执业范围。每个执业资格证书都限定了一定的执业范围，其范围也均由相应的法规或者规章所界定。注册执业人员不得超越范围执业。

（4）均需接受继续教育。由于知识在不断更新，每一位注册执业人员都必须及时更新知识，因此，都必须接受继续教育。接受继续教育的频率和形式由相应的法规或者规章所规定。

上面这些相同点是宏观范围上的相同点，它们还有许多微观范围的相同点。例如，不得同时受聘于两家不同的单位等。这些具体的相同点在相应的法规或者办法中都有详细的规定。

现以注册结构工程师、注册监理工程师、注册建造师为例，简要作以下说明。

2. 注册结构工程师制度

（1）概念。注册结构工程师是指经全国统一考试合格，依法登记注册，取得中华人民共和国注册结构工程师执业资格证书和注册证书，从事房屋结构、桥梁结构及塔架结构等工程设计及相关业务的专业技术人员。

注册结构工程师分一级注册结构工程师和二级注册结构工程师。其中，一级注册结构工程师的执业范围不受工程规模和工程复杂程度的限制，二级注册结构工程师的执业范围只限于承担国家规定的民用建筑工程等级分级标准的三级项目。

（2）考试。1997年9月，原建设部、人事部下发了《建设部、人事部关于印发〈注册结构工程师执业资格制度暂行规定〉的通知》（建设办〔1997〕222号），决定在我国实行注册结构工程师执业资格制度，并成立了全国注册结构工程师管理委员会。考试工作由住建部、人事部共同负责，日常工作委托全国注册结构工程师管理委员会办公室承担，具体考务工作委托人事部人事考试中心组织实施。考试每年举行一次，考试时间一般安排在9月下旬。原则上只在省会城市设立考点。

一级注册结构工程师设基础考试和专业考试两部分。其中，基础考试为客观题，在答题卡上作答；专业考试采取主、客观相结合的考试方法，即要求考生在填涂答题卡的同时，在答题纸上写出计算过程。基础考试为闭卷考试，只允许考生使用统一配发的《考试手册》（考后收回），禁止携带其他参考资料，（住建部规定自2012年起，基础考试不再配发《考试手册》，闭卷考试。）专业考试为开卷考试，考试时允许考生携带正规出版的各种专业规范和参考书目。

一级注册结构工程师资格考试科目为基础考试（上、下）和专业考试（上、下）。

基础考试包括内容如下。

上午：①高等数学；②普通物理；③普通化学；④理论力学；⑤材料力学；⑥流体力学；⑦计算机应用基础；⑧电工电子技术；⑨工程经济；⑩信号与信息技术（2009年新设科目）。

下午：⑪土木工程材料；⑫工程测量；⑬职业法规；⑭土木工程施工与管理；⑮结构设计；⑯结构力学；⑰结构试验；⑱土力学与地基基础。

专业考试为钢筋混凝土结构，钢结构，砌体结构与木结构，地基与基础，高层建筑、高耸结构与横向作用，桥梁结构（以上6科中任选4科）及设计概念、建筑经济与设计业务管理；共6科。

二级注册结构工程师资格考试科目只考专业课，科目有：①钢筋混凝土结构；②钢结构；③砌体结构与木结构；④地基与基础；⑤高层建筑、高耸结构与横向作用。其考试内容相对比较简单。

（3）注册。取得注册结构工程师执业资格证书者，要从事结构工程设计业务的，须申请注册。有下列情形之一的，不予注册。

1）不具备完全民事行为能力的。

2）因受刑事处罚，自处罚完毕之日起至申请注册之日止不满 5 年的。

3）因在工程设计或相关业务中犯有错误受到行政处罚或者撤职以上行政处分，自处罚、处分决定之日起至申请注册之日止不满 2 年的。

4）受吊销注册结构工程师注册证书处罚，自处罚决定之日起至申请注册之日止不满 5 年的。

5）住建部和国务院有关部门规定不予注册的其他情形的。

全国注册结构工程师管理委员会和省、自治区、直辖市注册结构工程师管理委员会依照规定，决定不予注册的，应当自决定之日起 15 日内书面通知申请人。若有异议的，可自收到通知之日起 15 日内向住建部或各省、自治区、直辖市人民政府建设行政主管部门申请复议。

准予注册的申请人，分别由全国注册结构工程师管理委员会和省、自治区、直辖市注册结构工程师管理委员会核发由住建部统一制作的注册结构工程师注册证书。

注册结构工程师注册有效期为两年，有效期届满需要继续注册的，应当在期满前 30 日内办理注册手续。

注册结构工程师注册后，有下列情形之一的，由全国或省、自治区、直辖市注册结构工程师管理委员会撤销注册，收回注册证书。

1）完全丧失民事行为能力的。

2）受刑事处罚的。

3）因在工程设计或者相关业务中造成工程事故，受到行政处罚或者撤职以上行政处分的。

4）自行停止注册结构工程师业务满 2 年的。被撤销注册的当事人对撤销注册有异议的，可以自接到撤销注册通知之日起 15 日内向住建部或省、自治区、直辖市人民政府建设行政主管部门申请复议。

被撤销注册的人员可依照有关规定的要求重新注册。

（4）执业。注册结构工程师可以从事结构工程设计，结构工程设计技术咨询，建筑物、构筑物、工程设施等调查和鉴定，对本人主持设计的项目进行施工指导和监督以及从事住建部和国务院有关部门规定的其他业务。一级注册结构工程师的执业范围不受工程规模及工程复杂程度的限制。

注册结构工程师执行业务应当加入一个勘察设计单位。

注册结构工程师执行业务由勘察设计单位统一接受并统一收费。

因结构设计质量造成的经济损失，由勘察设计单位承担责任。勘察设计单位有权向签字的注册结构工程师追偿。

（5）权利和义务。

1）权利：注册结构工程师有权以注册结构工程师的名义执行注册结构工程师业务。非注册结构工程师不得以注册结构工程师的名义执行注册结构工程师业务。

国家规定的一定跨度、高度等以上的结构工程设计，应由注册结构工程师主持设计。

任何单位和个人修改注册结构工程师的设计图纸，应当征得该注册结构工程师同意；但是因特殊情况不能征得该注册结构工程师同意的除外。

2）义务：注册结构工程师应当履行下列义务。

a. 遵守法律、法规和职业道德，维护社会公众利益。

b. 保证工程设计的质量，并在其负责的设计图纸上签字盖章。

c. 保守在执业中知悉的单位和个人的秘密。

d. 不得同时受聘于 2 个以上勘察设计单位执行业务。

e. 不得准许他人以本人名义执行业务。

注册结构工程师按规定接受必要的继续教育、定期进行业务和法规培训，并作为重新注册的依据。

3. 注册监理工程师制度

（1）概念。监理工程师是指经全国统一考试合格，取得监理工程师资格证书并经注册登记的工程建设监理人员。监理工程师是代表业主监控工程质量、费用和进度，是业主和承包商之间的桥梁。

（2）考试。报考监理工程师的条件：一是要具有一定的专业学历；二是要具有一定年限的工程建设实践经验。

全国监理工程师执业资格考试分为 4 个科目，即建设工程合同管理（考试时间：120 分钟，满分 110 分）；建设工程质量、投资、进度控制（考试时间：180 分钟，满分 160 分）；建设工程监理基本理论与相关法规（考试时间：120 分钟，满分 110 分）；建设工程监理案例分析（考试时间：240 分钟，满分 120 分）。每科目 60% 的成绩为合格标准。

考试方式和管理：监理工程师执业资格考试是一种水平考试，是对考生掌握监理理论和监理实务技能的抽检。为了体现公开、公平、公正原则，考试实行全国统一考试大纲、统一命题、统一组织、统一时间、闭卷考试、分科记分、统一录取标准的办法，一般每年举行 1 次，考试时间一般安排在 5 月中旬。考试由各省组织，在当地省、市人事考试网报名，实行政府统一管理。

（3）注册。监理工程师注册制度是政府对监理从业人员实行市场准入控制的有效手段。监理工程师经注册，即表明获得了政府对其以监理工程师名义从业的行政许可，因而具有相应工作岗位的责任和权力。监理工程师实行注册执业管理制度，取得资格证书的人员，经过注册方能以监理工程师的名义执业。国务院建设主管部门对全国监理工程师的注册、执业活动实施统一监督管理；县级以上地方人民政府建设主管部门对本行政区域内的监理工程师的注册、执业活动实施监督管理。

监理工程师的注册，根据注册内容的不同分为三种形式，即初始注册、延续注册和变更注册。按照我国有关法规规定，监理工程师按照专业类别注册，每人最多可以申请两个专业注册，并且只能在一家企业注册。

1）初始注册。

a. 具备的条件：经全国注册监理工程师执业资格统一考试合格，取得资格证书；受聘于一个相关单位；达到继续教育要求。

b. 提供的材料：监理工程师注册申请表；申请人的资格证书和身份证复印件；申请人与聘用单位签订的聘用劳动合同复印件及社会保险机构出具的参加社会保险的清单复印件；所学专业、工作经历、工程业绩、工程类中级及中级以上职称证书等有关证明材料；逾期初始注册的，应提交达到继续教育要求的证明材料。

2）延续注册。初始注册有效期为 3 年，期满要求继续执业的，需办理延续注册。延续注册的有效期同样为 3 年，从准予延续注册之日起计算。国务院建设行政主管部门定期向社会公告准予延续注册的人员名单。

3）变更注册。注册后，如果注册内容发生变更，如变更执业单位、注册专业等，应当向原注册管理机构办理变更注册。

4）不予初始注册、延续注册或者变更注册的特殊情况。

a. 如果注册申请人有下列情形之一，将不予初始注册、延续注册或者变更注册。

不具备完全民事行为能力；刑事处罚尚未执行完毕或因从事工程监理或者相关业务受到刑事处罚，自刑事处罚执行完毕之日起至申请注册之日止不满 2 年；未达到监理工程师继续教育要求；在两个或者两个以上单位申请注册；以虚假的职称证书参加考试并取得资格证书；年龄超过 65 周岁；法律、法规规定不予注册的其他情形。

b. 注册监理工程师有下列情形之一的，其注册证书和执业印章自动失效。

聘用单位破产，聘用单位被吊销营业执照，聘用单位被吊销相应资质证书，已与聘用单位解除劳动关系，注册有效期满且未延续注册，年龄超过 65 周岁，死亡或丧失行为能力，其他导致注册失效的情形。

（4）注销注册。注册监理工程师有下列情形之一的，负责审批的部门应当办理注销注册手续，收回注册证书和执业印章或者公告其注册证书和执业印章作废：不具有完全民事行为能力，申请注销注册，注册证书和执业印章已失效，依法被撤销注册，依法被吊销注册证书，受到刑事处罚，法律、法规规定应当注销注册的其他情形。

（5）执业。取得资格证书的人员应当受聘于一个具有建设工程勘察、设计、施工、监理、招标代理、造价咨询等一项或者多项资质的单位，经注册后方可从事相应的执业活动。从事工程监理执业活动的，应当受聘并注册于一个具有工程监理资质的单位。

4. 注册建造师制度

（1）概念。2016 年，住建部修订《注册建造师管理规定》（建设部令第 153 号）第三条规定：注册建造师，是指通过考核认定或考试合格取得中华人民共和国建造师资格证书（以下简称"资格证书"），并按照本规定注册，取得中华人民共和国建造师注册证书（以下简称"注册证书"）与执业印章，担任施工单位项目负责人及从事相关活动的专业技术人员。未取得注册证书和执业印章的，不得担任大中型建设工程项目的施工单位项目负责人，不得以注册建造师的名义从事相关活动。

注册建造师是建设工程行业的一种执业资格，是担任大型工程项目经理的前提条件。建造师是从事建设工程项目总承包和施工管理关键岗位的执业注册人员，是懂管理、懂技术、懂经济、懂法规，综合素质较高的复合型人才，既要有理论水平，也要有丰富的实践经验和较强的组织能力。注册建造师受聘后，可以建造师的名义担任建设工程项目施工的项目经理，从事其他施工活动的管理，从事法律、行政法规或国务院建设行政主管部门规定的其他业务。建造师的职责是根据企业法定代表人的授权，对工程项目自开工准备至竣工验收，实施全面的组织管理。

2002 年 12 月 5 日，原人事部、建设部联合印发了《建造师执业资格制度暂行规定》（人发〔2002〕111 号），这标志着我国建造师执业资格制度的正式建立。其中明确规定，我国的建造师是指从事建设工程项目总承包和施工管理关键岗位的专业技术人员。

建造师分为一级建造师和二级建造师。英文分别译为 constructor 和 associate constructor。现一级建造师划分为 10 个专业：建筑工程、公路工程、铁路工程、民航机场工程、港口与航道工程、水利水电工程、市政公用工程、通信与广电工程、矿业工程、机电工程。二级建造师划分为 6 个专业：建筑工程、公路工程、水利水电工程、矿业工程、市政公用工程、机电工程。对建造师实行分专业管理，不仅能适应不同类型和性质的工程项目对建造师的专业技术要求，而且也有利于与现行建设工程管理体制相衔接，充分发挥各有关专业部门的作用。

（2）考试。一级建造师执业资格考试实行全国统一大纲、统一命题、统一组织的考试制度，由人事部、住建部共同组织实施，原则上每年举行一次考试，设建设工程经济、建设工程法规及相关知识、建设工程项目管理和专业工程管理与实务 4 个科目。二级建造师执业资格考试实行全国统一大纲，各省、自治区、直辖市命题并组织的考试制度原则上也是每年举行一次考试，设建设工程施工管理、建设工程法规及相关知识和专业工程管理与实务 3 个科目。

考试成绩实行两年为一个周期的滚动管理办法，参加全部科目考试的人员必须在连续的两个考试年度内通过全部科目；免试部分科目的人员必须在一个考试年度内通过应试科目。也就是说，在连续两个年度内通过考试要求的二级建造师的 3 门或一级建造师的 4 门课程即为通过执业资格考试。

（3）注册。取得建造师执业资格证书的人员必须经过注册登记，方可以建造师名义执业。住建部或其授权机构为一级建造师执业资格的注册管理机构；各省、自治区、直辖市建设行政主管部门制定本行政区域内二级建造师执业资格的注册办法，报住建部或其授权机构备案。准予注册的申请人员，分别获得《中华人民共和国一级建造师注册证书》《中华人民共和国二级建造师注册证书》。已经注册的建造师必须接受继续教育，更新知识，不断提高业务水平。建造师执业资格注册有效期一般为 3 年，期满前 3 个月要办理再次注册手续。

申请注册的人员有下列情形之一的，不予注册。

1）不具有完全民事行为能力的。

2）申请在两个或者两个以上单位注册的。

3）未达到注册建造师继续教育要求的。

4）受到刑事处罚，刑事处罚尚未执行完毕的。

5）因执业活动受到刑事处罚，自刑事处罚执行完毕之日起至申请注册之日止不满 5 年的。

6）因前项规定以外的原因受到刑事处罚，自处罚决定之日起至申请注册之日止不满 3 年的。

7）被吊销注册证书，自处罚决定之日起至申请注册之日止不满 2 年的。

8）在申请注册之日前 3 年内担任项目经理期间，所负责项目发生过重大质量和安全事故的。

9）申请人的聘用单位不符合注册单位要求的。

10）年龄超过 65 周岁的。

11）法律、法规规定不予注册的其他情形。

申请注册的人员必须同时具备以下条件。

1）取得建造师执业资格证书。

2）无犯罪记录。

3）身体健康，能坚持在建造师岗位上工作。

4）经所在单位考核合格。

注册建造师不得有下列行为：①不按设计图纸施工；②使用不合格建筑材料；③使用不合格设备、建筑构配件；④违反工程质量、安全、环保和用工方面的规定；⑤在执业过程中，索贿、行贿、受贿或者谋取合同约定费用外的其他不法利益；⑥签署弄虚作假或在不合格文件上签章的；⑦以他人名义或允许他人以自己的名义从事执业活动；⑧同时在两个或者两个以上企业受聘并执业；⑨超出执业范围和聘用企业业务范围从事执业活动；⑩未变更注册单位，而在另一家企业从事执业活动；⑪所负责工程未办理竣工验收或移交手续前，变更注册到另一企业；⑫伪造、涂改、倒卖、出租、出借或以其他形式非法转让资格证书、注册证书和执业印章；⑬不履行注册建造师义务和法律、法规、规章禁止的其他行为。

（4）执业。取得资格证书的人员应当受聘于一个具有建设工程勘察、设计、施工、监理、招标代理、造价咨询等一项或者多项资质的单位，经注册后方可从事相应的执业活动。

担任施工单位项目负责人的，应当受聘并注册于一个具有施工资质的企业。

注册建造师的具体执业范围按照《注册建造师执业工程规模标准》执行。

注册建造师不得同时在两个及两个以上的建设工程项目上担任施工单位项目负责人。

注册建造师可以从事建设工程项目总承包管理或施工管理，建设工程项目管理服务，建设工程技术经济咨询，以及法律、行政法规和国务院建设主管部门规定的其他业务。

建设工程施工活动中形成的有关工程施工管理文件，应当由注册建造师签字并加盖执业印章。施工单位签署质量合格的文件上必须有注册建造师的签字盖章。

 小思考

在建筑行业，个人可以拥有哪些执业资格？你计划考取哪些执业资格？现在能为此作出何种准备？

 知识要点提醒

（1）执业资格制度：通过考试取得执业资格；目的是强化市场准入和提高项目管理水平。

（2）执业资格种类：建筑师、结构工程师、造价工程师、土木（岩木）工程师、房地产估价师、监理工程师、建造师等。

（3）共同特点：①执业资格考试；②注册；③范围内执业；④继续教育。

4.1.3 工程发包与承包

扫一扫

4.1.3.1 工程发包

1. 建设工程的发包方式

建设工程的发包方式主要有两种：招标发包和直接发包。《建筑法》第十九条规定："建筑工程依法实行招标发包，对不适于招标发包的可以直接发包。"

建设工程的招标发包主要适用《招标投标法》及其有关规定。《招标投标法》第三条规定了必须进行招标的工程建设项目范围。在该范围内并且达到国家规定的规模标准的工程建设项目的勘察、设计、施工、监理、重要设备和材料的采购都必须依法进行招标。

对于不适于招标发包可以直接发包的建设工程，发包单位虽然可以不进行招标，可直接发包，但应当将建设工程发包给具有相应资质条件的承包单位。《建筑法》第二十二条规定，"建筑工程实行直接发包的，发包单位应当将建筑工程发包给具有相应资质条件的承包单位。"

2. 推进工程总承包

2016年5月20日，住房城乡建设部《关于进一步推进工程总承包发展的若干意见》（建市〔2016〕93号）提出要大力推进工程总承包。

《建筑法》第二十四条规定，"提倡对建筑工程实行总承包，禁止将建筑工程肢解发包。建筑工程的发包单位可以将建筑工程的勘察、设计、施工、设备采购一并发包给一个工程总承包单位，也可以将建筑工程勘察、设计、施工、设备采购的一项或者多项发包给一个工程总承包单位。"

建设工程的总承包方式按承包的内容不同，分为工程总承包和施工（或勘察、设计）总承包。其中，施工总承包是我国常见且较为传统的工程承包方式，其主要特征是设计、施工分别由两家不同的承包单位承担；而工程总承包则是指从事工程总承包的企业受业主委托，按照合同约定对工程项目的勘察、设计、采购、施工、试运行（竣工验收）等实行全过程或若干阶段的承包。工程总承包一般采用设计—采购—施工总承包或者设计—施工总承包模式。

政府投资项目和装配式建筑应当积极采用工程总承包模式。

建设单位在选择建设项目组织实施方式时，应当本着质量可靠、效率优先的原则，优先采用工程总承包模式。建设单位可以依法采用招标或者直接发包的方式选择工程总承包企业。工程总承包评标可以采用综合评估法，评审的主要因素包括工程总承包报价、项目管理组织方案、设计方案、设备采购方案、施工计划、工程业绩等。工程总承包项目可以采用总价合同或者成本加酬金合同。

工程总承包的具体方式、工作内容和责任等由发包单位（业主）与工程总承包企业在合同中约定。我国目前提倡的工程总承包主要有以下方式。

（1）设计—采购—施工（EPC）/交钥匙总承包模式。设计—采购—施工总承包是指工程总承包企业按照合同约定，承担工程项目的设计、采购、施工、试运行服务等工作，并对承包工程的质量、安全、工期、造价全面负责。交钥匙总承包是设计采购施工总承包业务和责任的延伸，最终是向业主提交一个满足使用功能、具有使用条件的工程项目。

（2）设计—施工总承包（D-B）模式。设计—施工总承包是指工程总承包企业按照合同约定，承担工程项目的设计、施工工作，并对承包工程的质量、安全、工期、造价全面负责。

（3）根据工程项目的不同规模、类型和业主要求，工程总承包还可采用设计—采购总承包（E-P）、采购—施工总承包（P-C）等方式。

（4）公私合营（PPP）模式。公私合营模式即 public-private-partnership 的字母缩写，是指政府与私人组织之间，为了合作建设城市基础设施项目，或是为了提供某种公共物品和服务，以特许权协议为基础，彼此之间形成一种伙伴式的合作关系，并通过签署合同来明确双方的权利和义务，以确保合作的顺利完成，最终使合作各方达到比预期单独行动更为有利的结果。

公私合营模式以其政府参与全过程经营的特点受到国内外广泛关注。PPP 模式将部分政府责任以特许经营权方式转移给社会主体（企业），政府与社会主体建立起"利益共享、风险共担、全程合作"的共同体关系，政府的财政负担减轻，社会主体的投资风险减小。PPP 模式比较适用于公益性较强的项目，如有害、废弃物处理和生活垃圾的焚烧处理与填埋处置环节。这种模式需要合理选择合作项目和考虑政府参与的形式、程序、渠道、范围与程度，这是目前值得探讨且令人困扰的问题。国家体育场（鸟巢）是我国第一个采用 PPP 模式的公益项目。

3. 材料设备的采购

（1）小规模材料设备的采购。工程建设项目不符合《工程建设项目招标范围和规模标准规定》（原国家计委令第 3 号）（2000 年 5 月 1 日实施）规定的范围和标准的小规模的建筑材料、建筑构配件和设备的采购主要有三种形式。

1）由建设单位负责采购。

2）由承包商负责采购。

3）由双方约定的供应商供应。

采用上述的何种采购形式由当事人自由约定。如果双方约定建筑材料、建筑构配件和设备是由承包商采购的，则建设单位就不得非法干预其采购过程，更不可以直接为承包商指定生产厂家、供应商。

《建筑法》第二十五条规定："按照合同约定，建筑材料、建筑构配件和设备由工程承包单位采购的，发包单位不得指定承包单位购入用于工程的建筑材料、建筑构配件和设备或者指定生产厂、供应商。"

（2）大规模材料设备的采购。工程建设项目符合《工程建设项目招标范围和规模标准规定》（原国家计委令第 3 号）规定的范围和标准的，必须通过招标选择货物供应单位。

《工程建设项目货物招标投标办法》第五条规定："工程建设项目货物招标投标活动，依法由招标人负责。工程建设项目招标人对项目实行总承包招标时，未包括在总承包范围内的货物达到国家规定规模标准的，应当由工程建设项目招标人依法组织招标。工程建设项目招标人对项目实行总承包招标时，以暂估价形式包括在总承包范围内的货物达到国家规定规模标准的，应当由总承包中标人和工程建设项目招标人共同依法组织招标。双方当事人的风险和责任承担由合同约定。"

4.1.3.2 工程承包

1. 资质要求

我国对工程承包单位（包括勘察、设计、施工单位）实行资质等级许可制度。不同的资质等级意味着其业务能力的不同，因此，《建筑法》第二十六条第一款规定："承包建筑工程的单位应当持有依法取得的资质证书，并在其资质等级许可的业务范围内承揽工程。"目前，对有关建设工程勘察、设计、施工企业的资质等级、业务范围等作出统一规定的分别是《建设工程勘察设计企业资质管理规定》和《建筑业企业资质管理规定》。

（1）为了规范建筑施工企业的市场行为，严格建筑施工企业的市场准入，《建筑法》第二十六条第二款对违反资质许可制度的行为作出如下规定。

1）禁止建筑施工企业超越本企业资质等级许可的业务范围承揽工程。

2）禁止以任何形式用其他建筑施工企业的名义承揽工程。

3）禁止建筑施工企业以任何形式允许其他单位或者个人使用本企业的资质证书、营业执照，以本企业的名义承揽工程。

（2）外资建筑业企业只允许在其资质等级许可的范围内承包下列工程。

1）全部由外国投资、外国赠款、外国投资及赠款建设的工程。

2）由国际金融机构资助并通过根据贷款条款进行的国际招标授予的建设项目。

3）外资等于或者超过50%的中外联合建设项目及外资少于50%，但因技术困难而不能由中国建筑企业独立实施，经省、自治区、直辖市人民政府建设行政主管部门批准的中外联合建设项目。

4）由中国投资，但因技术困难而不能由中国建筑企业独立实施的建设项目，经省、自治区、直辖市人民政府建设行政主管部门批准，可以由中外建筑企业联合承揽。

中外合资经营建筑业企业、中外合作经营建筑业企业应当在其资质等级许可的范围内承包工程。

2. 联合承包

有一些工程项目并不是一家承包商就能够完成的，这就需要两家或者两家以上的承包商合作完成，其主要的模式就是组成联合体共同承包。

《建筑法》第二十七条规定："大型建筑工程或者结构复杂的建筑工程，可以由两个以上的承包单位联合共同承包。共同承包的各方对承包合同的履行承担连带责任。两个以上不同资质等级的单位实行联合共同承包的，应当按照资质等级较低的单位的业务许可范围承揽工程。"

4.1.3.3 工程分包

1. 工程分包的一般规定

2016年5月20日，《住房城乡建设部关于进一步推进工程总承包发展的若干意见》（建市〔2016〕93号）规定工程总承包项目的分包。

工程总承包企业可以在其资质证书许可的工程项目范围内自行实施设计和施工，也可以根据合同约定或者经建设单位同意，直接将工程项目的设计或者施工业务择优分包给具有相应资质的企业。

仅具有设计资质的企业承接工程总承包项目时，应当将工程总承包项目中的施工业务依法分包给具有相应施工资质的企业。

仅具有施工资质的企业承接工程总承包项目时，应当将工程总承包项目中的设计业务依法分包给具有相应设计资质的企业。

2. 总承包单位与分包单位的连带责任

《建筑法》第二十九条第二款规定："建筑工程总承包单位按照总承包合同的约定对建设单位负责；分包单位按照分包合同的约定对总承包单位负责。总承包单位和分包单位就分包工程对建设单位承担连带责任。"

连带责任指的是任何一个负有连带责任的债务人都有义务首先、全部偿还债务，并就超过其应偿还份额的部分向其他债务人追偿的债务承担方式。

连带责任既可以依合同约定产生，也可以依法律规定产生。建设单位虽然和分包单位之间没有合同关系，但是当分包工程发生质量、安全、进度等方面问题给建设单位造成损失时，建设单位既可以根据总承包合同向总承包单位追究违约责任，也可以根据法律规定直接要求分包单位承担损害赔偿责任，分包单位不得拒绝。总承包单位和分包单位之间的责任划分应当根据双方的合同约定或者各自过错大小确定；一方向建设单位承担的责任超过其应承担份额的，有权向另一方追偿。

3. 总承包单位与分包单位的关系

（1）平等的合同当事人之间的关系。总承包单位与分包单位是分包合同的双方当事人。《合同法》第三条规定："合同当事人的法律地位平等，一方不得将自己的意志强加给另一方。"因此，总承包单位不得超越法律与合同对分包单位的建设活动进行非法干涉。

（2）局部的管理与被管理的关系。尽管总承包单位与分包单位在法律地位上是平等的，不存在总承包单位是分包单位的管理单位的关系，但是在施工现场管理、安全生产管理方面，分包单位还是要服从总承包单位的管理。

《建筑法》第五十五条规定："建筑工程实行总承包的，工程质量由工程总承包单位负责，总承包单位将建筑工程分包给其他单位的，应当对分包工程的质量与分包单位承担连带责任。分包单位应当接受总承包单位的质量管理。"

4.1.3.4　建筑工程施工发包与承包中的违法行为

2019 年，住建部发布《建筑工程施工发包与承包违法行为认定查处管理办法》，明确发包与承包违法行为具体是指违法发包、转包、挂靠及违法分包等违法行为。

1. 违法发包

违法发包是指建设单位将工程发包给个人或不具有相应资质的单位、肢解发包、违反法定程序发包及其他违反法律法规规定发包的行为。

存在下列情形之一的，属于违法发包。

（1）建设单位将工程发包给个人的。

（2）建设单位将工程发包给不具有相应资质的单位的。

（3）依法应当招标未招标或未按照法定招标程序发包的。

（4）建设单位设置不合理的招标投标条件，限制、排斥潜在投标人或者投标人的。

（5）建设单位将一个单位工程的施工分解成若干部分发包给不同的施工总承包或专业承包单位的。

2. 转包

转包是指承包单位承包工程后，不履行合同约定的责任和义务，将其承包的全部工程或者将其承包的全部工程肢解后以分包的名义分别转给其他单位或个人施工的行为。

转包的弊端在于以下几点。

（1）导致工程款流失。每一次转包都会有一部分本来计划用于工程的工程款作为管理费被转包人截流，这就会导致可以用于工程的工程款数量减少。其结果自然是导致工程项目的质量目标难以实现。

（2）不可预见的风险增加。建设单位是对总承包商进行了资质审查后才决定将工程项目发包给承包商的。建设单位对于转包后的实际施工人并不是很了解，这就自然加大了不可预见的风险。

（3）管理的难度增加。分包单位是不可以直接与建设单位建立工作联系的，所以分包的比例越大，建设单位在进行工程管理方面的难度自然也就会越大。

正是由于转包存在这些弊端，所以，《建筑法》第二十八条规定："禁止承包单位将其承包的全部建筑工程转包给他人，禁止承包单位将其承包的全部建筑工程肢解以后以分包的名义分别转包给他人。"

存在下列情形之一的，应当认定为转包，但有证据证明属于挂靠或者其他违法行为的除外。

（1）承包单位将其承包的全部工程转给其他单位（包括母公司承接建筑工程后将所承接工程交由具有独立法人资格的子公司施工的情形）或个人施工的。

（2）承包单位将其承包的全部工程肢解以后，以分包的名义分别转给其他单位或个人施工的。

（3）施工总承包单位或专业承包单位未派驻项目负责人、技术负责人、质量管理负责人、安全管理负责人等主要管理人员，或派驻的项目负责人、技术负责人、质量管理负责人、安全管理负责人中一人及以上与施工单位没有订立劳动合同且没有建立劳动工资和社会养老保险关系，或派驻的项目负责人未对该工程的施工活动进行组织管理，又不能进行合理解释并提供相应证明的。

（4）合同约定由承包单位负责采购的主要建筑材料、构配件及工程设备或租赁的施工机械设备，由其他单位或个人采购、租赁，或施工单位不能提供有关采购、租赁合同及发票等证明，又不能进行合理解释并提供相应证明的。

（5）专业作业承包人承包的范围是承包单位承包的全部工程，专业作业承包人计取的是除上缴给承包单位"管理费"之外的全部工程价款的。

（6）承包单位通过采取合作、联营、个人承包等形式或名义，直接或变相将其承包的全部工程转给其他单位或个人施工的。

（7）专业工程的发包单位不是该工程的施工总承包或专业承包单位的，但建设单位依约作为发包单位的除外。

（8）专业作业的发包单位不是该工程承包单位的。

（9）施工合同主体之间没有工程款收付关系，或者承包单位收到款项后又将款项转拨给其他单位和个人，又不能进行合理解释并提供材料证明的。

3. 挂靠

挂靠是指单位或个人以其他有资质的施工单位的名义承揽工程的行为。

存在下列情形之一的，属于挂靠。

（1）没有资质的单位或个人借用其他施工单位的资质承揽工程的。

（2）有资质的施工单位相互借用资质承揽工程的，包括资质等级低的借用资质等级高的，资质等级高的借用资质等级低的，相同资质等级相互借用的。

（3）转包，但有证据证明属于挂靠的。

4. 违法分包

违法分包是指承包单位承包工程后违反法律法规规定，把单位工程或分部分项工程分包给其他单位或个人施工的行为。

存在下列情形之一的，属于违法分包。

（1）承包单位将其承包的工程分包给个人的。

（2）施工总承包单位或专业承包单位将工程分包给不具备相应资质单位的。

（3）施工总承包单位将施工总承包合同范围内工程主体结构的施工分包给其他单位的，钢结构工程除外。

（4）专业分包单位将其承包的专业工程中非劳务作业部分再分包的。

（5）专业作业承包人将其承包的劳务再分包的。

（6）专业作业承包人除计取劳务作业费用外，还计取主要建筑材料款和大中型施工机械设备、主要周转材料费用的。

4.1.4　工程监理

4.1.4.1　工程监理概述

原建设部于 1988 年发布了《关于开展建设监理工作的通知》，明确提出要建立建设监理制度。建设工程监理制度于 1988 年开始试点，5 年后逐步推广，1997 年，《中华人民共和国建筑法》以法律制度的形式作出规定，国家推行建设工程监理制度，从而使建设工程监理在全国范围内进入全面推行阶段。

所谓建设工程监理，是指具有相应资质的工程监理企业，接受建设单位的委托，承担其项目管理工作，并代表建设单位对承建单位的建设行为进行监控的专业化服务活动。

从上述定义可以看出，建设工程监理的行为主体是工程监理企业，这是我国建设工程监理制度的一项重要规定。建设工程监理不同于建设行政主管部门的监督管理。后者的行为主体是政府部门，它具有明显的强制性，是行政性的监督管理，它的任务、职责、内容不同于建设工程监理。同样，总承包单位对分包单位的监督管理也不能视为建设工程监理。

监理工作具有以下特点：

（1）服务性。建设工程监理的主要手段是规划、控制、协调，主要任务是控制建设工程的投资、进度和质量，最终应当达到的基本目的是协助建设单位在计划的目标内将建设工程建成并投入使用。在工程建设中，监理人员利用自己的知识、技能和经验、信息以及必要的试验、检测手段，为建设单位提供管理服务。工程监理企业不能完全取代建设单位的管理活动。它不具有工程建设重大问题的决策权，它只能在授权范围内代表建设单位进行管理。

（2）科学性。科学性主要表现在：工程监理企业应当由组织管理能力强、工程建设经验丰富的人员担任领导；应当有足够数量的、有丰富的管理经验和应变能力的监理工程师组成的骨干队伍；要有一套健全的管理制度；要有现代化的管理手段；要掌握先进的管理理论、方法和手段；要积累足够的技术、经济资料和数据；要有科学的工作态度和严谨的工作作风，要实事求是、创造性地开展工作。

（3）独立性。《建筑法》明确指出，工程监理企业应当根据建设单位的委托，客观、公正地执行监理任务。《工程建设监理规定》和《建设工程监理规范》要求工程监理企业按照"公正、独立、自主"原则开展监理工作。按照独立性要求，工程监理单位应当严格地按照有关法律、法规、规章、工程建设文件、工程建设技术标准、建设工程委托监理合同、有关的建设工程合同等的规定实施监理；在委托监理的工程中，与承建单位不得有隶属关系和其他利害关系；在开展工程监理的过程中，必须建立自己的组织，按照自己的工作计划、程序、流程、方法、手段，根据自己的判断，独立地开展工作。

（4）公正性。公正性是社会公认的职业道德准则，是监理行业能够长期生存和发展的基本职业道德准则。在开展建设工程监理的过程中，工程监理企业应当排除各种干扰，客观、公正地对待监理的委托单位和承建单位。

4.1.4.2　建设工程监理的范围

并不是所有的建设工程都必须实行监理。建设工程监理范围可以分为监理的工程范围和监理的建设阶段范围。

1. 监理的工程范围

根据《建筑法》，国务院公布的《建设工程质量管理条例》对实行强制性监理的工程范围做了原则性的规定，《建设工程监理范围和规模标准规定》规定了必须实行监理的建设工程项目的具体范围和规模标准。下列建设工程必须实行监理。

（1）国家重点建设工程。即依据《国家重点建设项目管理办法》所确定的对国民经济和社会发展有重大影响的骨干项目。

（2）大中型公用事业工程。项目总投资额在 3000 万元以上的供水、供电、供气、供热等市政工程项目，科技、教育、文化等项目，体育、旅游、商业等项目，卫生、社会福利等项目，其他公用事业项目。

（3）成片开发建设的住宅小区工程。建筑面积在 5 万 m² 以上的住宅建设工程。

（4）利用外国政府或者国际组织贷款、援助资金的工程。此工程包括使用世界银行、亚洲开发银行等国际组织贷款资金的项目，使用国外政府及其机构贷款资金的项目，使用国际组织或者国外政府援助资金的项目。

（5）国家规定必须实行监理的其他工程。项目总投资额在 3000 万元以上，关系社会公共利益、公众安全的交通运输、水利建设、城市基础设施、生态环境保护、信息产业、能源等基础设施项目，以及学校、影剧院、体育场馆项目。

建设工程监理范围不宜无限扩大；从长远来看，对所有建设工程都实行强制监理的做法，既与市场经济的要求不相适应，也影响建设工程监理行业的健康发展。

2. 监理的建设阶段范围

建设工程监理可以适用于工程建设投资决策阶段和实施阶段，但目前主要是建设工程施工阶段。在施工阶段委托监理，其目的是更有效地发挥监理的规划、控制、协调作用，为在计划目标内建成工程提供最好的管理。

4.1.4.3　工程监理的依据

根据《建筑法》《建设工程质量管理条例》《建设工程安全生产管理条例》的有关规定，工程监理的依据包括以下几方面。

（1）法律、法规。施工单位的建设行为是受很多法律、法规制约的。例如，不可偷工减料等。工程监理在监理过程中首先就要监督检查施工单位是否存在违法行为，因此法律、法规是工程监理单位的依据之一。

（2）有关的技术标准。技术标准分为强制性标准和推荐性标准。强制性标准是各参建单位都必须执行的标准，而推荐性标准则是可以自主决定是否采用的标准。通常情况下，建设单位如要求采用推荐性标准，应当与设计单位或施工单位在合同中予以明确约定。经合同约定采用的推荐性标准，对合同当事人同样具有法律约束力，设计或施工未达到该标准，将构成违约行为。

（3）设计文件。施工单位的任务是按图施工，也就是按照施工图设计文件进行施工。如果施工单位没有按照图纸的要求去修建工程就构成违约，如果擅自修改图纸更是构成了违法。因此，设计文件就是监理单位的依据之一。

（4）建设工程承包合同。建设单位和承包单位通过订立建设工程承包合同，明确双方的权利和义务。合同中约定的内容要远远大于设计文件的内容。例如，进度、工程款支付等都不是设计文件所能描述的，而这些内容也是当事人必须履行的义务。工程监理单位有权利也有义务监督检查承包单位是否按照合同约定履行这些义务。因此，建设工程承包合同也是工程监理的一个依据。

4.1.4.4　工程监理任务的承接

（1）不能超越资质许可范围承揽工程。工程监理单位应当在其资质等级许可的监理范围内承担工程监理业务。

（2）不得转让工程监理业务。建设工程委托监理合同通常是建立在信赖关系的基础上，具有较强的人身性。工程监理单位接受委托后，应当自行完成工程监理工作，不得转让监理业务。

不得转让不仅仅指不得转包，也包括不得分包。

4.1.4.5　工程建设各方的关系

工程建设监理活动中最主要的当事人有业主、监理单位及承包商三方。为使各方的权利义务基本相等，并有利于工程建设的顺利进行，国际咨询工程师联合会编制了 FIDIC（国际咨询工程师联合会）示范文本，住房和城乡建设部等部门也编制了《建设工程施工合同（示范文本）》和《建设工程监理合同（示范文本）》，供各方当事人参照执行。

业主与承包商实质上是雇佣与被雇佣的关系，我国国内习惯将业主与承包商的关系称为承发包的合同关系。业主采用招投标方式选择承包商，与承包商签订的施工合同构成了合同双方相互关系的法律依据。承包商按照合同条件的规定，对合同范围内的工程进行设计、施工直至竣工，并修补其任何缺陷。同样，业主也要按照合同文件履行自身的职责。

在承发包合同中，还应当详细规定被委托的监理工程师的权利和责任，其中包括监理工程师对业主的约束权利和监理工程师独立公正执行合同条件的权利。这就奠定了监理工程师与业主的工作关系基础。

在业主与监理单位签订的监理合同中，对监理人员的数量、素质、服务范围、服务时间、服务费用以及其他有关监理人员生活方面的安排进行了详细的规定。同时也对监理工程师的权利予以了明确。在这一合同中，应注意监理工程师的权利要与承发包施工合同中赋予监理工程师的权利保持一致。

监理工程师与承包商都是受聘于业主，他们之间没有任何合同，也没有任何协议。他们之间的关系应在业主与承包商签订的合同条件中明确地体现出来。按照合同规定，他们是监理和被监理的关系，承包商必须接受监理工程师的监督管理，承包商的一切活动必须得到监理工程师的批准。同时，监理工程师对承包商的任何监督与管理都必须符合法律（包括合同文件）和实际情况。如果承包商认为监理工程师的意见不能接受，他有权提出仲裁，通过法律手段解决。这是法律上对承包商的保护。

综上所述，一项工程的实施是由各自相对独立而又相互制约的三方（业主、监理、承包商）共同完成的。正确处理这三者之间的关系是保证工程按照合同条件进行的关键。

 知识要点提醒

建设单位与监理单位是委托代理关系，监督管理工程质量、建设工期、资金使用及安全生产。

4.2　招标投标法

4.2.1　招标投标法概述

2017年12月27日，第十二届全国人民代表大会常务委员会第三十一次会议通过了修订的《中华人民共和国招标投标法》（以下简称《招标投标法》）。本次修订按照政府采购货物、服务操作流程，对招标、投标、开标、评标、中标和合同以及法律责任等分章做了规定，并重点围绕三方面内容进行修订：一是明确采购人主体责任，强化权责对等；二是坚持问题导向，完善监管措施；三是落实"放管服"改革要求，降低制度性交易成本。修订后的《招标投标法》提升了电子招投标法法律地位，降低了招标代理机构从业门槛，鼓励创新、节能环保，缩短了电子招投标周期，明确了"经评审的最低投标价"适用范围。

依据修订后的《招标投标法》，有关部门陆续发布了一系列规范招标投标活动的行政法规和部门规章。2018年3月19日，国务院办公厅发布了最新修订的《中华人民共和国招标投标法实施条例》（以下简称《招标投标法实施条例》）。《招标投标法实施条例》有两大修改：一是适当放宽了确定中标人的方式；二是对于必须依法招标的项目，合同履行情况须公开，接受社会监督。

4.2.1.1　招标投标活动的基本原则

建设工程招投标的原则也就是建设工程招投标活动中应当遵守的原则：公开、公平、公正和诚实信用原则。

（1）公开原则。首先要求招标信息公开，《招标投标法》规定，依法必须进行招标的项目的招标公告，应当通过国家指定的报刊、信息网络或者其他媒介发布。无论是招标公告、资格预审公告还是投标邀请书，都应当载明招标人的名称和地址、招标项目的性质、数量、实施地点和时间以及获取招标文件的办法等事项。其次，公开原则还要求招标投标过程公开。《招标投标法》规定，开标时招标人应当邀请所有投标人参加，招标人在招标文件要求提交截止时间前收到的所有投标文件，开标时都应当当众予以拆封、宣读。中标人确定后，招标人应当在向中标人发出中标通知书的同时，将中标结果通知所有未中标的投标人。

（2）公平原则。要求给予所有投标人平等的机会，使其享有同等的权利，履行同等的义务。招标人不得以任何理由排斥或者歧视任何投标人。《招标投标法》第六条明确规定："依法必须进行招标的项目，其招标投标活动不受地区或者部门的限制，任何单位和个人不得违法限制或者排斥本地区、本系统以外的法人或者其他组织参加投标，不得以任何方式非法干涉招标投标活动。"

（3）公正原则。公正原则就是要求招标人在招标投标活动中应当按照统一的标准衡量每一个投标人的优劣。进行资格审查核对，招标人应当按照资格预审文件或招标文件中载明的资格审查的条件、标准和方法对潜在投标人或者投标人进行资格审查，不得改变载明的条件或者以没有载明的资格条件进行资格审查。《招标投标法》还规定评标委员会应当按照招标文件确定的评标标准和方法，对投标文件进行评审和比较。评标委员会成员应当客观、公正地履行职务，遵守职业道德。

（4）诚实信用原则。该原则是我国民事活动所应当遵循的一项重要基本原则。我国《民法通则》第四条规定："民事活动应当遵循自愿、平等、等价有偿、诚实信用的原则。"《合同法》第六条也明确规定："当事人行使权利、履行义务应当遵循诚实信用原则。"招标投标活动作为订立合同的一种特殊方式，同样应当遵循诚实信用原则。例如，在招标过程中，招标人不得发布虚假的招标信息，不得擅自终止招标。在投标过程中，投标人不得以他人名义投标，不得与招标人或其他投标人串通投标。中标通知书发出后，招标人不得擅自改变中标结果，中标人不得擅自放弃中标项目。

4.2.1.2 招投标调控的范围

1. 必须招标的项目范围

为明确必须进行招标的工程建设项目的具体范围和规模标准，国务院发展改革部门根据《招标投标法》第三条规定，会同国务院有关部门对《工程建设项目招标范围和规模标准规定》（国家发展计划委第 3 号令，以下简称"3 号令"）进行了修订，形成了《必须招标的工程项目规定》（国家发展改革委 2018 年第 16 号令），并于 2018 年 6 月 1 日起正式实施。

在中华人民共和国境内进行下列工程建设项目，包括项目的勘察、设计、施工、监理以及与工程建设有关的重要设备、材料等的采购，必须进行招标。

（1）大型基础设施、公用事业等关系社会公共利益、公众安全的项目。关系社会公共利益、公众安全的基础设施项目的范围包括：①煤炭、石油、天然气、电力、新能源等能源项目；②铁路、公路、管道、水运、航空以及其他交通运输业等交通运输项目；③邮政、电信枢纽、通信、信息网络等邮电通信项目；④防洪、灌溉、排涝、引（供）水、滩涂治理、水土保持、水利枢纽等水利项目；⑤道路、桥梁、地铁和轻轨交通、公共停车场等城市设施项目；⑥生态环境保护项目；⑦其他基础设施项目。

关系社会公共利益、公众安全的公用事业项目的范围包括：①供水、供电、供气、供热等市政工程项目；②科技、教育、文化等项目；③体育、旅游等项目；④卫生、社会福利等项目；⑤商品住宅、经济适用住房；⑥其他公用事业项目。

（2）全部或者部分使用国有资金投资或者国家融资的项目。主要包括以下内容。

1）使用预算资金 200 万元人民币以上，并且该资金占投资额 10% 以上的项目。

2）使用国有企业事业单位资金，并且该资金占控股或者主导地位的项目。

（3）使用国际组织或者外国政府贷款、援助资金的项目。主要包括以下内容。

1）使用世界银行、亚洲开发银行等国际组织贷款、援助资金的项目。

2）使用外国政府及其机构贷款、援助资金的项目。

任何单位和个人不得将依法必须进行招标的项目化整为零或者以其他任何方式规避招标。

法律或者国务院对必须招标的其他项目的范围有规定的，依照其规定。

2. 必须招标的项目规模标准

上述规定范围内的项目，其勘察、设计、施工、监理以及与工程建设有关的重要设备、材料等的采购达到下列标准之一的，必须招标。

（1）施工单项合同估算价在 400 万元人民币以上。

（2）重要设备、材料等货物的采购，单项合同估算价在 200 万元人民币以上。

（3）勘察、设计、监理等服务的采购，单项合同估算价在 100 万元人民币以上。

同一项目中可以合并进行的勘察、设计、施工、监理以及与工程建设有关的重要设备、材料等的采购，合同估算价合计达到前款规定标准的，必须招标。

 知识要点提醒

《必须招标的工程项目规定》主要修改了三方面内容。

一是缩小必须招标项目的范围。从使用资金性质看，将《招标投标法》第三条中规定的"全部或者部分使用国有资金或者国家融资的项目"，明确为使用预算资金 200 万元人民币以上，并且该资金占投资额 10% 以上的项目，以及使用国有企事业单位资金，并且该资金占控股或者主导地位的项目。从具体项目范围看，授权国务院发展改革部门会同国务院有关部门按照确有必要、严格限定的原则，制定必须招标的大型基础设施、公用事业等关系社会公共利益、公众安全的项目的具体范围，报国务院批准。

二是提高必须招标项目的规模标准。根据经济社会发展水平，将施工的招标限额提高到 400 万元人民币，将重要设备、材料等货物采购的招标限额提高到 200 万元人民币，将勘察、设计、监理等服务采购的招标限额提高到 100 万元人民币，与 3 号令相比翻了一番。

三是明确全国执行统一的规模标准。删除了 3 号令中"省、自治区、直辖市人民政府根据实际情况，可以规定本地区必须进行招标的具体范围和规模标准，但不得缩小本规定确定的必须进行招标的范围"的规定，明确全国适用统一规则，各地不得另行调整。

3. 可以不招标的工程建设项目

《招投标法》第六十六条规定："涉及国家安全、国家秘密、抢险救灾或者属于利用扶贫资金实行以工代赈、需要使用农民工等特殊情况，不适宜进行招标的项目，按照国家有关规定可以不进行招标。"

《中华人民共和国招标投标法实施条例》第九条规定："除《招标投标法》第六十六条规定的可以不进行招标的特殊情况外，有下列情形之一的，可以不进行招标：（一）需要采用不可替代的专利或者专有技术；（二）采购人依法能够自行建设、生产或者提供；（三）已通过招标方式选定的特许经营项目投资人依法能够自行建设、生产或者提供；（四）需要向原中标人采购工程、货物或者服务，否则将影响施工或者功能配套要求；（五）国家规定的其他特殊情形。招标人为适用前款规定弄虚作假的，属于《招标投标法》第四条规定的规避招标。"

4.2.2 招标

4.2.2.1 招标人

《招标投标法》规定，招标人是依照本法规定提出招标项目、进行招标的法人或者其他组织。根据这一规定，在我国，进行建设工程招标的只能是具备一定条件的建设单位或者招标代理机构，任何欲进行工程建设的个人不得自行进行招标。

《招标投标法》第十二条规定："招标人有权自行选择招标代理机构，委托其办理招标事宜。任何单位和个人不得以任何方式为招标人指定招标代理机构。招标人具有编制招标文件和组织评标能力的，可以自行办理招标事宜。任何单位和个人不得强制其委托招标代理机构办理招标事宜。依法必须进行招标的项目，招标人自行办理招标事宜的，应当向有关行政监督部门备案。"

按照《招标投标法》第十三条规定，招标代理机构是依法设立、从事招标代理业务并提供相关服务的社会中介组织。招标代理机构与行政机关和其他国家机关不得存在隶属关系或者其他利益关系。招标代理机构应当在招标人委托的范围内办理招标事宜，并遵守本法关于招标人的规定。

招标代理机构应当具备下列条件。

（1）有从事招标代理业务的营业场所和相应资金。

（2）有能够编制招标文件和组织评标的相应专业力量。

 知识要点提醒

修订后的《招标投标法》去掉了对招标代理机构应有符合规定条件、可以作为评标委员会成员人选的技术、经济方面的专家库的要求。

4.2.2.2 招标项目应具备的条件

根据《工程建设项目施工招投标办法》第八条规定，依法必须招标的工程建设项目，应当具备下列条件才能进行施工招标。

（1）招标人已经依法成立。

（2）初步设计及概算应当履行审批手续的，已经批准。

（3）招标范围、招标方式和招标组织形式等应当履行核准手续的，已经核准。

（4）有相应资金或资金来源已经落实。

（5）有招标所需的设计图纸及技术资料。

招标项目按照国家有关规定需要履行项目审批手续的，应当先履行审批手续，取得批准。

招标人应当有进行招标项目的相应资金或者资金来源已经落实，并应当在招标文件中如实载明。

4.2.2.3 招标方式

招标分为公开招标和邀请招标。公开招标是指招标人以招标公告的方式邀请不特定的法人或者其他组织投标。邀请招标是指招标人以投标邀请书的方式邀请特定的法人或者其他组织投标。

国务院发展计划部门确定的国家重点项目和省、自治区、直辖市人民政府确定的地方重点项目不适宜公开招标的，经国务院发展计划部门或者省、自治区、直辖市人民政府批准，可以进行邀请招标。

招标人采用公开招标方式的，应当发布招标公告、编制招标文件。依法必须进行招标的项目的招标公告，应当通过国家指定的报纸、期刊、信息网络或者其他媒介发布。招标公告应当载明招标人的名称和地址、招标项目的性质、数量、实施地点和时间以及获取招标文件的办法等事项。

招标人采用邀请招标方式的，应当向 3 个以上具备承担招标项目的能力、资信良好的特定的法人或者其他组织发出投标邀请书。

4.2.2.4 资格审查

1. 资格预审

招标人采用资格预审办法对潜在投标人进行资格审查的，应当发布资格预审公告、编制资格预审文件。依法必须进行招标的项目的资格预审公告和招标公告，应当在国务院发展改革部门依法指定的媒介发布。在不同媒介发布的同一招标项目的资格预审公告或者招标公告的内容应当一致。指定媒介发布依法必须进行招标的项目的境内资格预审公告、招标公告，不得收取费用。编制依法必须进行招标的项目的资格预审文件和招标文件，应当使用国务院发展改革部门会同有关行政监督部门制定的标准文本。

招标人应当按照资格预审公告、招标公告或者投标邀请书规定的时间、地点发售资格预审文件或者招标文件。资格预审文件或者招标文件的发售期不得少于 5 日。招标人发售资格预审文件、招标文件收取的费用应当限于补偿印刷、邮寄的成本支出，不得以盈利为目的。

招标人应当合理确定提交资格预审申请文件的时间。依法必须进行招标的项目提交资格预审申请文件的时间，自资格预审文件停止发售之日起不得少于 5 日。

资格预审应当按照资格预审文件载明的标准和方法进行。国有资金占控股或者主导地位的依法必须进行招标的项目，招标人应当组建资格审查委员会审查资格预审申请文件。资格审查委员会及其成员应当遵守《招标投标法》和《招投标实施条例》有关评标委员会及其成员的规定。

资格预审结束后，招标人应当及时向资格预审申请人发出资格预审结果通知书。未通过资格预审的申请人不具有投标资格。通过资格预审的申请人少于 3 个的，应当重新招标。

招标人可以对已发出的资格预审文件或者招标文件进行必要的澄清或者修改。澄清或者修改的内容可能影响资格预审申请文件或者投标文件编制的，招标人应当在提交资格预审申请文件截止时间至少 3 日前，或者投标截止时间至少 15 日前，以书面形式通知所有获取资格预审文件或者招标文件的潜在投标人；不足 3 日或者 15 日的，招标人应当顺延提交资格预审申请文件或者投标文件的截止时间。

潜在投标人或者其他利害关系人对资格预审文件有异议的，应当在提交资格预审申请文件截止时间 2 日前提出；对招标文件有异议的，应当在投标截止时间 10 日前提出。招标人应当自收到异议之日起 3 日内作出答复；作出答复前，应当暂停招标投标活动。

招标人编制的资格预审文件、招标文件的内容违反法律、行政法规的强制性规定，违反公开、公平、公正和诚实信用原则，影响资格预审结果或者潜在投标人投标的，依法必须进行招标的项目的招标人应当在修改资格预审文件或者招标文件后重新招标。

2. 资格后审

招标人采用资格后审办法对投标人进行资格审查的，应当在开标后由评标委员会按照招标文件规定的标准和方法对投标人的资格进行审查。

4.2.2.5　招标的相关规定

1. 招标过程中的信息公开要求

2017 年，国家发展改革委制定《招标公告和公示信息发布管理办法》，招标公告和公示信息是指招标项目的资格预审公告、招标公告、中标候选人公示、中标结果公示等信息。

依法必须招标项目的招标公告和公示信息应当在"中国招标投标公共服务平台"或者项目所在地省级电子招标投标公共服务平台发布。省级电子招标投标公共服务平台应当与"中国招标投标公共服务平台"对接，按规定同步交互招标公告和公示信息。"中国招标投标公共服务平台"应当汇总公开全国招标公告和公示信息，与全国公共资源交易平台共享，并归集至全国信用信息共享平台，按规定通过"信用中国"网站向社会公开。

依法必须招标项目的资格预审公告和招标公告应当载明以下内容：

（1）招标项目名称、内容、范围、规模、资金来源。

（2）投标资格能力要求，以及是否接受联合体投标。

（3）获取资格预审文件或招标文件的时间、方式。

（4）递交资格预审文件或投标文件的截止时间、方式。

（5）招标人及其招标代理机构的名称、地址、联系人及联系方式。

（6）采用电子招标投标方式的，潜在投标人访问电子招标投标交易平台的网址和方法。

（7）其他依法应当载明的内容。

依法必须招标项目的中标候选人公示应当载明以下内容。

（1）中标候选人排序、名称、投标报价、质量、工期（交货期），以及评标情况。

（2）中标候选人按照招标文件要求承诺的项目负责人姓名及其相关证书名称和编号。

（3）中标候选人响应招标文件要求的资格能力条件。

（4）提出异议的渠道和方式。

（5）招标文件规定公示的其他内容。依法必须招标项目的中标结果公示应当载明中标人名称。

拟发布的招标公告和公示信息文本应当由招标人或其招标代理机构盖章，并由主要负责人或其授权的项目负责人签章。采用数据电文形式的，应当按规定进行电子签名。

2. 招标文件的相关内容及时间要求

招标人应当根据招标项目的特点和需要编制招标文件。招标文件应当包括招标项目的技术要求、对投标人资格审查的标准、投标报价要求和评标标准等所有实质性要求与条件以及拟签订合同的主要条款。招标人可以在招标文件中合理设置支持技术创新、节能环保等方面的要求和条件。

国家对招标项目的技术、标准有规定的，招标人应当按照其规定在招标文件中提出相应要求。招标项目需要划分标段、确定工期的，招标人应当合理划分标段、确定工期，并在招标文件中载明。招标人对招标项目划分标段的，应当遵守招标投标法的有关规定，不得利用划分标段限制或者排斥潜在投标人。依法必须进行招标的项目的招标人不得利用划分标段规避招标。

招标人对已发出的招标文件进行必要的澄清或者修改的，应当在招标文件要求提交投标文件截止时间至少15日前，以书面形式通知所有招标文件收受人。该澄清或者修改的内容为招标文件的组成部分。

招标人应当确定投标人编制投标文件所需要的合理时间，但是，依法必须进行招标的项目，自招标文件开始发出之日起至投标人提交投标文件截止之日止，最短不得少于20日。采用电子招标投标在线提交投标文件的，最短不得少于10日。

3. 投标有效期及保证金要求

招标人应当在招标文件中载明投标有效期。投标有效期从提交投标文件的截止之日起算。

招标人在招标文件中要求投标人提交投标保证金的，投标保证金不得超过招标项目估算价的2%。投标保证金有效期应当与投标有效期一致。依法必须进行招标的项目的境内投标单位，以现金或者支票形式提交的投标保证金应当从其基本账户转出。招标人不得挪用投标保证金。

4. 标底和最高投标限价

招标人可以自行决定是否编制标底。一个招标项目只能有一个标底。标底必须保密。接受委托编制标底的中介机构不得参加受托编制标底项目的投标，也不得为该项目的投标人编制投标文件或者提供咨询。招标人设有最高投标限价的，应当在招标文件中明确最高投标限价或者最高投标限价的计算方法。招标人不得规定最低投标限价。

最高投标限价是招标人可以承受的最高价格，对投标报价的有效性具有强制约束力。国有资金投资的建筑工程招标的，应当设有最高投标限价；非国有资金投资的建筑工程招标的，可以设有最高投标限价或者招标标底。最高投标限价及其成果文件，应当由招标人报工程所在地县级以上地方人民政府住房城乡建设主管部门备案。

最高投标限价应当依据工程量清单、工程计价有关规定和市场价格信息等编制。招标人设有最高投标限价的，应当在招标时公布最高投标限价的总价，以及各单位工程的分部分项工程费、措施项目费、其他项目费、规费和税金。

投标报价低于工程成本或者高于最高投标限价总价的，评标委员会应当否决投标人的投标。

最高投标限价与标底的区别在于：①最高投标限价必须公布，对投标报价有强制约束力；②标底在开标前必须保密，仅作为评标参考。

最高投标限价与标底的共同点是：均以与投标报价相同的清单进行编制，编制工作的失误都将影响评标和中标结果。

5. 现场踏勘

招标人根据招标项目的具体情况，可以组织潜在投标人踏勘项目现场，但不得组织单个或者部分潜在投标人踏勘项目现场。

招标人不得向他人透露已获取招标文件的潜在投标人的名称、数量以及可能影响公平竞争的有关招标投标的其他情况。

6. 总承包招标

招标人可以依法对工程以及与工程建设有关的货物、服务全部或者部分实行总承包招标。以暂估价形式包括在总承包范围内的工程、货物、服务属于依法必须进行招标的项目范围且达到国家规定规模标准的，应当依法进行招标。前款所称暂估价是指总承包招标时不能确定价格而由招标人在招标文件中暂时估定的工程、货物、服务的金额。

7. 分段招标

对技术复杂或者无法精确拟定技术规格的项目，招标人可以分两阶段进行招标。第一阶段，投标人按照招标公告或者投标邀请书的要求提交不带报价的技术建议，招标人根据投标人提交的技术建议确定技术标准和要求，编制招标文件。第二阶段，招标人向在第一阶段提交技术建议的投标人提供招标文件，投标人按照招标文件的要求提交包括最终技术方案和投标报价的投标文件。招标人要求投标人提交投标保证金的，应当在第二阶段提出。

8. 终止招标的规定

招标人终止招标的，应当及时发布公告，或者以书面形式通知被邀请的或者已经获取资格预审文件、招标文件的潜在投标人。已经发售资格预审文件、招标文件或者已经收取投标保证金的，招标人应当及时退还所收取的资格预审文件、招标文件的费用，以及所收取的投标保证金及银行同期存款利息。

9. 不得以不合理条件限制、排斥潜在投标人或者投标人

招标人不得以不合理的条件限制或者排斥潜在投标人，不得对潜在投标人实行歧视待遇。招标人不得以不合理的条件限制、排斥潜在投标人或者投标人。招标人有下列行为之一的，属于以不合理条件限制、排斥潜在投标人或者投标人：①就同一招标项目向潜在投标人或者投标人提供有差别的项目信息；②设定的资格、技术、商务条件与招标项目的具体特点和实际需要不相适应或者与合同履行无关；③依法必须进行招标的项目以特定行政区域或者特定行业的业绩、奖项作为加分条件或者中标条件；④对潜在投标人或者投标人采取不同的资格审查或者评标标准；⑤限定或者指定特定的专利、商标、品牌、原产地或者供应商；⑥依法必须进行招标的项目非法限定潜在投标人或者投标人的所有制形式或者组织形式；⑦以其他不合理条件限制、排斥潜在投标人或者投标人。

4.2.3　投标

1. 投标人

投标人是指响应招标、参加投标竞争的法人或者其他组织。所谓响应投标，是指获得投标信息或收到投标邀请书后购买投标文件，接收资格审查，编制投标文件（俗称"标书"）等招标人要求所进行的活动。参加投标竞争是指按照投标文件的要求，并在规定时间内提交投标文件的活动。

《招标投标法》规定，除依法招标的科研项目允许个人参加投标外，其他项目的投标人必须是法人或者其他经济组织，自然人不能成为建设工程的投标人。

根据《招标投标法》第二十五条的规定，投标人是响应招标、参加投标竞争的法人或者其他组织；国家有关规定对投标人资格条件或者招标文件对投标人资格条件有规定的，投标人应当具备规定的资格条件。

同时，根据《工程建设项目施工招标投标办法》第三十五条的规定，招标人的任何不具独立法人资格的附属机构（单位），或者为招标项目的前期准备或者监理工作提供设计、咨询服务的任何法人及其任何附属机构（单位），都无资格参加该招标项目的投标。

扫一扫

2. 投标联合体

有一些工程项目并不是一个投标人就能够完成的，所以法律允许两家或者两家以上的投标人合作，组成一个联合体，共同完成投标。两个以上法人或者其他组织可以组成一个联合体，以一个投标人的身份共同投标。

联合体各方均应当具备承担招标项目的相应能力；国家有关规定或者招标文件对投标人资格条件有规定的，联合体各方均应当具备规定的相应资格条件。由同一专业的单位组成的联合体，按照资质等级较低的单位确定资质等级。

联合体各方应当签订共同投标协议，明确约定各方拟承担的工作和责任，并将共同投标协议连同投标文件一并提交招标人。联合体中标的，联合体各方应当共同与招标人签订合同，就中标项目向招标人承担连带责任。

投标时，投标人是否与他们组成联合体，与谁组成联合体，都由投标人自行决定，任何人不得干涉。《招标投标法》规定：招标人不得强制投标人组成联合体共同投标，不得限制投标人之间的竞争。

招标人应当在资格预审公告、招标公告或者投标邀请书中载明是否接受联合体投标。招标人接受联合体投标并进行资格预审的，联合体应当在提交资格预审申请文件前组成。资格预审后联合体增减、更换成员的，其投标无效。联合体各方在同一招标项目中以自己名义单独投标或者参加其他联合体投标的，相关投标均无效。

3. 投标要求

《招标投标法》规定：投标人应当按照招标文件的要求编制投标文件。投标文件应当对招标文件提出的实质性要求和条件作出响应。实质性要求与条件是指招标项目的价格、项目进度计划、技术规范、合同的主要条款等，投标文件必须对之作出响应，不得遗漏、回避，更不能对投标文件进行修改或提出任何附带条件。

招标项目属于建设施工的，投标文件的内容应当包括拟派出的项目负责人与主要技术人员的简历、业绩和拟用于完成招标项目的机械设备等。

投标人应当在招标文件要求提交投标文件的截止时间前，将投标文件送达投标地点。招标人收到投标文件后，应当签收保存，不得开启。投标人少于 3 个的，招标人应当重新招标。

在招标文件要求提交投标文件的截止时间后送达的投标文件，招标人应当拒收。

投标人在招标文件要求提交投标文件的截止时间前，可以补充、修改或者撤回已提交的投标文件，并书面通知招标人。补充、修改的内容为投标文件的组成部分。投标人根据招标文件载明的项目实际情况，拟在中标后将中标项目的部分非主体、非关键性工作进行分包的，应当在投标文件中载明。

投标人不得相互串通投标报价，不得排挤其他投标人的公平竞争，损害招标人或者其他投标人的合法权益。投标人不得与招标人串通投标，损害国家利益、社会公共利益或者他人的合法权益。禁止投标人以向招标人或者评标委员会成员行贿的手段谋取中标。

有下列情形之一的，属于投标人相互串通投标。

（1）投标人之间协商投标报价等投标文件的实质性内容。

（2）投标人之间约定中标人。

（3）投标人之间约定部分投标人放弃投标或者中标。

（4）属于同一集团、协会、商会等组织成员的投标人按照该组织要求协同投标。

（5）投标人之间为谋取中标或者排斥特定投标人而采取的其他联合行动。

投标人参加依法必须进行招标的项目的投标，不受地区或者部门的限制，任何单位和个人不得非法干涉。

与招标人存在利害关系可能影响招标公正性的法人、其他组织或者个人，不得参加投标。单位负责人为同一人或者存在控股、管理关系的不同单位，不得参加同一标段投标或者未划分标段的同一招标项目投标。违反这两款规定的，相关投标均无效。

投标人撤回已提交的投标文件，应当在投标截止时间前书面通知招标人。招标人已收取投标保证金的，应当自收到投标人书面撤回通知之日起 5 日内退还。

投标截止后投标人撤销投标文件的，招标人可以不退还投标保证金。

未通过资格预审的申请人提交的投标文件，以及逾期送达或者不按照招标文件要求密封的投标文件，招标人应当拒收。

招标人应当如实记载投标文件的送达时间和密封情况，并存档备查。

4.2.4　开标、评标和中标

4.2.4.1　开标

扫一扫

开标是指投标截止后，招标人按照招标文件确定的时间和地点，开启投标人提交的投标文件，公开宣布投标人的名称、投标价格及投标文件中的其他主要内容的活动。

根据《招标投标法》及相关规定，开标应当遵守如下程序：开标应当在招标文件确定的提交投标文件截止时间的同一时间公开进行，地点应当为招标文件中预先确定的地点。

根据这一规定，提交投标文件的截止时间就是开标时间，它一般精确到某年某月某日某时某分。之所以如此规定，是因为可以避免投标截止时间与开标时间存在的时间间隔，从而防止泄露投标内容等一些不端行为的发生。开标地点预先在投标文件中明确，也更有利于投标人准时参加开标，从而更好地维护其合法利益。

开标由招标人主持，邀请所有投标人参加。还可以邀请主管部门、评标委员会、监察部门的相关人员参加，也可委托公证部门对整个开标过程依法进行公证。

开标时，由投标人或者其推选的代表检查投标文件的密封情况，也可以由招标人委托的公证机构检查并公证；经确认无误后，由工作人员当众拆封，宣读投标人名称、投标价格和投标的其他主要内容。开标过程应当记录，并存档备查。

投标文件有下列情形之一的，招标人不予受理。

（1）逾期送达的或者未送达指定地点的。

（2）未按招标文件要求密封的。

4.2.4.2　评标

评标由招标人依法组建的评标委员会负责。依法必须进行招标的项目，其评标委员会由招标人的代表和有关技术、经济等方面的专家组成，成员人数为 5 人以上单数，其中技术、经济等方面的专家不得少于成员总数的 2/3。评标委员会成员的名单在中标结果确定前应当保密。

这里所称的专家应当从事相关领域工作满 8 年并具有高级职称或者具有同等专业水平，由招标人从国务院有关部门或者省、自治区、直辖市人民政府有关部门提供的专家名册或者招标代理机构的专家库内的相关专业的专家名单中确定；一般招标项目可以采取随机抽取方式，特殊招标项目可以由招标人直接确定。

《招标投标法》第三十七条还规定，与投标人有利害关系的人不得进入相关项目的评标委员会，已经进入的应当更换。《评标委员会和评标方法暂行规定》第十二条则进一步规定，有下列情形之一的，不得担任评标委员会成员，并应主动提出回避。

（1）投标人或者投标人主要负责人的近亲属。

（2）项目主管部门或者行政监督部门的人员。

（3）与投标人有经济利益关系，可能影响对投标公正评审的。

（4）曾因在招标、评标以及其他与招标投标有关活动中从事违法行为而受过行政处罚或刑事处罚的。

这些与投标人有利害关系的人不得进入相关项目的评标委员会；已经进入的应当更换。

招标人应当采取必要的措施，保证评标在严格保密的情况下进行。任何单位和个人不得非法干预、影响评标的过程和结果。评标委员会应当按照招标文件确定的评标标准和方法，对投标文件进行评审和比较；招标人设有标底的，标底在评标中应当作为参考，但不得作为评标的唯一依据。

《工程建设项目施工招标投标办法》（2013年4月修订）第五十条规定，投标文件有下列情形之一的，招标人不予受理。

（1）逾期送达的或者未送达指定地点的。

（2）未按招标文件要求密封的。

有下列情形之一的，评标委员会应当否决其投标。

（1）投标文件未经投标单位盖章和单位负责人签字。

（2）投标联合体没有提交共同投标协议。

（3）投标人不符合国家或者招标文件规定的资格条件。

（4）同一投标人提交两个及以上不同的投标文件或者投标报价，但招标文件要求提交备选投标的除外。

（5）投标报价低于成本或者高于招标文件设定的最高投标限价。

（6）投标文件没有对招标文件的实质性要求和条件作出响应。

（7）投标人有串通投标、弄虚作假、行贿等违法行为。

评标委员会否决不合格投标或者界定为废标后，因有效投标不足三个使得投标明显缺乏竞争的，根据《招标投标法》第四十二条的规定，"评标委员会经评审，认为所有投标都不符合招标文件要求的，可以否决所有投标。依法必须进行招标的项目的所有投标被否决的，招标人应当依照本法重新招标"。

评标委员会完成评标工作后，应当向招标人提出书面评标报告，并抄送有关行政监督部门。

评标报告由评标委员会全体成员签字。对评标结论持有异议的评标委员会成员可以书面方式阐述其不同意见和理由。评标委员会成员拒绝在评标报告上签字且不陈述其不同意见和理由的，视为同意评标结论。评标委员会应当对此作出书面说明并记录在案。

向招标人提交书面评标报告后，评标委员会即告解散。评标委员会推荐的中标候选人应当限定在1~3人的投标，应当符合下列条件之一。

（1）能够最大限度地满足招标文件中规定的各项综合评价标准。

（2）能够满足招标文件的实质性要求，并且经评审的投标价格最低；但是投标价格低于成本的除外。本条件适用于具有通用技术、性能标准或者招标人对其技术、性能没有特殊要求的招标项目。本修改是对"经评审的最低投标价法"之滥用的改正，有利于遏制不合理的最低价中标现象。

4.2.4.3　中标

1. 确定中标人

新修订的《招标投标法实施条例》第五十五条规定："招标人根据评标委员会提出的书面评标报告和推荐的中标候选人确定中标人。招标人也可以授权评标委员会直接确定中标人，或者在招标文件中规定排名第一的中标候选人为中标人，并明确排名第一的中标候选人不能作为中标人的情形和相关处理规则。依法必须进行招标的项目，招标人根据评标委员会提出的书面评标报告和推荐的中标候选人自行确定中标人的，应当在向有关行政监督部门提交的招标投标情况书面报告中，说明其确定中标人的理由。"

 知识要点提醒

新修订的《招标投标法实施条例》改动最大的是第五十五条。原第五十五条规定："国有资金占控股或者主导地位的依法必须进行招标的项目，招标人应当确定排名第一的中标候选人为中标人。排名第一的中标候选人放弃中标、因不可抗力不能履行合同、不按照招标文件要求提交履约保证金，或者被查实存在影响中标结果的违法行为等情形，不符合中标条件的，招标人可以按照评标委员会提出的中标候选人名单排序依次确定其他中标候选人为中标人，也可以重新招标。"

按照修改后的第五十五条规定，第一名不一定中标，甲方有权决定第二名或第三名中标。这是深化招标投标领域"放管服"改革的需要，也避免了评标委员会确定中标人，却由招标人来承担不利后果的情况。

2. 中标候选人公示

依法必须进行招标的项目，招标人应当自收到评标报告之日起 3 日内公示中标候选人，公示期不得少于 3 日。

投标人或者其他利害关系人对依法必须进行招标的项目的评标结果有异议的，应当在中标候选人公示期间提出。招标人应当自收到异议之日起 3 日内作出答复；作出答复前，应当暂停招标投标活动。

3. 中标通知书

（1）中标人确定后，招标人应当向中标人发出中标通知书，并同时将中标结果通知所有未中标的投标人。

（2）招标人不得向中标人提出压低报价、增加工作量、缩短工期或其他违背中标人意愿的要求，以此作为发出中标通知书和签订合同的条件。

（3）中标通知书对招标人和投标人具有法律效力。中标通知书发出后，招标人改变中标结果的，或者中标人放弃中标项目的，应当依法承担法律责任。

4. 签订合同

根据《招标投标法》第四十六条第一款的有关规定，招标人和中标人应当自中标通知书发出之日起 30 日内，按照招标文件和中标人的投标文件订立书面合同。招标人和中标人不得再订立背离合同实质性内容的其他协议。

招标文件要求中标人提交履约保证金或者其他形式履约担保的，中标人应当提交；拒绝提交的，视为放弃中标项目。招标人要求中标人提供履约保证金或其他形式履约担保的，招标人应当同时向中标人提供工程款支付担保。招标人不得擅自提高履约保证金，不得强制要求中标人垫付中标项目建设资金。

招标人最迟应当在书面合同签订后 5 日内向中标人和未中标的投标人退还投标保证金及银行同期存款利息。

5. 招标投标情况书面报告

依法必须进行招标的项目，招标人应当自订立书面合同之日起 15 日内，向有关行政监督部门提交招标投标和合同订立情况的书面报告及合同副本。

修改后的《招标投标法》第五十五条内容对合同履行情况增设了一条规定："依法必须进行招标的项目，招标人和中标人应当公布合同履行情况。"

 知识要点提醒

《招标投标法》原来规定：依法必须进行招标的项目，招标人应当自确定中标人之日起 15 日内，向有关行政监督部门提交招标投标情况的书面报告。现在改为"依法必须进行招标的项目，招标人应当自订立书面合同之日起十五日内，向有关行政监督部门提交招标投标和合同订立情况的书面报告及合同副本。"

4.3 建设工程合同法规

4.3.1 合同法

1. 合同的概念

合同又称契约，是当事人之间确立一定权利义务关系的协议。广义的合同泛指一切能发生某种权利义务关系的协议。但我国自 1999 年 10 月 1 日起施行的《中华人民共和国合同法》（以下简称《合同法》）中，对合同的主体以及权利义务的范围做了限定，即是指平等主体的自然人、法人、其他组织之间设立、变更、终止民事权利义务关系的协议，它采用了狭义的合同概念。

2. 建设工程合同签订的原则

签订建设工程合同时，必须遵守《合同法》所规定的基本原则：平等原则、合同自愿原则、公平原则、诚实信用原则和遵守法律、遵守社会公德、不得损害社会公共利益的原则。

（1）平等原则：是指合同的当事人，不论其是自然人，还是法人，也不论其经济实力的强弱或地位的高低，他们在法律上的地位一律平等，任何一方都不得把自己的意志强加给对方。同时，法律也给双方提供平等的法律保护及约束。

（2）合同自愿原则：是指合同的当事人在法律允许的范围内享有完全的自由，可以按自己的意愿缔结合同，为自己设定权利、义务，任何机关、组织和个人都不得非法干预。

（3）公平原则：是指以利益均衡作为价值判断的标准，依此来确定合同当事人的民事权利、义务及其承担的民事责任。

（4）诚实信用原则：是指合同当事人在行使权利、履行义务时，都应该本着诚实、善意的态度，恪守信用，不得滥用权利，也不得规避法律或合同规定的义务。它是市场经济活动中的道德准则在法律中的体现，也是维护市场经济秩序的必然要求。

（5）遵守法律、遵守社会公德、不得损害社会公共利益的原则：《合同法》第七条规定：当事人订立、履行合同应当遵守法律、行政法规，尊重社会公德，不得扰乱社会经济秩序、损害社会公共利益。若有违反此项原则，其合同将不具有法律效力。这是法律为防止当事人滥用权利而采取的约束，也充分体现了法律对社会的保护。

 案例分析一

某建筑公司在与某房地产公司签订了某住宅楼的施工合同后，又与自然人张××签订了《内部承包协议》《补充协议》，将该工程分包给没有建设工程施工资质的张××、唐××等六人。《最高人民法院关于审理建设工程施工合同纠纷案件适用法律问题的解释》第一条规定，承包人未取得建筑施工企业资质或者超越资质等级的、没有资质的实际施工人借用有资质的施工企业名义的，应当根据《合同法》第五十二条第五项的规定，认定建设工程施工合同无效。该建筑公司的违法分包行为违反了法律、行政法规的禁止性规定，案涉《内部承包协议》《补充协议》无效。

4.3.2　合同的订立

合同的订立，在合同法中具有重要意义。合同订立解决的是合同是否存在的问题，如果合同不存在，也就谈不上合同履行等问题；尽管合同订立并不意味着合同生效，但二者密切联系，合同订立是合同生效的前提。

扫一扫

《合同法》第十三条规定："当事人订立合同，采取要约、承诺方式。"建设工程合同一般经过要约邀请、要约和承诺三个步骤。

4.3.2.1　要约邀请

要约邀请是指当事人一方邀请不特定的另一方向自己提出要约的意思表示。在实际生活中，寄送的价目表、拍卖公告、招标公告、招股说明书、商业广告等一般为要约邀请。商业广告的内容符合要约规定的，视为要约。在建设工程合同签订过程中，发包方发布招标通告或招标邀请书的行为就是以一种要约邀请的行为，其目的在于邀请承包方投标。

4.3.2.2　要约

《合同法》第十四条规定，要约是希望和他人订立合同的意思表示，该意思表示应当符合下列规定：①内容具体确定；②表明经受要约人承诺，要约人即受该意思表示约束。

1. 要约的构成要件

（1）要约是由特定人作出的意思表示。要约人如果不特定，则受要约人无法对之作出承诺，也就无法与之签订合同。这样的意思表示就不能称得上是要约。例如，某承包商在街头见到一张出售建筑材料的广告，但是广告上面并没有材料供应商的姓名、地址和联系方式，则即使该承包商计划购买这批材料，也由于无法找到材料供应商而不能签订购买材料的合同。所以，无法确定要约人的意思表示就不能称得上是要约。

（2）要约必须有订立合同的意思表示。由于要约一经受要约人承诺，要约人即受该意思表示约束。因此，没有订立合同意图的意思表示不能是要约。例如，某承包商与某材料供应商聚会，交谈之中，材料供应商向承包商介绍了自己目前存有大量的建筑材料，并对该批材料的性能进行了详细的描述。这不能认为是要约，因为材料供应商并没有将这批材料出售给承包商的意图。所以，没有订立合同意图的意思表示也不能称得上是要约。

（3）要约必须向要约人希望与之订立合同的受要约人发出。要约只有发出，才能唤起受要约人的承诺。如果没有发出要约，无从知道要约的内容，自然也就无法作出承诺。

受要约人必须是要约人希望与之订立合同的人。可以是特定的人，也可以是不特定的人。例如，某投标人计划对某开发商的建设项目进行投标，但是在投递标书的时候却误将标书送给了另一个开发商。尽管要约已经发出，但是由于该受要约人不是要约人希望与之签订合同的受要约人，因此，该要约不发生法律效力。所以，受要约人错误的意思表示也不能称得上是要约。

（4）要约的内容必须具体明确。这是《合同法》对要约的明确规定。如果要约的内容不具体明确，受要约人就无法对之作出承诺。如果受要约人对之进行了补充修改而作出了承诺，就要认为受要约人对要约的内容进行了实质性变更，其承诺也就不能是承诺了。所以，要约的内容不明确的意思表示也不能称得上是要约，而仅能视为要约邀请。

2. 要约的生效

要约的生效是指要约开始发生法律效力，合同即告成立。《合同法》第十六条规定："要约到达受要约人时生效。"要约可以以书面形式作出，也可以以口头对话形式作出，而书面形式包括了信函、电报、传真、电子邮件等数据电文等可以有形地表现所载内容的形式。除法律明确规定外，要约人可以视具体情况自主选择要约的形式。

生效的情形具体可表现为以下几种。

（1）口头形式的要约自受要约人了解要约内容时发生效力。

（2）书面形式的要约自到达受要约人时发生效力。

（3）采用数据电子文件形式的要约，当收件人指定特定系统接收电文的，自该数据电文进入该特定系统的时间（视为到达时间），该要约发生效力；若收件人未指定特定系统接收电文的，自该数据电文进入收件人任何系统的首次时间（视为到达时间），该要约发生效力。

3. 要约的撤回与要约的撤销

要约的撤回是指在要约发生法律效力之前撤回要约的行为。《合同法》第十七条规定："要约可以撤回。撤回要约的通知应当在要约到达要约人之前或者与要约同时到达受要约人。"

要约的撤销是指在要约发生法律效力之后要约人使其不发生法律效力的意思表示。

要约的撤回与要约的撤销在本质上是一样的，都是否定了已经发出去的要约。其区别在于：要约的撤回发生在要约生效之前，而要约的撤销则是发生在要约生效之后。

4.3.2.3 承诺

承诺是受要约人完全同意要约的意思表示。承诺应当以通知的方式作出，但根据交易习惯或者要约表明可以通过行为作出承诺的除外。

1. 承诺的构成要件

（1）承诺必须由受要约人作出。作出承诺的可以是受要约人本人，也可以是其授权代理人。受要约人以外的任何第三人即使知道要约的内容并就此作出同意的意思表示，也不能认为是承诺。

（2）承诺须向要约人作出。承诺是对要约内容的同意，须由要约人作为合同一方当事人。因此，向要约人本人或其授权代理人作出，具有绝对的特定性；否则不为承诺。

（3）承诺的内容必须与要约的内容一致。若受要约人对要约的内容作实质性变更，则不为承诺，而视为新要约。实质性变更指包括合同标的、质量、数量、价款或酬金、履行期限、履行地点和方式、违约责任和争议解决办法等的变更。

若承诺对要约的内容作出非实质性变更的，除要约人及时表示反对或者要约表明承诺不得对要约的内容作出任何变更的以外该承诺有效，合同的内容以承诺的内容为准。

（4）承诺应在有效期内作出。若要约指定了有效期，则应在该有效期内作出承诺；若要约未指定有效期，则应在合理期限内作出承诺。

要约以信件或者电报作出的，承诺期限自信件载明的日期或者电报交发之日开始计算。信件未载明日期的，自投寄该信件的邮戳日期开始计算。要约以电话、传真等快速通信方式作出的，承诺期限自要约到达受要约人时开始计算。

2. 承诺的生效

《合同法》规定：承诺应当在要约确定的期限内到达要约人。承诺不需要通知的，根据交易习惯或者要约的要求作出承诺的行为时生效。采用数据电文形式订立合同的，收件人指定特定系统接收数据电文的，该数据电文进入该特定系统的时间视为到达时间；未指定特定系统的，该数据电文进入收件人的任何系统的首次时间视为到达时间。

3. 承诺的撤回

承诺的撤回是指承诺发出之后，生效之前，承诺人阻止承诺发生法律效力的行为。

《合同法》第二十七条规定："承诺可以撤回。撤回承诺的通知应当在承诺通知到达要约人之前或者与承诺通知同时到达要约人。"

需要注意的是，要约可以撤回，也可以撤销。但是承诺却只可以撤回，而不可以撤销。

4.3.3 合同的一般条款

《合同法》第十二条规定："合同的内容由当事人约定，一般包括以下条款：（一）当事人的名称或者姓名和住所；（二）标的；（三）数量；（四）质量；（五）价款或者报酬；（六）履行期限、地点和方式；（七）违约责任；（八）解决争议的方法。"

1. 当事人的名称或者姓名和住所

该条款主要反映合同当事人基本情况，明确合同主体。

确定名称的方法是：法人或其他组织应当以营业执照或者登记册上的名称为准，自然人应当以身份证载明的姓名为准。

确定住所的办法是：法人或者其他组织的主要办事机构所在地或者主要营业地为住所地，通过营业执照或者登记册上载明信息来判断其住所是较安全的办法；自然人的户口所在地为住所地，若其经常居住地与户口所在地不一致的，以其经常居住地作为住所地。确定住所对于合同义务的履行以及确定诉讼管辖具有重要意义。

2. 标的

标的是合同当事人权利义务指向的对象，是合同法律关系的客体。法律禁止的行为或者禁止流通物不得作为合同标的。

合同标的主要有财产、行为和工作成果。

（1）财产。财产包括有形财产和无形财产。所谓有形财产，是具有一定实物形态且具备价值及使用价值的客观实体，如货币、房产等。所谓无形财产，是不具实物形态但具备价值及使用价值的财产，如电力、著作权、发明专利权等。

（2）行为。行为是指以人的活动为表现形式的劳动或服务等，如受他人之托保管建筑材料的行为。

（3）工作成果。工作成果是通过工作获得的满足特定要求的结果。建设工程合同就是一种以特定工作成果即工程项目为标的的合同。

3. 数量

数量是以数字和计量单位来衡量合同标的的尺度，决定标的大小、多少、轻重；建设工程合同的数量条款应当注意遵守法定计量规则。

4. 质量

质量是标的内在质的规定性和外观形态的综合，包括标的内在的物理、化学、机械、生物等性质的规定性，以及性能、稳定性、能耗指标、工艺要求等。在建设工程合同中，质量条款是由多方面构成的，分布于合同的各个部分。例如，适用的标准或者规范要求、图纸标示或者描述、合同条款的界定等。

5. 价款或报酬

价款或报酬是指取得标的物或接受劳务的当事人所支付的对价。在以财产为标的的合同中，这一对价称为价款；在以劳务和工作成果为标的的合同中，这一对价称为酬金。在建设工程合同中，价款或者酬金的条款通常涉及金额、计价模式、计价规则、调价安排、支付安排等内容。

6. 履行期限、地点和方式

合同的履行期限是指享有权利的一方要求义务相对方履行义务的时间范围，是权利方要求义务方履行合同的依据，也是检验义务方是否按期履行或迟延履行的标准。在建设工程合同中，履行期限条款是指那些约定施工工期或者提交成果的条款。

合同履行地点是合同当事人履行和接受履行合同义务的地点。建设工程施工合同的主要履行地点条款内容相对容易确定，即项目所在地。

履行方式是指当事人采取什么办法来履行合同规定的义务。建设工程施工合同中有关施工组织设计的条款，即为履行方式条款。

7. 违约责任

违约责任是指违反合同义务应当承担的责任。违约责任条款设定的意义在于督促当事人自觉、适当地履行合同，保护非违约方的合法权利。但是，违约责任的承担不一定通过合同约定。即使合同中未约定违约条款，只要一方违约并造成他方损失，也应依法承担违约责任。

8. 解决争议的方法

解决争议的方法是指一旦发生纠纷，将以何种方式解决纠纷。合同当事人可以在合同中

扫一扫

扫一扫

约定争议解决方式。约定争议的解决方式，主要是在仲裁与诉讼之间作选择。和解与调解并非争议解决的必经阶段。

4.3.4　合同的履行

4.3.4.1　合同履行的原则

合同履行是指合同当事人双方依据合同条款的规定，实现各自享有的权利并承担各自负有的义务。合同的履行，就其实质来说，是合同当事人在合同生效后，全面地、适当地完成合同义务的行为。从合同关系消灭的角度看，债务人全面适当地履行合同且债权人实现了合同目的，导致合同关系消灭；合同履行是合同关系消灭的主要的、正常的原因。因此，合同履行又称"债的清偿"。

《合同法》第六十条规定："当事人应当按照约定全面履行自己的义务。当事人应当遵循诚实信用原则，根据合同的性质、目的和交易习惯履行通知、协助、保密等义务。"根据这条规定，合同当事人履行合同时应遵循以下原则：

（1）全面、适当履行的原则。全面、适当履行是指合同当事人按照合同约定全面履行自己的义务，包括履行义务的主体、标的、数量、质量、价款或者报酬以及履行的方式、地点、期限等，都应当按照合同的约定全面履行。

（2）诚实信用的原则。诚实信用的原则是我国《民法通则》的基本原则，也是《合同法》的一项十分重要的原则，它贯穿于合同的订立、履行、变更、终止等全过程。因此，当事人在订立合同时，要讲诚实、守信用，要善意，当事人双方要互相协作，合同才能圆满地履行。

（3）公平合理，促进合同履行的原则。合同当事人双方自订立合同起，直到合同的履行、变更、转让以及发生争议时对纠纷的解决，都应当依据公平合理的原则，按照《合同法》的规定，根据合同的性质、目的和交易习惯善意地履行通知、协助和保密等附随义务。

（4）当事人一方不得擅自变更合同的原则。合同依法成立，即具有法律约束力，因此，合同当事人任何一方均不得擅自变更合同。《合同法》在若干条款中根据不同的情况对合同的变更分别作了专门的规定。这些规定更加完善了我国的合同法律制度，并有利于促进我国社会主义市场经济的发展和保护合同当事人的合法权益。

4.3.4.2　合同条款空缺

1. 合同条款空缺的含义

合同条款空缺是指所签订的合同中约定的条款存在缺陷或者空白点，当事人无法按照所签订的合同履约的法律事实。当事人订立合同时，对合同条款的约定应当明确、具体，以便于合同履行。然而，由于某些当事人因合同法律知识的欠缺，对事物认识上的错误以及疏忽大意等原因，而出现欠缺某些条款或者条款约定不明确，致使合同难以履行，为了维护合同当事人的正当权益，法律规定允许当事人之间可以约定，采取措施，补救合同条款空缺的问题。

2. 解决合同条款空缺的原则

为了解决合同条款空缺的问题，《合同法》第六十一条给出了原则性规定："合同生效后，当事人就质量、价款或者报酬、履行地点等内容没有约定或者约定不明确的，可以协议补充，不能达成补充协议的，按照合同有关条款或者交易习惯确定。"

3. 解决合同条款空缺的具体规定

（1）适用于普通商品的具体规定。《合同法》第六十二条规定，"当事人就有关合同内容约定不明确，依照本法第六十一条的规定仍不能确定的，适用下列规定：（一）质量要求不明确的，按照国家标准、行业标准履行；没有国家标准、行业标准的，按照通常标准或者符合合同目的的特定标准履行。（二）价款或者报酬不明确的，按照订立合同时履行地的市场价格履行；依法应当执行政府定价或者政府指导价的，按照规定履行。（三）履行地点不明确，给付货币的，在接受货币一方所在地履行；交付不动产的，在不动产所在地履行；其他标的，在履行义务一方所在地履行。（四）履行期限不明确的，债务人可以随时履行，债权人也可以随时要求履行，但应当给对方必要的准备时间。（五）履行方式不明确的，按照有利于实现合同目的的方式履行。（六）履行费用的负担不明确的，由履行义务一方负担。"

（2）适用于政府定价或者政府指导价商品的具体规定。政府定价是指对于一些特殊的商品，政府不允许当事人根据供给和需求自行决定价格，而是由政府直接为该商品确定价格。政府指导价是指对于一些特殊的商品，政府不允许当事人根据供给和需求自行决定价格，而是由政府直接为该商品确定价格的浮动区间。政府定价或者政府指导价的商品由于其具有自身的特殊性，《合同法》作出了单独规定。《合同法》第六十三条规定："执行政府定价或者政府指导价的，在合同约定的交付期限内政府价格调整时，按照交付时的价格计价。逾期交付标的物的，遇价格上涨时，按照原价格执行；价格下降时，按照新价格执行。逾期提取标的物或者逾期付款的，遇价格上涨时，按照新价格执行；价格下降时，按照原价格执行。"

4.3.4.3 抗辩权

抗辩权是指在双务合同中，在符合法定条件时，当事人一方可以暂时拒绝对方当事人的履行要求的权利。其包括同时履行抗辩权、先履行抗辩权和不安抗辩权。双务合同是指当事人双方都有义务的合同。例如，施工承包合同就是双务合同，施工单位有义务要修建工程，建设单位有义务要支付工程款。只有一方有义务的合同称为单务合同，如赠与合同。抗辩权必须适用于双务合同。

双务合同中的抗辩权是对抗辩权人的一种保护措施，免除抗辩权人履行后得不到对方对应履行的风险；使对方当事人产生及时履行合同的压力；是重要的债权保障制度。行使抗辩权是正当的权利，而非违约，应受到法律保护，而不应当使行使抗辩权人承担违约责任等不利后果。

需要注意的是，抗辩权的行使只能暂时拒绝对方的履行请求，即中止履行，而不能消灭对方的履行请求权。一旦抗辩权事由消失，原抗辩权人仍应当履行其债务。

1. 同时履行抗辩权

同时履行是指合同订立后各自的义务的行为。在合同有效期限内，当事人双方不分先后地履行各自的义务的行为。同时履行抗辩权是指在没有规定履行顺序的双务合同中，当事人一方在另一方未为对方给付以前，有权拒绝先为给付的权利。《合同法》第六十六条规定："当事人互负债务，没有先后履行顺序的，应当同时履行。一方在对方履行之前有权拒绝其履行要求。一方在对方履行债务不符合约定时，有权拒绝其相应的履行要求。"

2. 异时履行抗辩权

异时履行是指合同已经明确约定双方当事人履行的先后顺序。此时，不论是先履行的一方，还是后履行的一方，都可以依法享有抗辩权。

（1）后履行一方的抗辩权。《合同法》第六十七条规定："当事人互负债务，有先后履行顺序，先履行一方未履行的，后履行一方有权拒绝其履行要求。先履行一方履行债务不符合约定的，后履行一方有权拒绝其相应的履行要求。"

（2）先履行一方的抗辩权——不安抗辩权。不安抗辩权是指具有先给付义务的一方当事人，当相对人财产明显减少或欠缺信用，不能保证对等给付时，有拒绝自己先行给付履约的权利。先履行的一方的这种抗辩权也称为拒绝权，这种履行拒绝则可称为中止履行。这是法律对先履行一方合法权益的有力保护。

《合同法》第六十九条规定："当事人依照本法第六十八条的规定中止履行的，应当及时通知对方。对方提供适当担保时，应当恢复履行。中止履行后，对方在合理期限内未恢复履行能力并且未提供适当担保的，中止履行的一方可以解除合同。"

4.3.4.4 合同的变更

合同的变更有广义与狭义的区分。

狭义的变更是指合同内容的某些变化，是在主体不变的前提下，在合同没有履行或没有完全履行前，由于一定的原因，由当事人对合同约定的权利义务进行局部调整。这种调整，通常表现为对合同某些条款的修改或补充。

广义的合同变更是指除包括合同内容的变更外，还包括合同主体的变更。即由新的主体取代原合同的某一主体。这实质上是合同的转让。所以，建设工程合同的变更只是狭义的合同变更。

建设工程合同的变更是通过工程签证单来加以确认的。工程签证，实际上就是工程承发包双方在施工过程中对支付各种费用、顺延工期、赔偿损失等事项达成的补充协议。经双方书面确认的工程签证，将成为工程结算或工程索赔的依据。《合同法》第七十七条规定："当事人协商一致，可以变更合同。"工程签证就是双方协商一致的结果，是对原合同进行变更的法律行为，具有与原合同同等的法律效力，并构成整个工程合同的组成部分。工程签证的范围、权限、程序等问题都应该在建设工程合同中加以确认。FIDIC 合同条款及我国住建部、国家工商总局颁发的《建设工程施工合同》示范文本中，对此都有相应的规定。

 案例分析二

某建设单位为提升楼盘车库品质，为销售创造有利条件，拟将地库水泥砂浆地坪调整为硬化剂地坪，因为水泥砂浆地坪易扬尘，耐久性不高。调整面积为 8000 m²，预估费用增加 80 万元，是原地坪费用的一倍。这个变更是建设单位提出的，需要由设计单位、施工单位、监理单位共同确认，增加的费用由建设单位予以补偿。由于投标清单没有类似子项，施工单位需要重新报价，建设单位再进行核价，并进行商务谈判，签订补充协议。

4.3.5 合同的违约责任

4.3.5.1 违约责任的含义

扫一扫

违约责任是指合同当事人不履行合同或者履行合同不符合约定而应承担的民事责任。违约责任源于违约行为。违约行为是指合同当事人不履行合同义务或者履行合同义务不符合约定条件的行为。根据不同标准，可将违约行为分为单方违约与双方违约、预期违约与实际违约两大类。

违约责任是财产责任。这种财产责任表现为支付违约金、定金、赔偿损失、继续履行、采取补救措施等。尽管违约责任含有制裁性，但是，违约责任的本质不在于对违约方的制裁，而在于对被违约方的补偿，更主要表现为补偿性。

4.3.5.2 违约责任的构成要件

违约责任的构成要件包括主观要件和客观要件。

主观要件是指作为合同当事人，在履行合同中不论其主观上是否有过错，主观上有无故意或过失，只要造成违约的事实，就应承担违约法律责任。

客观要件是指合同依法成立、生效后，合同当事人一方或者双方未按照法定或约定全面地履行应尽的义务，也即出现了客观的违约事实，即应承担违约的法律责任。

违约责任实行严格责任原则。严格责任原则是指有违约行为即构成违约责任，只有存在免责事由的时候才可以免除违约责任。

 案例分析三

某施工单位与建设单位签订了一份施工承包合同，合同中约定 2012 年 10 月 1 日竣工。2012 年 8 月 1 日，该地区发生了地震，使得在建的工程坍塌。导致施工单位没能按时交付工程。这种情况下，施工单位不能按时交付工程是不是违约呢？

分析：是违约。尽管发生地震不是施工单位的过错，但是由于这个施工单位没能够按照合同的约定按时交付工程，即客观上存在违约的事实，即构成违约。但由于这个违约行为是由于不可抗力所导致的，施工单位可以申请免除责任或者部分免除责任。免除其违约责任并不意味着它没有违约，因为只有首先确定为违约，确定为应该承担违约责任，才能谈到违约责任的免除的问题。

4.3.5.3 违约责任的一般承担方式

1. 继续履行

《合同法》第一百零七条规定："当事人一方不履行合同义务或者履行合同义务不符合约定的，应当承担继续履行，采取补救措施或者赔偿损失等违约责任。"

实际履行是指在某合同当事人违反合同后，非违约方有权要求其依照合同约定继续履行合同，也称强制实际履行。《合同法》第一百零九条规定："当事人一方未支付价款或者报酬的，对方可以要求其支付价款或者报酬。"这就是关于实际履行的法律规定。

继续履行必须建立在能够并应该实际履行的基础上。《合同法》第一百一十条规定：当事人一方不履行非金钱债务或者履行非金钱债务不符合约定的，对方可以要求履行。但有下列情形之一的除外：

(1) 法律上或者事实上不能履行。

(2) 债务的标的不适于强制履行或者履行费用过高。

(3) 债权人在合理期限内未要求履行。

2. 采取补救措施

违约方采取补救措施可以减少非违约方所受的损失。《合同法》第一百一十一条规定："质量不符合约定的，应当按照当事人的约定承担违约责任。对违约责任没有约定或者约定不明确，或不能确定的，受损害方根据标的的性质以及损失的大小，可以合理选择要求对方承担修理、更换、重作、退货、减少价款或者报酬等违约责任。"

3. 赔偿损失

根据《合同法》，当事人一方不履行合同义务或者履行合同义务不符合约定的，在履行义务或者采取补救措施后，对方还有其他损失的，应当赔偿损失。当事人一方不履行合同义务或者履行合同义务不符合约定，给对方造成损失的，损失赔偿额应当相当于因违约所造成的损失，包括合同履行后可以获得的利益，但不得超过违反合同一方订立合同时预见到或者应当预见到的因违反合同可能造成的损失。

4.3.5.4　违约金与定金

（1）违约金。违约金是指当事人在合同中或合同订立后约定因一方违约而应向另一方赔偿一定数额的金钱。违约金可分为约定违约金和法定违约金。违约金的根本属性是其制裁性，此外还具有补偿性。

《合同法》第一百一十四条规定："当事人可以约定一方违约时应当根据违约情况向对方支付一定数额的违约金，也可以约定因违约产生的损失赔偿额的计算方法。约定的违约金低于造成的损失的，当事人可以请求人民法院或者仲裁机构予以增加；约定的违约金过分高于造成的损失的，当事人可以请求人民法院或者仲裁机构予以适当减少。当事人就迟延履行约定违约金的，违约方支付违约金后，还应当履行债务。"

（2）定金。定金是合同当事人一方预先支付给对方的款项，其目的在于担保合同债权的实现。定金是债权担保的一种形式，定金实质是从债务。因此，合同当事人对定金的约定是一种从属于被担保债权所依附的合同的从合同。

《合同法》第一百一十五条规定："当事人可以依照《中华人民共和国担保法》约定一方向对方给付定金作为债权的担保。债务人履行债务后，定金应当抵作价款或者收回。给付定金的一方不履行约定的债务的，无权要求返还定金；收受定金的一方不履行约定的债务的，应当双倍返还定金。"

（3）违约金与定金的选择。违约金存在于主合同之中，定金存在于从合同之中。它们可能单独存在，也可能同时存在。《合同法》第一百一十六条规定："当事人既约定违约金，又约定定金的，一方违约时，对方可以选择适用违约金或者定金条款。"

案例分析四

A 建筑公司与 B 采石场签订了一份购买石料的合同，合同中约定了违约金的比例。为了确保合同的履行，双方还签订了定金合同。A 建筑公司交付了 5 万元定金。2018 年 4 月 5 日是合同中约定交货的日期，但是 B 采石场却没能按时交货。A 建筑公司要求其支付违约金并返还定金，但是 B 采石场认为如果 A 建筑公司选择使用了违约金条款，就不可以要求返还定金了。你认为 B 采石场的观点正确吗？

分析：不正确。

《合同法》第一百一十六条规定："当事人既约定违约金，又约定定金的，一方违约时，对方可以选择适用违约金或者定金条款。"B 采石场违约，A 建筑公司可以选择违约金条款，也可以选择定金条款。A 建筑公司虽然选择了违约金条款，并不意味着定金不可以收回。定金无法收回的情况仅仅发生在给付定金的一方不履行约定的债务的情况下。本案例中不存在这个前提条件，所以 A 建筑公司是可以收回定金的。

 知识要点提醒

(1) 合同订立条件：多个主体、经过要约与承诺、就主要条款达成一致（合意）。

(2) 在招投标过程中：招标公告是要约邀请，投标文件是要约，中标通知书是承诺。

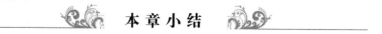

本 章 小 结

本章涉及的法律法规主要有建筑法、招标投标法、合同法，是建设工程核心法规部分，涉及的理论知识点很多，主要有建筑许可、工程发包承包、工程监理等方面的规定，以及合同法部分的合同法的原则、合同的订立、合同的一般条款、合同的履行、合同的变更及违约的责任，这些知识点都必须结合相关案例多多领会掌握，才能达到融会贯通的目的。

习 题

1. 单选题

(1) 建设单位应当自领取施工许可证之日起（　　）个月内开工。

A. 6　　　　　　B. 3　　　　　　C. 2　　　　　　D. 1

(2) 我国建筑业企业资质分为（　　）三个序列。

A. 工程总承包、施工总承包和专业承包

B. 工程总承包、专业分包和劳务分包

C. 施工总承包、专业分包和劳务分包

D. 施工总承包、专业承包和劳务分包

(3) 关于建筑工程的发包、承包发式，以下说法错误的是（　　）。

A. 建筑工程的发包方式分为招标发包和直接发包

B. 未经发包方同意且无合同约定，承包方不得对专业工程进行分包

C. 联合体各成员对承包合同的履行承担连带责任

D. 发包方有权将单位工程的地基与基础、主体结构、屋面等工程分别发包给符合资质的施工单位

(4) 按照《中华人民共和国招标投标法》的规定，必须采取公开招标的是（　　）。

A. 施工企业在其资质范围内的自建自用工程

B. 使用扶贫资金以工代赈使用农民工的工程

C. 施工主要采取特定的专利和专有技术工程

D. 经济适用房工程

(5) 甲乙两建筑公司组成一个联合体去投标，在共同投标协议中约定：如果施工过程中出现质量问题遭到建设单位索赔，各自承担索赔额的 50%。后来甲建筑公司施工部分出现了质量问题，被建设单位索赔 20 万元，下列说法正确的是（　　）。

A. 由于是甲公司导致的，建设单位只能向甲公司主张权利

B. 因为约定各自承担50%的责任，故乙公司只应承担 10 万元赔偿责任

C. 如果建设单位向乙公司主张权利，乙公司应当先对 20 万元索赔额承担责任

D. 只有甲公司无力承担责任，乙公司才应先承担全部责任

(6) 根据《工程建设项目施工招标投标办法》规定，在招标文件要求提交投标文件的截止时间前，投标人（　　）。

A. 可以补充修改或者撤回已经提交的投标的文件，并书面通知招标人

B. 不得补充、修改、替代或者撤回已经提交的投标文件

C. 须经过招标人的同意才可以补充、修改、替代已经提交的投标文件

D. 撤回已经提交的投标文件的，其投标保证金将被没收

(7) 按照建筑法及其相关规定，投标人之间（　　）不属于串通投标的行为。

A. 相互约定抬高或者降低投标报价

B. 约定在招标项目中分别以高、中、低价位报价

C. 相互探听对方投标标价

D. 先进行内部竞价，内定中标人后再参加投标

(8) 书面评标报告作出后，中标人应由（　　）确定。

A. 评标委员会　　　　　　　　B. 招标人

C. 招标代理机构　　　　　　　D. 招标投标管理机构

(9) 甲企业于 2 月 1 日向乙企业发出签订合同的信函。2 月 5 日乙企业收到了该信函，第二天又收到了通知该信函作废的传真，甲企业发出传真，通知信函作废的行为属于要约（　　）的行为。

A. 发出　　　　B. 撤回　　　　C. 撤销　　　　D. 变更

(10) 某建筑公司从本市租赁若干工程模板到外地施工，施工完毕后，因觉得模板运回来费用很高，建筑公司就擅自将该批模板处理了，后租赁公司同意将该批模板卖给该建筑公司，则建筑公司处理该批模板的行为（　　）。

A. 无效　　　　B. 有效　　　　C. 效力特定　　　D. 失效

(11) 某建筑公司向供货商采购某种国家定价的特种材料，合同签订时价格为 4000 元/t，约定 6 月 1 日运至某工地。后供货商迟迟不予交货，8 月下旬，国家调整该材料价格为 3400 元/t，供货商急忙交货。双方为结算价格发生争议，下列说法正确的是（　　）。

A. 应当按照合同约定的 4000 元/t 结算

B. 应当按照新价格 3400 元/t 结算

C. 应当按照新旧价格的平均值结算

D. 双方协商确定，协商不成的解除合同

(12) 根据《中华人民共和国合同法》规定，当事人对合同变更的内容约定不明确的，推定为（　　）。

A. 变更　　　　B. 重新协定　　　C. 原则上变更　　D. 未变更

2. 多选题

(1) 根据《建设工程施工许可管理办法》，下列工程项目无须申请施工许可证的是（　　）。

A. 北京故宫修缮工程　　　　B. 长江汛期抢险工程

C. 搭建工地上的工人宿舍　　D. 某私人投资工程

E. 部队导弹发射塔建筑工程

（2）某工程监理公司是施工项目的监理单位，其监理的依据包括（　　）。

A. 该项目施工单位与建设单位签订的施工承包合同

B. 《建设工程质量管理条例》

C. 《建设工程安全生产管理条例》

D. 该项目设计单位与建设单位签订的设计承包合同

E. 《工程建设标准强制性条文》

（3）在工程建设项目招标过程中，招标人可以在招标文件中要求投标人提交投标保证金。投标保证金可以是（　　）。

A. 银行保函　　　　　　　　B. 银行承兑汇票

C. 企业连带责任保证　　　　D. 现金

E. 实物

（4）下列属于投标人之间串通投标的行为是（　　）。

A. 招标人在开标前开启投标文件，并将投标情况告知其他投标人

B. 投标人相互约定，在招标项目中分别以高、中、低价位报价

C. 投标人在投标时，递交虚假业绩证明

D. 投标人与招标人约定，投标时压低标价，中标后再给投标人以额外补偿

E. 投标人先进行内部竞价，内定中标人，然后再参加投标

（5）施工单位由于重大误解，在订立买卖合同时将想购买的 A 型钢材误写为购买 B 型钢材，则施工单位（　　）。

A. 只能按购买 A 型钢材履行合同

B. 应按效力待定处理该合同

C. 可以要求变更为按购买 B 型钢材履行合同

D. 可以要求撤销该合同

E. 可以要求确认该合同无效

（6）根据《中华人民共和国合同法》的相关规定，下列施工合同履行过程中发生的情形，当事人可解除合同的有（　　）。

A. 发生泥石流将拟建工厂选址覆盖

B. 由于报价失误，施工单位在订立合同后表示无力履行

C. 建设单位延期支付工程款，经催告后同意提供担保

D. 施工单位施工组织不力，导致工程工期延误，使该项目已无投产价值

E. 施工单位未经建设单位同意，擅自更换了现场技术人员

（7）甲建设单位发包某大型工程项目，乙是总承包单位，丙是具有相应专业承包资质的施工单位，丁是具有劳务分包资质的施工单位。下列关于该项目发包、分包的说法中，正确的有（　　）。

A. 乙可以将专业工程分包给丙　　B. 丙可以将劳务作业分包给丁

C. 乙可以将劳务作业分包给丁　　D. 甲可以将专业工程发包给丙

E. 甲可以将劳务作业分包给丁

3. 思考题

(1) 试论述建筑法的立法目的。

(2) 强制监理的建设工程范围有哪些？与必须实行招投标的工程范围有哪些区别？

(3) 监理工作的特点、依据有哪些？

(4) 作为工程监理人员，如何处理好建设主要参与方，诸如业主、施工、设计、物资供应等各方面的关系，他们之间的关系有何法律约束？

4. 案例分析题

某工程，监理公司承担施工阶段监理任务，建设单位采用公开招标方式选定承包单位。在招标文件中对省内省外投标人提出了不同的资格要求，并规定 2018 年 10 月 30 日为投标截止时间。甲、乙等多家承包单位参加投标，乙承包单位 11 月 5 日提交投标保证金。11 月 3 日由招标办主持举办了开标会。但此次招标由于招标人原因导致招标失败。

建设单位重新招标后确定甲承包单位中标，并签订了施工合同。施工开始后，建设单位要求提前竣工，并与甲承包单位协商签订了书面协议，写明了甲承包单位为保证施工质量采取的措施和建设单位应支付的赶工费用。

施工过程中发生了混凝土工程质量事故。经调查组技术鉴定，认为是甲承包单位为赶工拆模过早，混凝土强度不足造成的。该事故未造成人员伤亡，但导致直接经济损失 48 万元。

质量事故发生后，建设单位以甲承包单位的行为与投标书中的承诺不符，不具备履约能力，又不可能保证提前竣工为由，提出终止合同。甲承包单位认为事故时因建设单位要求赶工引起，不同意终止合同。建设单位按合同约定提请仲裁，仲裁机构裁定终止合同，甲承包单位决定向具有管辖权的法院提起诉讼。

问题：

(1) 联系本章节所学内容及《中华人民共和国招标投标法》，指出该工程招投标中的不妥之处，并说明理由。招标人招标失败造成投标单位的损失是否应给予补偿？试说明理由。

(2) 联系质量管理相关法规，在事故调查前，总监理工程师应该做哪些工作？

(3) 上述质量事故的调查组应由谁组织？监理单位是否应参加调查组？说明理由。

(4) 试联系本案例，说明纠纷解决的几种办法各有哪些特点？

(5) 建设单位与甲承包单位所签订的协议是否与施工合同具有相同的法律效力？说明理由。具有管辖权的法院是否可依法受理甲承包单位的诉讼请求？为什么？

第5章

工程建设质量管理法律制度

教学目标

本章主要讲述工程建设质量管理的有关法律制度。通过本章的学习，应达到以下目标：

(1) 掌握建设工程质量的概念，了解质量体系认证的系列标准。

(2) 熟悉政府的各类监管制度及工程的保修制度。

(3) 理解工程建设各方的质量责任与义务、法律责任。

(4) 熟悉建筑业从业人员的质量责任与义务、法律责任。

教学要求

知识要点	能力要求	相关知识
质量体系认证	了解质量体系认证的标准	GB/T 19000—ISO 9000～ISO 9004
政府的监督管理	(1) 了解政府的监管职责； (2) 熟悉监督管理制度	(1) 勘察、设计、施工、监理的各类资质； (2) 五方责任主体的工作范围与工作内容； (3) 从业人员的执业要求
工程建设各方的质量责任与义务	(1) 了解工程建设各类资质； (2) 理解五方主体的质量责任与义务； (3) 熟悉从业人员的质量责任与义务	(1) 勘察、设计、施工、监理的各类资质； (2) 五方责任主体的工作范围与工作内容； (3) 从业人员的执业要求
工程质量保修与损害赔偿	理解保修书与保证金	(1) 保修范围、期限与保修责任； (2) 保证金的预留及返还规定

 基本概念

建设工程质量　五方责任主体、资质、执业人员　保修书、保证金　法律责任

 引例

2009年6月27日早晨5点30分，当大部分上海市民都还在睡梦中的时候，家住上海闵行区莲花南路、罗阳路附近的居民却被"轰"的一声巨响吵醒，伴随的还有一些震动。没多久，他们知道不是发生地震，而是附近的小区"莲花河畔景苑"中一栋13层的在建住宅楼倒塌了。倒塌住宅所在楼盘由上海众欣建设有限公司承建，开发商为上海梅都房地产开发有限公司。

经过专家组调查，认定事故的直接原因是：紧贴倒塌住宅楼7号楼北侧，在短时间内堆土过高，最高处达10 m；同时，紧邻7号楼南侧的地下车库基坑正在开挖，开挖深度达

4.6 m，大楼两侧的压力差使土体产生水平位移，过大的水平力超过了桩基的抗侧能力，导致房屋倾倒。间接原因主要有六个方面：一是土方堆放不当。在未对天然地基进行承载力计算的情况下，建设单位随意指定将开挖土方短时间内集中堆放于 7 号楼北侧。二是开挖基坑违反相关规定。土方开挖单位在未经监理方同意、未进行有效监测，不具备相应资质的情况下，没有按照相关技术要求开挖基坑。三是监理不到位。监理方对建设方、施工方的违法、违规行为未进行有效处置，对施工现场的事故隐患未及时报告。四是管理不到位。建设单位管理混乱，违章指挥，违法指定施工单位，压缩施工工期；总包单位未予以及时制止。五是安全措施不到位。施工方对基坑开挖及土方处置未采取专项防护措施。六是围护桩施工不规范。施工方未严格按照相关要求组织施工，施工速度快于规定的技术标准要求。

通过调查和责任认定，依据有关法律法规，共对 6 家单位进行处罚，6 人被刑事拘留，7 人被取保候审，时任闵行区副区长给予行政警告。建设单位梅都房地产开发有限公司、总包单位众欣建设有限公司对事故发生负有主要责任；土方开挖单位索途清运公司对事故发生负有直接责任；基坑围护及桩基工程施工单位胜腾基础公司对事故发生负有一定责任。依据相关法律法规规定，对上述单位分别给予经济罚款，其中对梅都房地产开发有限公司和众欣建设有限公司均处以法定最高限额罚款。对众欣建设有限公司建筑施工企业资质证书及安全生产许可证予以吊销。待事故善后处理工作完成后，吊销梅都房地产开发有限公司房地产开发企业资质证书。监理单位光启监理公司对事故发生负有重要责任，吊销其工程监理资质证书。工程监测单位协力勘察公司对事故发生负有一定责任，予以通报批评处理。

扫一扫

5.1 概 述

5.1.1 建设工程质量的概念

质量一般是指产品或工作的一组固有特性满足需要的程度。建设工程质量与此类似，通常简称工程质量，有狭义和广义之分。狭义的建设工程质量通常是指建设工程实体的质量，即指在国家现行的有关法律、法规、技术标准、设计文件和合同中，对工程安全、适用、经济、美观等特性的综合要求；主要反映在建设工程是否满足相关标准规定或合同约定的要求，包括其在安全、技术、使用功能及其在耐久性能、环境保护等方面所有明显能力和隐含能力的特性总和。广义的建设工程质量还包括工程建设参与者的服务质量和工作质量，主要反映在他们的服务水平与完善程度、工作态度、管理水平、工作效率等多个方面。

应该说，建设工程实体质量的好坏是决策、设计、勘察、设计、施工等各方面、各环节工作质量的综合反映。因此，影响建设工程质量的因素也是多方面的，主要可归结为人（man）、材料（material）、机械设备（machine）、方法（method）、环境（environment）五大类（简称 4M1E），也就是人们常说的"人机料法环"现场工作五大要素。要对建设工程进行全面的质量管理与控制，必须了解这些影响因素。本章仅从法规的角度分析建设工程质量的管理和控制。

 知识要点提醒

工程质量须符合法规的规定和合同的约定。

5.1.2 建设工程质量管理体系

我国有完整的建设工程质量管理体系，主要包括宏观管理和微观管理两个方面。宏观管理是国家对建设工程质量所进行的监督管理，它具体由建设行政主管部门及其授权机构实施，是外部的、纵向的控制；微观管理是指工程建设各方的质量管理和控制体系，主要包括两个方面：一是建筑业企业所建工程的质量管理，是内部的、自身的控制；二是建设单位对所建工程的质量进行监理，是外部的、横向的控制。

1. 政府的监督管理

政府对建设工程质量所进行的监督管理具体由建设行政主管部门和其授权机构实施，贯穿在工程建设的全过程和各个环节之中，它既对建设工程从计划、规划、土地管理、环保、消防等方面进行监督管理，又对工程建设的主体从资质认定和审查、成果质量检测、验证和奖惩等方面进行监督管理，还对工程建设中的各种活动如工程建设招投标、施工、验收、维修等进行监督管理。

政府监督管理的目的是维护社会公共利益，保证技术法规和标准的贯彻执行。住建部是国家建设工程质量监督工作的主管部门，各级建设工程质量监督站是建筑工程质量监督的实施机构。

2. 建筑业企业的质量管理

建筑业企业即工程建设任务的各类承包单位，如勘察单位、设计单位、施工单位，他们自己对所承担工作的质量管理属于内部的、自身的控制。

建筑业企业应按要求建立专门质检机构，配备相应的质检人员，建立相应的质量保证制度，如培训上岗制、审核校对制、质量抽检制、各级质量责任制和部门领导质量责任制等。

《建筑法》第五十三条规定："国家对从事建筑活动的单位推行质量体系认证制度。从事建筑活动的单位根据自愿原则可以向国务院产品质量监督管理部门或者国务院产品质量监督管理部门授权的部门认可的认证机构申请质量体系认证。经认证合格的，由认证机构颁发质量体系认证证书。"1992年，我国发布了等同采用国际标准的GB/T 9000系列标准，作为企业申请质量体系认证的推荐性国家标准，已成为衡量企业信誉和竞争力的重要指标之一。

3. 建设单位对所建工程的质量管理

建设单位对所建工程的管理主要是通过成立施工现场项目管理机构，派驻相关工作人员进行施工现场监督管理，包括委托社会监理机构对所建工程进行质量监理，其目的在于保证工程项目能够按合同规定的质量要求达到业主的建设意图，取得良好的投资效益。

5.1.3 建设工程质量管理法规立法现状

建设工程质量管理一直是国家建设工程管理的主要方面，1998年3月1日起正式实施的《中华人民共和国建筑法》中首次对建设工程质量管理作出了基本规定。2000年发布施行的《建设工程质量管理条例》作为《建筑法》的配套法规之一，对建设行为质量主体的有关责任和义务作出了十分明确的规定。除此之外，国务院建设行政主管部门及相应部门颁发的建设行政规章、管理办法及一般规范性文件都对建设工程质量管理有相关规定。重要的文件有：《建筑工程质量监督条例（试行）》（1983）、《房屋建筑工程质量管理办法》（2000）、《建设工程质量保证金管理暂行办法》（2005）、《建设工程勘察质量管理办法》

（2002）、《房屋建筑和市政基础设施工程竣工验收备案管理办法》（2009）、《建筑工程五方责任主体项目负责人质量终身责任追究暂行办法》（2014）等。

5.2　质量体系认证制度

5.2.1　质量体系认证的标准

1987 年 3 月，国际标准化组（ISO）正式发布 ISO 9000《质量管理和质量保证》系列标准，这是以标准化的形式提供通用的质量体系规范，现已被各国广泛采用。

1992 年，我国在总结国际成功经验的基础上，发布了等同采用国际标准的 GB/T 19000—ISO 9000《质量管理和质量保证》系列标准，同样也适用于建筑业企事业单位的质量管理工作。这些标准明确了企业质量管理工作的体系和基本工作程序，将产品的形成过程以"标准化、制度化和程序化"的形式进行规范，从而保证产品的稳定性。这是生产企业质量保证工作的依据，也可作为企业申请质量体系认证的认证标准。如产品供需双方同意，也可作为产品质量的认证标准。

GB/T 19000 系列标准是一套推荐性标准。编号中的"T"就是"推荐"一词的汉语拼音首字母。但是，如果供需双方或第三方一旦确定采用该套标准作为产品认证标准，那么就成为"强制性标准"，在合同约定范围内具有法律效力。

5.2.2　质量体系系列标准内容

1. GB/T 19000—ISO 9000《质量管理和质量保证——选择和使用指南》

该标准阐明了质量方针、质量体系、质量控制和质量保证等方面的主要质量术语及其相互关系，阐明了企业力求达到的质量目标及质量体系环境特点和质量体系标准的类型，规定了标准的应用范围、应用程序以及相应的证据文件应包含的内容等。

2. GB/T 19001—ISO 9001 至 GB/T 19003—ISO 9003（质量保证模式）

质量保证模式是为了满足供需双方考虑产品特性、保障能力等诸多因素的需求后选择的用以签订合同的质量保证要求，共有不同水平的三个标准可供选择：GB/T 19003—ISO 9003 是最终检验和试验的质量保证模式，GB/T 19002—ISO 9002 是生产和安装的质量保证模式，GB/T 19001—ISO 9001 是设计/开发、生产、安装和服务的质量保证模式。这些质量保证模式的要求是针对企业产品生产过程质量管理的要求，成为企业质量体系重要组成部分之一。通过实施这些工作，用户（需方）相信生产企业可以持续稳定地生产质量满足合同要求的产品。

3. GB/T 19004—ISO 9004《质量管理和质量体系要素——指南》

该标准是企业建立质量体系的指导标准。它在总结了不同行业、不同企业的基本要求后，提出了企业建立质量体系一般应包括的基本要素。该标准对基本质量要素的含义、目标、要素间的关系以及各项工作的内容、要求、方法、人员和所要求的文件、记录都有明确的规定。该标准从建立质量体系的组织机构、责任、程序和资源四个方面对人、技术、管理等诸多要素提出要求，明确企业质量体系的基本出发点是：应设计出有效的质量体系，以满足客户的需要和期望，并保护公司的利益。

5.2.3 质量体系标准的选择

依据上述标准系列的内容，我国的建筑业所涉及的设计、科研、房地产开发、市政、施工、试验、质量监督、建设监理等企事业单位，在建立内部质量管理体系时，应选择 GB/T 19004—ISO 9004《质量管理和质量体系要素——指南》建立企业质量体系，并根据用户的要求和企业产品的特点，选择不同的质量保证模式。例如，设计、科研、房地产开发、总承包（集体）公司可以选择 GB/T 19001—ISO 9001 标准，市政、施工（土建、安装机械化施工、建筑装饰）等企业可以选择 GB/T 19002—ISO 9002 标准，而试验、检验、监理等机构可以选择 GB/T 19003—ISO 9003 标准。

我国质量体系认证工作采取自愿原则，即国家鼓励企业参加质量体系认证以取得认证资格，但是建筑业企业是否申请体系认证，由企业自主决定。就目前来看，质量体系认证已成为现代企业质量管理的基本准则，企业只要具备规定的条件，通常都会积极地申请质量体系认证。

5.3 政府对建设工程质量的监督管理

5.3.1 建设工程责任主体的监督管理制度

建设工程质量责任主体是指工程建设、勘察、设计、施工、监理单位等参加工程建设的各方。政府对五方责任主体实行严格的监督管理制度，主要包括以下几方面。

1. 审查建设单位的能力

政府主要是对建设单位的项目运作能力进行审查，以确定其是否具备与发包工程项目相适应的技术、经济与管理能力，包括编制招标文件及组织开标、评标、定标的能力。

2. 监督管理

国家对勘察、设计、施工、监理四方责任主体实行资质等级认证、生产许可证和业务范围的监督管理。上述单位在承揽业务时，首先必须按规定取得相应资质证书后，方可从事其资质等级允许范围内业务活动，严禁越级。各级建设行政主管部门严格监督各单位的业务活动。

3. 从业人员资格管理

目前，国家对工程建设从业人员实行执业资格制度。从事建筑设计、结构设计、工程监理、工程造价等工作的工程技术人员，必须经过相应级别的考试获得资格证书并按规定注册后方可实际执业，从事资格对应范围内的工作。各级建设行政主管部门负责考试、注册及执业活动的监督管理工作。同时，对特种作业人员实行持证上岗制。

4. 实行质量终身责任追究制

2014 年 8 月，住建部印发《建筑工程五方责任主体项目负责人质量终身责任追究暂行办法》的通知。其中规定，建筑工程五方责任主体项目负责人是指承担建筑工程项目建设的建设单位项目负责人、勘察单位项目负责人、设计单位项目负责人、施工单位项目经理、监理单位总监理工程师。建筑工程五方责任主体项目负责人质量终身责任是指参与新建、扩建、改建的建筑工程项目负责人按照国家法律法规和有关规定，在工程设计使用年限内对工程质量承担相应责任。建筑工程开工建设前，建设、勘察、设计、施工、监理单位法定代表人应当签署授权书，明确本单位项目负责人。国务院住房城乡建设主管部门负责对全国建筑工程项目负责人质量终身责任追究工作进行指导和监督管理，各级建设主管部门负责对本行政区域内的建筑工程项目负责人质量终身责任追究工作实施监督管理。

5.3.2　建设工程质量的监督制度

建设行政主管部门或有关专业主管部门及其委托的工程质量监督机构，依据国家有关的法律法规和强制性标准，对建设工程进行质量监督与检查，以开工条件审批、竣工验收备案和事故报告等制度为主要监管手段。在履行监督检查职责时，参与工程建设的有关责任主体，应予积极配合。同时，为保证监督检查工作得以正常进行，法律赋予了监督检查人员必要的权力。各级建筑工程质量监督站承担建筑工程质量监督的具体工作。

 知识要点提醒

建设工程质量监督管理机构不是行政机关，而是具有独立法人资格的市场经营实体。

1. 开工条件审批

我国目前对建设工程开工条件的审批存在着颁发施工许可证和批准开工报告两种形式。多数工程是办理施工许可证，部分工程则是批准开工报告。

（1）建筑工程施工许可。建筑工程施工许可是指建设行政主管部门根据建设单位的申请，依法对建筑工程是否具备施工条件进行审查，符合条件者，准许开工并颁发施工许可证的一种制度。建设单位在工程开工前应当依照规定，向工程所在地的县级以上人民政府建设行政主管部门申请领取施工许可证。必须申请领取施工许可证的建筑工程未取得施工许可证的，一律不得开工。按规定在限额以下的小型工程和抢险救灾等法律规定不需办理施工许可证的，可以不必申领。

实施建筑施工许可的目的是通过对建筑工程施工所应具备的基本条件的审查，避免不具备条件的工程盲目开工，给相关当事人造成损失和社会财富的浪费，同时保证建筑工程开工后的顺利建设。施工许可证是建设单位和施工单位进行工程建设与施工的法律凭证，也是房屋权属登记的主要依据之一。按规定必须申领而没有申领施工许可证的建设项目均属违章建筑，不受法律保护。

（2）开工报告制度。开工报告制度是我国沿用已久的一种建设项目开工管理制度。按规定实行开工报告批准制度的建设工程，必须按国务院规定的权限和程序进行开工报告审批，不再领取施工许可证。这是政府主管部门的一种行政许可制度，由建设单位向政府建设行政主管部门申报，是国家对建设单位应具备的开工条件的审核，与施工单位在工程开工前提交给监理单位的开工报告有本质区别。

2. 工程质量监督手续

建设单位在领取施工许可证或者开工报告之前，应当按照国家有关规定，到建设行政主管部门或国务院铁路、交通、水利等有关部门或其委托的建设工程质量监督机构或专业工程质量监督机构办理工程质量监督手续，接受政府部门的工程质量监督管理。建设单位办理工程质量监督手续是国家法定程序，不办理监督手续的，县级以上人民政府建设行政主管部门和其他专业部门不发施工许可证，工程不得开工。

建设单位办理工程质量监督手续时应提供以下文件和资料：

（1）工程规划许可证。

（2）工程勘察设计文件。

（3）设计单位资质等级证书。

（4）中标通知书及施工承包合同等。

（5）施工单位资质等级证书及营业执照副本。

（6）监理单位资质等级证书，监理合同及《工程项目监理登记表》。

工程质量监督机构收到上述文件和资料后，进行审查，符合规定的，办理工程质量监督注册手续，签发监督通知书。

建设工程质量监督工作的主管部门，在国家层级为住建部，在地方层级为各级人民政府的建设主管部门，国务院铁路、交通、水利等有关部门负责有关专业建设工程项目的质量监督管理工作。各市、县建设工程质量监督站和国务院各部门所设的专业建设工程质量监督站为建设工程质量监督的实施机构，依法行使法定职责，包括对工程建设标准的贯彻执行情况、工程建设行为、工程地基基础等主要部位和涉及结构安全的关键部位、工程的竣工验收等诸多方面加以监督。

3. 竣工验收备案

《建设工程质量管理条例》规定，建设单位应当自建设工程竣工验收合格之日起15日内，将建设工程竣工验收报告和规划、公安消防、环保等部门出具的认可文件或者准许使用文件报建设行政主管部门或其他有关部门备案。建设行政主管部门或者其他有关部门发现建设单位在竣工验收过程中有违反国家有关建设工程质量管理规定行为的，责令停止使用，重新组织竣工验收。

《房屋建筑和市政基础设施工程竣工验收规定》第九条规定，建设单位应当自工程竣工验收合格之日起15日内，依照《房屋建筑和市政基础设施工程竣工验收备案管理办法》（住房和城乡建设部令第2号）的规定，向工程所在地的县级以上地方人民政府建设主管部门备案。建设单位在工程竣工验收合格之日起15日内未办理工程竣工验收备案的，备案机关责令限期改正，处20万元以上50万元以下罚款。

《房屋建筑和市政基础设施工程竣工验收备案管理办法》中规定，建设单位申请办理竣工验收备案应提交以下材料。

（1）工程竣工验收备案表。

（2）工程竣工验收报告。竣工验收报告应当包括工程报建日期，施工许可证号，施工图设计文件审查意见，勘察、设计、施工、工程监理等单位分别签署的质量合格文件及验收人员签署的竣工验收原始文件，市政基础设施的有关质量检测和功能性试验资料以及备案机关认为需要提供的有关资料。

（3）法律、行政法规规定应当由规划、环保等部门出具的认可文件或者准许使用文件。

（4）法律规定应当由公安消防部门出具的对大型的人员密集场所和其他特殊建设工程验收合格的证明文件。

（5）施工单位签署的工程质量保修书。

（6）法规、规章规定必须提供的其他文件。

商品住宅还应当提交《住宅质量保证书》和《住宅使用说明书》。

4. 质量事故报告制度

《建设工程质量管理条例》（以下简称《条例》）第五十二条规定："建设工程发生质量事故，有关单位应当在 24 小时内向当地建设行政主管部门和其他有关部门报告。对重大质量事故，事故发生地的建设行政主管部门和其他有关部门应按照事故类别和等级向当地人民政府和上级建设行政主管部门和其他有关部门报告。特别重大质量事故的调查程序按照国务院有关规定办理。"所谓重大质量事故，是指在工程建设过程中违反强制性技术标准及合同约定，达不到建设工程安全、寿命、功能等要求，并造成一定的经济损失或人身伤亡的事故。

此外，《条例》第五十三条规定，任何单位和个人对建设工程的质量事故、质量缺陷都有权检举、控告、投诉。这是为了更好地发挥群众监督和社会舆论监督的作用，来保证建设工程质量的一项有效的措施。另外，在《消费者权益保护法》中也规定了"消费者有权检举、报告侵害消费者权益的行为"。建设工程质量问题也同样适用此规定。

5.3.3　建设工程质量的检测制度

建设工程质量的检测制度是国家对建设工程质量进行监督管理的重要手段之一，是指工程质量检测机构（以下简称"检测机构"）接受委托，依据国家有关法律、法规和工程建设强制性标准，对涉及结构安全项目的抽样检测和对进入施工现场的建筑材料、构配件的见证取样检测。在《建设工程质量检测管理办法》中，对检测机构的资质、工作范围与职责权限等都作出了具体规定。

建筑工程质量监控和检测由政府考核合格的、具备相应专业资质的检测机构承担，是进行建设工程质量检测的法定单位，分为国家、省、市（地区）、县 4 级。机构接到检测委托后，依据国家有关法律、法规和工程建设强制性标准，对涉及结构安全项目的抽样检测和对进入施工现场的建筑材料、构配件的见证取样检测。所出具的检测报告具有法定效力，可作为工程竣工验收的资料。国家级检测机构出具的检测报告，在国内为最终裁定，在国外具有代表国家的性质。

国家级的建设工程质量监测机构主要负责重大建设工程质量的检测、重大工程质量事故处理及质量认证和仲裁检测工作，各省、自治区、直辖市的质量检测中心和各县级质量监测站主要承担本地区的检测工作，参加本地区工程质量事故的处理和仲裁检测工作。此外，还可参与本地区建筑新结构、新技术、新产品的科技成果鉴定工作。

 知识要点提醒

质量检测包括专项检测和见证取样检测。

5.3.4　建设工程质量的验评和奖励制度

1. 质量验评制度

我国沿用多年的建筑工程质量等级评比制度，在施行《建筑工程施工质量验收统一标准》（GB 50300—2013 于 2014 年 6 月 1 日起实施）后逐步被取消。国家对建筑工程不再进行"优良、合格、不合格"的等级评定，只设"合格"一个等级，并在竣工验收合格之后实行建设工程竣工验收备案。这使得该标准成为一个强制性标准，是建设工程必须完成的最低质量标准，也是施工单位必须达到的最低施工标准。国家实行建设工程竣工验收制度。竣工验收是全面检查和考核建设工程是否符合设计要求与工程质量的重要步骤。《中华人民共和国建筑法》第六十一条第二款规定，"建筑工程竣工经验收合格后，方可交付使用；未经验收或验收不合格的，不得交付使用。"

 知识要点提醒

工程验收包括工程实体的验收和工程资料的验收。验收既要遵守法律法规，也要符合国家标准。竣工验收备案由建设单位负责办理。

2. 质量奖励制度

为鼓励建筑业企业加强管理，搞好工程质量，争创国际先进水平，促进全行业工程质量的提高，我国实行优秀工程奖励制度，分别设立了优秀工程设计奖、优秀工程勘察奖，还定期进行工程设计计算机优秀软件、工程建设优秀标准设计的评选。另外，中国建筑业协会、土木工程协会等都设立有不同级别的奖项。其中，中国建设工程鲁班奖（国家优质工程）是我国工程建设领域规格最高，跨行业、跨专业的国家级荣誉奖励，也是我国工程建设质量方面的最高荣誉奖励，对获奖项目中特别优秀的授予国家优质工程金质奖荣誉。除此之外，各省、自治区、直辖市在本辖区范围内，大都有各自的工程质量评比奖项，以表彰本地区的优秀建设项目。

5.3.5 企业质量体系和产品质量的认证制度

建筑业也和其他行业一样，按国家规定推行企业质量体系认证制度和产品质量认证制度（关于企业质量体系认证制度在本章5.2节已有叙述）。关于产品质量认证制度，国家参照国际先进的产品标准和技术要求，对于重要的建筑材料、建筑构配件和设备，按照《中华人民共和国产品质量法》的规定推行产品质量认证制度。企业根据自愿原则可以向国务院产品质量监督部门认可的或者国务院产品质量监督部门授权的部门认可的认证机构申请产品质量认证。经认证合格的，由认证机构颁发产品质量认证证书，准许企业在产品或者其包装上使用产品质量认证标志。使用单位经检验发现认证的产品质量不合格的，有权向产品质量认证机构投诉。禁止伪造或者冒用认证标志等质量标志。

5.3.6 建材使用许可制度

为了保证建设工程中使用的建筑材料性能符合规定标准，从而确保建设工程质量，我国实行建材使用许可制度。其包括建材生产许可证制度、建材产品质量认证制度、建材产品推荐使用制度及建筑材料进场检验制度等。

1. 建材生产许可证制度

国家规定，对于一些十分重要的建材产品，如钢材、水泥等，实行生产许可证制。企业必须具备相应的生产条件、技术装备、技术人员和质量保证体系，经有关部门审核批准取得相应资质等级并获得生产许可证后，才能进行这些建材产品的生产。其生产销售的建材产品或产品包装上，除应标有产品质量检验合格证明外，还应标明生产许可证的编号、批准日期和有效日期。未获生产许可证的任何其他企业，都不得生产这类产品。

2. 建材产品质量认证制度

国家对重要的建筑材料、建筑构配件和设备，按照《中华人民共和国产品质量法》的规定推行产品质量认证制度。当企业销售已经过质量认证的建材产品，在产品或包装上除标有产品质量检验合格证明外，还应标明质量认证的编号、批准日期和有效日期。

3. 建材产品推荐使用制度

国家规定对尚未经过产品质量认证的建筑材料，各省、自治区、直辖市建设行政主管部门可以推荐使用。为此，各地都颁行了一些地方性规章，对建材产品质量认证和推荐做了相应规定。

4. 建筑材料进场检验制度

为保证建筑的结构安全及其质量可靠，建筑施工企业必须加强对进场的建筑材料、构配件及设备的质量检查、检测。各类建筑材料、构配件等都必须按规定进行检查或复试。质量不合格的建筑材料、构配件及设备，不得使用在工程上，并进一步规定，对进入施工现场的屋面防水材料，不仅要有出厂合格证，还必须有进场检（试）验报告。未经检验而直接使用了质量不符合要求的建筑材料、设备及构配件的施工企业将承担相应责任。

5.4　工程建设各方的质量责任与义务

《建设工程质量管理条例》对工程建设各方包括建设单位、勘察设计单位、施工单位以及监理单位等责任主体的质量责任和义务都作出了具体规定。工程建设所使用的材料、设备等应当符合《中华人民共和国产品质量法》的要求并满足工程使用条件，各类供应商均应对此承担相应的质量责任和义务。

2014 年 8 月，住房城乡建设部关于印发《建筑工程五方责任主体项目负责人质量终身责任追究暂行办法》（建质〔2014〕124 号），明文规定承担建筑工程项目建设的建设单位项目负责人、勘察单位项目负责人、设计单位项目负责人、施工单位项目经理、监理单位总监理工程师。建筑工程开工建设前，建设、勘察、设计、施工、监理单位法定代表人应当签署授权书，明确本单位项目负责人。参与新建、扩建、改建的建筑工程项目负责人按照国家法律法规和有关规定，在工程设计使用年限内对工程质量承担相应责任。实行书面承诺和竣工后永久性标牌等制度。

5.4.1　建设单位的质量责任与义务

建设单位作为建设工程的投资人，也是建设工程的重要责任主体。建设单位有权选择承包单位，有权对建设过程检查、控制，对工程进行验收，支付工程款和费用，在工程建设各个环节负责综合管理工作，在整个建设活动中居于主导地位。因此，要确保建设工程的质量，首先就要对建设单位的行为进行规范，对其质量责任与义务予以明确。

扫一扫

1. 依法发包

建设单位应当将工程发包给具有相应资质等级的单位。建设单位不得将建设工程肢解发包或者违法分包。建设工程发包单位不得迫使承包方以低于成本价格竞标，不得任意压缩合理工期。

建设单位应当依法对工程建设项目的勘察、设计、施工、监理以及与工程建设有关的重要设备、材料等的采购进行招标；同时必须向有关的勘察、设计、施工、工程监理等单位提供与建设工程有关的原始资料。原始资料必须真实、准确、齐全。

建设单位还应当依照《中华人民共和国招标投标法》等有关规定，对必须实行招标的工程项目进行招标，择优选定工程勘察、设计、施工、监理单位以及采购主要设备、材料等。

2. 依法履行合同

建设单位必须依法履行合同，不得对承包单位的建设活动进行不合理的干预。建设单位不得明示或暗示设计单位或者施工单位违反工程建设强制性标准，降低建设工程质量。按照合同约定，由建设单位采购建筑材料、建筑构配件和设备的，建设单位应当保证建筑材料、建筑构配件和设备符合设计文件与合同要求。建设单位不得明示或者暗示施工单位使用不合格的建筑材料、建筑构配件和设备。

3. 依法报审施工图

建设单位应当将施工图设计文件报县级以上人民政府建设行政主管部门或者其他有关部门审查。施工图设计文件审查的具体办法，由国务院建设行政主管部门会同国务院其他有关部门制定。施工图设计文件未经审查批准的，不得使用。

建立和实施施工图设计文件审查制度，是许多发达国家确保建设工程质量的成功做法。我国自1998年开始进行建筑工程项目施工图设计文件审查试点工作，在节约投资、发现设计质量隐患和避免违法违规行为等方面都有明显的成效。

4. 依法委托监理

实行监理的建设工程，建设单位应当委托具有相应资质等级的工程监理单位进行监理，也可以委托具有工程监理相应资质等级并与被监理工程的施工承包单位没有隶属关系或者其他利害关系的该工程的设计单位进行监理。建设单位与其委托的工程监理单位应当订立书面委托监理合同。

5. 办理质量监督手续

建设单位在领取施工许可证或者开工报告之前，应当按照国家有关规定，到建设行政主管部门或国务院铁路、交通、水利等有关部门或其委托的建设工程质量监督机构或专业工程质量监督机构办理工程质量监督手续，接受政府部门的工程质量监督管理。

6. 依法进行工程变更

涉及建筑主体和承重结构变动的装修工程，建设单位应当在施工前委托原设计单位或者具有相应资质等级的设计单位提出设计方案；没有设计方案的，不得施工。

7. 组织竣工验收

建设单位收到建设工程竣工报告后，应当组织设计、施工、工程监理等有关单位进行竣工验收。建设工程竣工验收应当具备下列条件：完成建设工程设计和合同约定的各项内容，有完整的技术档案和施工管理资料，有工程使用的主要建筑材料、建筑构配件和设备的进场试验报告，有勘察、设计、施工、工程监理等单位分别签署的质量合格文件，有施工单位签署的工程保修书。

建设工程经验收合格的，方可交付使用。

8. 归档工程资料

建设单位应当严格按照国家有关档案管理的规定，及时收集、整理建设项目各环节的文件资料，建立健全建设项目档案，并在建设工程竣工验收后，及时向建设行政主管部门或者其他有关部门移交建设项目档案。凡工程建设项目档案不全的，应当限期补充。

停建、缓建建设项目的档案，暂由建设单位保管。对改建、扩建和重要部位维修工程，建设单位应当组织设计、施工单位据实修改、补充和完善原工程建设项目档案。凡建设工程结构和平面布置等改变的，应当重新编制建设项目档案，并在工程项目竣工后 3 个月内向城市建设档案馆移交。

5.4.2　工程勘察设计单位的质量责任与义务

在工程建设中，勘察单位的主要任务是对工程所在位置的地质条件、水文条件，以及环境、交通运输、资源量等进行调查，设计单位的主要任务是在勘察的基础上做设计图纸，包括方案设计、初步设计、施工图设计以及相关的工艺设计等。勘察设计单位必须依法依律完成合同约定范围内的工作，并承担相应的质量责任与义务。

1. 共同的质量责任与义务

（1）按资质等级依法承揽工程的勘察、设计业务。从事建设工程勘察设计的单位应当依法取得相应等级的资质证书，并在其资质等级许可的范围内承揽工程。禁止勘察设计单位超越其资质等级许可的范围或者以其他勘察设计单位的名义承揽工程。禁止勘察设计单位允许其他单位或者个人以本单位的名义承揽工程。勘察设计单位不得转包或者违法分包所承揽的工程。

《建筑法》第十三条对工程资质也有专门规定，即"从事建筑活动的建筑施工企业、勘察单位、设计单位和工程监理单位，按照其拥有的注册资本、专业技术人员、技术装备和已完成的建筑工程业绩等资质条件，划分为不同的资质等级，经资质审查合格，取得相应等级的资质证书后，方可在其资质等级许可的范围内从事建筑活动"。勘察设计单位的资质等级反映了勘察设计单位从事某项勘察设计工作的资格和能力，是国家对勘察设计市场准入管理的重要手段。

（2）严格执行强制性标准。《建设工程质量管理条例》第十九条第一款规定："勘察、设计单位必须按照工程建设强制性标准进行勘察、设计，并对其勘察、设计的质量负责。"《建筑法》第五十六条也有规定："建筑工程的勘察、设计单位必须对其勘察、设计的质量负责。勘察、设计文件应当符合有关法律、行政法规的规定和建筑工程质量、安全标准、建筑工程勘察、设计技术规范以及合同的约定。"强制性标准是工程建设技术和经验的积累，是勘察、设计的依据。只有满足工程建设强制性标准才有可能保证质量，才有可能满足工程对安全、卫生、环保等多方面的质量要求，因而必须严格执行。

2. 勘察单位的质量责任与义务

工程勘察工作是建设工程的基础工作，工程勘察成果文件是设计和施工的基础资料与重要依据，对设计和施工的安全性与经济性有直接的影响，因此，勘察单位提供的地质、测量、水文等勘察成果必须真实、准确。

3. 设计单位的质量责任与义务

（1）依据勘察成果进行设计。设计单位应当根据勘察成果文件进行建设工程设计。设计文件应当符合国家规定的设计深度要求，注明工程合理使用年限。

（2）所选建筑材料、构配件和设备符合质量要求。材料设计单位在设计文件中选用的建筑材料、建筑构配件和设备，应当注明其规格、型号、性能等技术指标，其质量要求必须符合国家规定的标准。除有特殊要求的建筑材料、专用设备、工艺生产线等外，设计单位不得指定生产厂、供应商。

（3）进行技术交底。设计单位应当就审查合格的施工图设计文件向施工单位作出详细的说明。也就是通常所说的设计文件的技术交底。一般在建设单位主持下，由设计单位向各施工单位进行的技术性交底，详细说明设计意图、特殊的工艺要求，以及建筑、结构、设备等各专业在施工过程中的难点、疑点和容易发生的问题等关键事项，并负责解释相关单位对设计图纸的疑问。在设计技术交底会上所确定的有关技术问题、处理办法等，均应进行详细记录，并经与会各方有关负责人签字、设计单位盖章后，在施工图中执行。设计交底文件与施工图具有同等效力。

（4）参与工程质量事故处理。工程中发生的质量事故的原因是多方面的，为了能够深入分析事故原因，设计单位应当参与建设工程质量事故分析，并对因设计造成的质量事故提出相应的技术处理方案。

4. 注册执业人员的质量责任与义务

《建设工程质量管理条例》规定：注册建筑师、注册结构工程师等注册执业人员应当在设计文件上签字，对设计文件负责。

我国目前对勘察设计行业已实行了建筑师和结构工程师的个人执业注册制度，并规定注册建筑师、注册结构工程师必须在规定的执业范围内对本人负责的建筑工程设计文件，实施签字盖章制度。也就是说，设计文件必须由这些具备相应法定资格的执业人员签字盖章才能生效。注册执业人员作为勘察设计单位的技术支撑力量，也是勘察设计质量的责任主体之一，应当和企业共同承担勘察设计质量的责任与义务。

5.4.3 施工单位的质量责任与义务

在工程建设中，工程实体是由施工单位的各类活动直接形成的。施工单位的能力和行为对建设工程质量起到了直接性的作用，因此成为建设市场的重要责任主体之一。施工单位是否有能力承担某一工程，可以用其资质等级来衡量，但要保证所承包工程的施工质量符合要求，还需要进行多方面的管控。因此，施工单位的质量责任与义务在工程建设质量管理中显得尤为重要。

5.4.3.1 按资质等级承揽业务

施工单位应当依法取得相应等级的资质证书，并在其资质等级许可的范围内承揽工程。禁止施工单位超越本单位资质等级许可的业务范围或者以其他施工单位的名义承揽工程。施工企业的资质分施工总承包、专业承包、劳务分包三个资质序列，分别按照工程性质和技术特点划分为若干资质类别，各资质类别又按照规定的条件划分为若干资质等级。这是国家对建设市场准入管理的重要手段。施工企业必须严格在其资质等级许可的经营范围内从事施工活动。

禁止施工单位允许其他单位或者个人以本单位的名义承揽工程。施工单位不得转包或者违法分包工程。《建筑法》和《合同法》都明令禁止承包单位将其承包的全部工程转包给他人，同时也禁止承包单位将其承包的工程肢解以后，以分包的名义分别转包给他人。

5.4.3.2 施工总承包单位对工程质量总负责

施工单位对建筑工程的施工质量负责。施工单位应当建立质量责任制，确定工程项目的项目经理、技术负责人和施工管理负责人。施工单位应在其质量体系正常、有效运行的前提下，保证工程施工的全过程和工程的实物质量符合设计文件与相应技术标准的要求。

工程建设施工是根据合同约定和工程的设计文件以及相应的技术标准的要求，通过各种技术作业，最终形成建设工程实体的活动。在工程勘察、设计的质量没有问题的前提下，整个建设工程的质量状况最终取决于施工质量。应当建立并落实质量责任制，主要包括制订质量目标计划，建立考核标准，并层层分解落实到具体的责任单位和责任人，赋予相应的质量责任和权力，做到事事有人管，人人有职责，保证工程的施工质量具有可追溯性。

建筑工程实行总承包的，总承包单位应当对全部建设工程质量负责；建设工程勘察、设计、施工、设备采购的一项或者多项实行总承包的，总承包单位应当对其承包的建设工程或者采购的设备的质量负责。总承包单位依法将建设工程分包给其他单位的，分包单位应当按照分包合同的约定对其分包工程的质量向总承包单位负责，总承包单位与分包单位对分包工程的质量承担连带责任。也就是说，当所建工程出现问题时，不管是由总包单位造成的还是由分包单位造成的，通常由总承包单位负全面质量及经济责任。在总承包单位承担责任后，总承包单位可以依法及工程分包合同的相关约定向分包单位追偿。分包工程的责任承担，由总承包单位和他包单位承担连带责任。

5.4.3.3 按设计文件和相关标准施工

施工单位必须按照工程设计图纸和施工技术标准施工，不得擅自修改工程设计，不得偷工减料。施工单位在施工过程中发现设计文件和图纸有差错的，应当及时提出意见和建议。《建筑法》第五十八条也有规定："工程设计的修改由原设计单位负责，建筑施工企业不得擅自修改工程设计。"

根据住建部《工程建设国家标准管理办法》规定，国家标准分为强制性标准和推荐性标准。施工单位必须按现行规定的施工技术标准（特别是强制性标准）的要求组织施工，杜绝偷工减料，才能保证所建工程的施工质量。

5.4.3.4 建立检验制度

施工单位应当结合自身实际情况，建立健全各类检验制度，主要包括以下两方面的内容。

1. 各类材料必须自检并按要求进行复检

施工单位必须按照工程设计要求、施工技术标准和合同约定，对建筑材料、建筑构配件、设备和商品混凝土（包括建设单位提供的各类材料）进行检验，检验应当有书面记录和专人签字；未经检验或者检验不合格的，不得使用。

复检是依据有关技术标准，对用于所建工程的材料或构件抽取一定数量的样品，用特定的方法进行试验或检测，并根据结果来判断其所代表部位的质量。施工人员对涉及结构安全的试块、试件以及有关材料，应当在建设单位或者工程监理单位监督下现场取样，并送具有相应资质等级的质量检测单位进行检测。

《建设工程质量管理条例》第三十一条规定：施工人员对涉及结构安全的试块、试件以及有关材料，应当在建设单位或者工程监理单位监督下现场取样，并送具有相应资质等级的质量检测单位进行检测。

《房屋建筑工程和市政基础设施工程实行见证取样和送检的规定》中见证取样和送检是在建设单位或监理单位人员的见证下，由施工单位的现场试验人员对工程中涉及结构安全的试块、试件和材料在现场取样，并送至经过省级以上建设行政主管部门对其资质认可和质量技术监督部门对其计量认证的质量检测单位进行检测。

（1）涉及结构安全的试块、试件和材料见证取样与送检的比例不得低于有关技术标准中规定应取样数量的30%。

（2）下列试块、试件和材料必须实施见证取样与送检。

1）用于承重结构的混凝土试块。

2）用于承重墙体的砌筑砂浆试块。

3）用于承重结构的钢筋及连接接头试件。

4）用于承重墙的砖和混凝土小型砌块。

5）用于拌制混凝土和砌筑砂浆的水泥。

6）用于承重结构的混凝土中使用的掺加剂。

7）地下、屋面、厕浴间使用的防水材料。

8）国家规定必须实行见证取样和送检的其他试块、试件和材料。

2. 施工质量的检验制度

施工单位必须建立健全施工质量的检验制度，严格工序管理，做好隐蔽工程的质量检查和记录。隐蔽工程在隐蔽以前，施工单位应当通知建设单位和建设工程质量监督机构。

施工质量检验通常是指工程施工过程中工序质量检验，或称为过程检验，特别是隐蔽工程的质量检验尤为重要。工程建设施工在大多数情况下具有不可逆转性。隐蔽工程被后续工序隐蔽后，其施工质量就很难检验及认定。如果隐蔽工程质量检查工作没有做好，就容易给工程留下隐患。所以隐蔽工程在隐蔽前，施工单位除了要做好检查、检验并做好记录之外，还要及时通知建设单位或监理单位以及相关的质量监督机构，以接受政府监督并向建设单位提供质量保证。

5.4.4 工程建设监理单位的质量责任与义务

工程监理是一种有偿技术服务。工程监理单位接受建设单位委托，是代表建设单位对所建工程进行管理，因此，也是工程建设的责任主体之一。除了《建设工程质量管理条例》之外，由住建部批准实行的《建设工程监理规范》对监理单位的工作进行了详细的规定。工程监理单位应据此规范自己的监理行为，努力提高监理工作质量。

1. 按资质等级依法承揽业务

工程监理单位应当依法取得相应等级的资质证书，并在其资质等级许可的范围内承担工程监理业务。资质等级反映了监理单位从事某项监理业务的资格和能力，是国家对工程监理市场准入管理的重要手段。禁止工程监理单位超越本单位资质等级许可的范围或者以其他工程监理单位的名义承担工程监理业务。禁止工程监理单位允许其他单位或者个人以本单位的名义承担工程监理业务。工程监理单位不得转让工程监理业务。

2. 独立监理

工程监理单位与被监理工程的施工承包单位以及建筑材料、建筑构配件和设备供应单位有隶属关系或者其他利害关系的，不得承担该项建设工程的监理业务。

工程监理单位接受建设单位委托，对施工任务的相关承担方（施工承包单位以及建筑材料、建筑构配件和设备供应单位等）及各项工作进行监督、检查与管理。监理单位和任务承担方之间是监督与被监督的关系。因此，为保证监理工作的独立性、客观性和公正性，若监理单位与任务承担方有隶属关系或者其他利害关系（如行政上下级关系、参股或联营等明显的经济或其他利益关系）时，应当自行回避；在接受委托后发现这一情况时，应当依法解除委托关系。

目前，我国的工程监理主要是对工程的施工过程进行监督，而该工程的设计人员对设计意图的理解程度更深，对所设计工程的结构、设备等在施工中可能发生的问题也比较清楚，因此，若由具有监理资质的设计单位对自身所设计的工程进行监理，则对保证工程质量是十分有利的。但是，设计单位与工程施工任务的相关承担方之间应当保持相互独立性，不得有隶属关系，也不得存在可能直接影响设计单位实施监督公正性的其他利害关系。

3. 依法监理

工程监理单位应当依照法律、法规以及有关技术标准、设计文件和建设工程承包合同，代表建设单位对施工质量实施监理，并对施工质量承担监理责任。如果监理单位在责任期内，不按照监理合同约定履行监理职责，给建设单位或其他单位造成损失的，属违约责任，应当向建设单位赔偿。若出现违法行为，必须承担相应的法律责任。

4. 职责和权限

工程监理单位应当选派具备相应资格的总监理工程师和监理工程师进驻施工现场。未经监理工程师签字，建筑材料、建筑构配件和设备不得在工程上使用或者安装，施工单位不得进行下一道工序的施工。未经总监理工程师签字，建设单位不拨付工程款，不进行竣工验收。

国家规定监理工程师必须持证上岗，只有按照国家规定依法取得相应执业资格的监理工程师才能从事工程监理工作。监理工程师代表业主和建设单位拥有对建筑材料、建筑构配件和设备以及每道施工工序的检查权。在施工过程中，监理工程师对工序、建筑材料、构配件和设备进行检查、检验，根据检查、检验的结果来确定是否允许建筑材料、构配件、设备在工程上使用；对每道施工工序的作业成果进行检查，并根据检查结构决定是否允许进行下一道工序的施工，对于不符合规范和质量标准的工序、分部分项工程，有权要求施工单位停工整改、返工。这就从施工过程的各个环节起到了把关的作用。在《建设工程监理规范》中就检查和返工、隐蔽及中间验收、重新检验等做了具体规定。

工程监理实行总监理工程师负责制。总监理工程师享有合同赋予监理单位的全部权利，全面负责受委托的监理工作。总监理工程师在授权范围内发布有关指令，签认所监理的工程项目有关款项的支付凭证。没有总监理工程师签字，建设单位不向施工单位拨付工程款，没有总监理工程师签字，建设单位也不组织进行竣工验收。总监理工程师有权建议撤销不合格的工程建设分包单位和项目负责人及有关人员。

5. 监理形式

监理工程师应当按照工程监理规范的要求，采取旁站、巡视和平行检验等形式，对建设工程实施监理。

所谓旁站监理，是指对工程中有关地基和结构安全的关键工序与关键施工过程，实施全程连续不断监督检查或检验的监理活动，有时甚至要连续跟班监理。所谓巡视，主要是强调除了关键点的质量控制外，还应当对整个施工现场进行面上的巡查监理。所谓平行检验，主要是强调监理单位对施工单位已经自检的工程应及时进行检验。对于关键性、较大体量的工程事物，采取分段后平行检验的方式，有利于及时发现问题，及时采取措施予以纠正。

5.4.5 材料、设备供应单位的质量责任与义务

建筑材料、构配件生产及设备供应单位必须遵照《中华人民共和国产品质量法》的要求，建立健全内部产品质量管理制度，具备相应的生产条件、技术装备和质量保证体系，具备必要的检测人员和相关设备，严格实施岗位质量规范、质量责任以及相应的考核办法，并应把好产品看样、订货、储备、运输和核验的质量关，其供应的建筑材料、构配件生产及设备应符合国家及行业现行有关技术标准和设计要求，并应符合以产品说明、实物样品等方式表明的质量状况。其产品或其包装上的标识则应符合下述要求。

（1）有产品质量验收合格证明。

（2）有中文标明的产品名称、生产厂家的厂名、厂址。

（3）产品包装和商标样式符合国家有关规定与标准要求。

（4）设备有详细的产品使用说明书，电器设备应有线路图。

（5）获得生产许可证或使用产品质量认证标志的产品，应有生产许可证或质量认证的编号、批准日期和有效期限。

建筑材料、构配件生产及设备的供需双方均应签订购销合同，并按合同条款进行质量验收。建筑材料、构配件生产及设备供应单位对其生产或供应的产品质量负责。重要的建材如钢材、水泥、商品混凝土等，生产单位应依法取得相应的生产许可证或相应的资质证书后才能生产和向施工单位提供这类建材。否则，不得生产这类建材，或者提供的产品视为不合格产品。

5.5 建设工程质量保修与损害赔偿

建设工程质量保修与损害赔偿是指工程竣工验收合格、交付使用后，在规定的保修期限内发现质量缺陷，由施工单位负责维修、返工或更换，由相关责任单位赔偿损失的法律制度。保修的期限应当按照保证建筑物合理寿命年限内正常使用、维护使用者合法权益的原则确定。《建设工程质量管理条例》对建设工程竣工后的质量保修设专章加以规定，是国家维护建设工程使用者合法权益的一项重要措施，这在《建筑法》中也有重要规定。健全、完善的建设工程质量保修与损害赔偿制度，对于促进承包方加强质量管理，保护用户及消费者的合法权益可起到重要的保障作用。

5.5.1 建设工程质量保修书

建设工程实行质量保修制度。建设工程承包单位在向建设单位提交工程竣工验收报告时，应当向建设单位出具质量保修书。质量保修书中应当明确建设工程的保修范围、保修期限和保修责任等。

《建设工程质量保修书》是一项保修合同，是承包合同所约定双方权利义务的延续，是施工企业对竣工验收的建设工程承担保修责任的法律文本。建设工程质量保修书的实施是建设工程质量责任完善的体现，是落实竣工后质量责任的有效措施。

1. 保修范围

按《建筑法》第六十二条规定，建筑工程的保修范围应当包括地基基础工程、主体结

构工程、屋面防水工程和其他土建工程，以及电气管线，上下水管线的安装工程，供热、供冷系统等项目。当然，不同类型的建设工程，其保修范围也有所不同，具体应按照合同约定的范围进行保修。

2. 保修期限

《建筑法》规定，保修期限应当按照保证建筑物合理寿命年限内正常使用，维护使用者合法权益的原则确定。《建设工程质量管理条例》在第四十条中对此作出了具体规定，见表 5-1。

表 5-1　房屋建筑工程最低保修期限

工　程　项　目	最低保修期限
地基基础工程、主体结构工程	设计文件规定的合理使用年限
屋面防水工程、有防水要求的卫生间、房间和外墙面的防渗漏	5 年
供热与供冷系统	2 个采暖期、供冷期
电气管线、给排水管道、设备安装和装修工程	2 年
其他项目	发包方和承包方约定

 小思考

合上书，你还记得法律规定的建设工程的最低保修期限吗？

3. 保修责任

保修责任是指建设工程承包单位向建设单位承诺保修范围、保修期限和有关具体实施保修的有关规定与措施，如保修的方法、人员和联络办法，答复和处理的时限，不履行保修责任的罚则，等等。《最高人民法院关于审理建设工程施工合同纠纷案件适用法律问题的解释》规定，因保修人未及时履行保修义务，导致建筑物损毁或者造成人身、财产损害的，保修人应当承担赔偿责任。保修人与建筑物所有人或者发包人对建筑物损害均有过错的，也应承担相应的赔偿责任。对于涉及国计民生的公共建筑，特别是住宅工程的质量保修，《城市房地产开发经营管理条例》第四章第三十条规定，"房地产开发企业应当在商品房交付使用时，向购买人提供住宅质量保证书和住宅使用说明书。住宅质量保证书应当列明工程质量监督单位核验的质量等级、保修范围、保修期和保修单位等内容。房地产开发企业应当按照住宅质量保证书的约定，承担商品房保修责任。保修期内，因房地产开发企业对商品房进行维修，致使房屋原使用功能受到影响，给购买人造成损失的，应当依法承担赔偿责任。"

5.5.2　建设工程质量保证金

2017 年 6 月，住建部、财政部联合颁布了《建设工程质量保证金管理办法》。

建设工程质量保证金是指发包人与承包人在建设工程承包合同中约定，从应付的工程款中预留，用以保证承包人在缺陷责任期内对建设工程出现的缺陷进行维修的资金。这成为进一步规范质量保修制度的经济保障措施。但如果所建工程已采用工程质量保证担保、工程质量保险等其他保证方式的，发包人不得再预留保证金。

所谓缺陷，是指建设工程质量不符合工程建设强制性标准、设计文件以及承包合同的约定。缺陷责任期从工程通过竣（交）工验收之日起计，一般为 6 个月、12 个月或 24 个月，具体可由发承包双方在合同中约定。

发包人应按照合同约定方式预留保证金，保证金总预留比例不得高于工程价款结算总额的3%。合同约定由承包人以银行保函替代预留保证金的，保函金额不得高于工程价款结算总额的3%。

缺陷责任期从工程通过竣工验收之日起计。由于承包人原因导致工程无法按规定期限进行竣工验收的，缺陷责任期从实际通过竣工验收之日起计。由于发包人原因导致工程无法按规定期限进行竣工验收的，在承包人提交竣工验收报告90天后，工程自动进入缺陷责任期。

缺陷责任期内，由承包人原因造成的缺陷，承包人应负责维修，并承担鉴定及维修费用。如承包人不维修也不承担费用，发包人可按合同约定从保证金或银行保函中扣除，费用超出保证金额的，发包人可按合同约定向承包人进行索赔。承包人维修并承担相应费用后，不免除对工程的损失赔偿责任。

由他人原因造成的缺陷，发包人负责组织维修，承包人不承担费用，且发包人不得从保证金中扣除费用。

缺陷责任期内，承包人认真履行合同约定的责任，到期后，承包人向发包人申请返还保证金。

5.6 法 律 责 任

法律责任是由特定法律事实所引起的对损害予以补偿、强制履行或接受惩罚的特殊义务。工程建设五方责任主体必须遵照国家现行的各类法律法规条例开展各项工作，建设行政主管部门作为上级部门依法依律执行相应的监督管理程序。任何单位和个人有违反相关法律规定的各类行为，必须承担相应的行政处罚、行政处分或行政措施。建设单位、勘察设计单位、施工单位、工程监理单位违反国家规定，降低工程质量标准，造成重大安全事故，构成犯罪的，对直接责任人员依法追究刑事责任。

5.6.1 建设单位的法律责任

1. 违法发包

建设单位将建设工程发包给不具有相应资质等级的勘察、设计、施工单位，或者委托给不具备相应资质等级的工程监理单位的，责令改正，处50万元以上100万元以下的罚款。

建设单位将建设工程肢解发包的，责令改正，处工程合同价款0.5%以上1%以下的罚款；对全部或者部分使用国有资金的项目，可以暂停项目执行或者暂停资金拨付。

2. 擅自开工

建设单位未取得施工许可证或者开工报告未经批准，擅自施工的，责令停止施工，限期改正，处工程合同价款1%以上2%以下的罚款。

3. 不合理干预行为

建设单位有下列行为之一的，责令改正，处20万元以上50万元以下的罚款。

（1）迫使承包方以低于成本的价格竞标的。

（2）任意压缩合理工期的。

（3）明示或者暗示设计单位或者施工单位违反工程建设强制性标准，降低工程质量的。

（4）施工图设计文件未经审查或者审查不合格，擅自施工的。

（5）建设项目必须实行工程监理而未实行工程监理的。

（6）未按国家规定办理工程质量监督手续的。

（7）明示或暗示施工单位使用不合格的建筑材料、建筑构配件和设备的。

（8）未按照国家规定将竣工验收报告、有关认可文件或者准许使用文件报送备案的。

4. 违反验收管理规定

建设单位有下列行为之一的，责令改正，处工程合同价款 2% 以上 4% 以下的罚款；造成损失的，依法承担赔偿责任。

（1）未组织竣工验收，擅自交付使用的。

（2）验收不合格，擅自交付使用的。

（3）对不合格的建设工程按照合格工程验收的。

5. 未移交档案

建设工程竣工验收后，建设单位未向建设行政主管部门或者其他有关部门移交建设项目档案的，责令改正，处 1 万元以上 10 万元以下的罚款。

6. 擅自更改建筑关键结构

涉及建筑主体或者承重结构变动的装修工程，没有设计方案擅自施工的，责令改正，处 50 万元以上 100 万元以下的罚款；房屋建筑使用者在装修过程中擅自变动房屋建筑主体和承重结构的，责令改正，处 5 万元以上 10 万元以下的罚款。有前款所列行为，造成损失的，依法承担赔偿责任。

5.6.2　工程勘察设计单位的法律责任

1. 违法承揽工程或出借资质

（1）违法承揽工程。勘察、设计、施工、工程监理单位超越本单位资质等级承揽工程的，责令停止违法行为，对勘察、设计单位或者工程监理单位处合同约定的勘察费用、设计费或者监理酬金 1 倍以上 2 倍以下的罚款；对施工单位处工程合同价款 2% 以上 4% 以下的罚款，可以责令停止整顿，降低资质等级；情节严重的，吊销资质证书；有违法所得的，予以没收。

未取得资质证书承揽工程的，予以取缔，依照前款规定处以罚款；有违法所得的，予以没收。

以欺骗手段取得资质证书承揽工程的，吊销资质证书，依照规定处以罚款；有违法所得的，予以没收。

（2）违法出借资质。勘察、设计、施工、工程监理单位允许其他单位或者个人以本单位名义承揽工程的，责令改正，没收违法所得，对勘察、设计单位和工程监理单位处合同约定的勘察费、设计费和监理酬金 1 倍以上 2 倍以下的罚款；对施工单位处工程合同价款 2% 以上 4% 以下的罚款；可以责令停业整顿，降低资质等级。情节严重的，吊销资质证书。

2. 违法转包或分包

承包单位将承包的工程转包或者违法分包的，责令改正，没收违法所得；对勘察、设计单位处合同约定的勘察费、设计费 25% 以上 50% 以下的罚款；可以责令停业整顿，降低资质等级；情节严重的，吊销资质证书。

3. 其他不合理行为

有下列行为之一的，责令改正，处 10 万元以上 30 万元以下的罚款。

（1）勘察单位未按照工程建设强制性标准进行勘察的。

（2）设计单位未根据勘察成果文件进行工程设计的。

（3）设计单位指定建筑材料、建筑构配件的生产厂、供应商的。

（4）设计单位未按照工程建设强制性标准进行设计的。

有前款所列行为，造成工程质量事故的，责令停业整顿，降低资质等级；情节严重的，吊销资质证书；造成损失的，依法承担赔偿责任。

4. 注册执业人员过错

注册建筑师、注册结构工程师等注册执业人员因过错造成质量事故的，责令停止执业 1 年；造成重大质量事故的，吊销执业资格证书，5 年以内不予注册，情节特别恶劣的，终身不予注册。

5.6.3 施工单位的法律责任

施工单位除了前述若违法承揽工程或出借资质必须承担相应的法律责任之外，在《建设工程质量管理条例》和《建筑法》中对施工单位的法律责任还有以下规定。

1. 偷工减料

施工单位在施工中偷工减料的，使用不合格的建筑材料、建筑构配件和设备的，或者有不按照工程设计图纸或施工技术标准施工的其他行为的，责令改正，处工程合同价款 2% 以上 4% 以下的罚款；造成建设工程质量不符合质量标准的，负责返工、修理，并赔偿因此造成的损失；情节严重的，责令停业整顿，降低资质等级或吊销资质证书。

2. 未按要求检验

施工单位未对建筑材料、建筑构配件、设备和商品混凝土进行检验，或者未对涉及结构安全的试块、试件以及有关材料取样检测的，责令改正，处 10 万元以上 20 万元以下的罚款；情节严重的，责令停业整顿，降低资质等级或者吊销资质证书；造成损失的，依法承担赔偿责任。

3. 未按约定履行保修义务

违反本条例规定，施工单位不履行保修义务或者拖延履行保修和义务的，责令改正，处 10 万元以上 20 万元以下的罚款，并对在保修期内因质量缺陷造成的损失承担赔偿责任。

5.6.4 工程监理单位的法律责任

工程监理单位作为工程建设中的主体之一，在规范其行业主体行为方面主要有《建筑法》《建设工程质量管理条例》《工程监理企业资质管理规定》以及其他具有法律效力的国家标准，如《建设工程监理规范》、工程建设标准强制性条文等，所承担的法律责任主要分为以下两方面。

1. 监理单位

（1）不按照委托监理合同的约定履行监理义务，对应当监督检查的项目不检查或者不按照规定检查，给建设单位造成损失的，应当承担相应的赔偿责任。

（2）与承包单位串通，为承包单位谋取非法利益，或与建设、施工单位串通、弄虚作假、降低工程质量，应当责令改正，并处 50 万元以上 100 万元以下的罚款，降低资质等级或者吊销资质证书；有违法所得的，予以没收；造成损失的，承担连带赔偿责任。

（3）转让工程监理业务的，责令改正，没收违法所得，处合同约定的监理酬金 25% 以上 50% 以下的罚款；责令停业整顿，降低资质等级；情节严重的，吊销资质证书。

（4）工程监理单位与被监理工程的施工承包单位以及建筑材料、建筑构配件和设备供应单位有隶属关系，或其他利害关系，承担该项建设工程的监理业务的，责令改正，处 5 万元以上 10 万元以下的罚款，降低资质等级或者吊销资质证书；有违法所得的，予以没收。

2. 监理个人

监理单位、个人行业法律责任既有民事的，也有刑事的。主要有以下几点。

（1）监理工程师等注册执业人员因过错造成质量事故的，责令停止执业 1 年，造成重大质量事故的，吊销执业资格证书，5 年以内不予注册，情节特别恶劣的终身不予注册。

（2）依照《建设工程质量管理条例》规定，给予单位罚款处罚的，对单位直接负责的主管人员和其他直接责任人员处单位罚款数额 5% 以上 10% 以下的罚款。

（3）工程监理单位违反国家规定，降低工程质量标准，造成重大安全事故的，对直接责任人员处 5 年以下有期徒刑或者拘役，并处罚金；后果特别严重的，处 5 年以上 10 年以下有期徒刑，并处罚金。

（4）假借监理工程师名义从事监理工作，出卖、出借、转让、涂改（监理工程师岗位证书），在影响公正执行监理业务的单位兼职，由建设行政主管总部门没收违法所得，收缴《监理工程师岗位证书》，并可处以罚款。

5.6.5　建设行政主管部门的法律责任

县级以上人民政府建设行政主管部门或者其他有关行政管理部门的工作人员，有下列行为之一的，给予降级或者撤职的行政处分；构成犯罪的，依照刑法有关规定追究刑事责任。

（1）对不具备安全生产条件的施工单位颁发资质证书的。

（2）对没有安全施工措施的建设工程颁发施工许可证的。

（3）发现违法行为不予查处的。

（4）不依法履行监督管理职责的其他行为，如在建设工程质量监督管理工作中玩忽职守、滥用职权、徇私舞弊、构成犯罪的，依法追究刑事责任；尚不构成犯罪的，依法给予行政处分。

 案例分析一

偷工减料不可取，人命关天当重罚

2011 年 5 月，齐雨凡、陈小勇（均已判刑）挂靠江西有色工程有限公司（现更名为江西有色建设集团有限公司，以下简称"江西有色公司"）和四平东北岩土工程有限公司，以其联合体的名义中标世行优惠紧急贷款江油市青莲镇城镇基础设施灾后恢复重建项目

(第一批) 工程 (以下简称 "青莲项目"), 包括桥梁工程 (维修加固盘江大桥)、防洪工程 (恢复重建防洪堤, 位于通口河青莲河段)、道路工程 (恢复重建三条道路, 分别为粉竹路、明贤路和牌坊街)。中标后, 齐雨凡、陈小勇将其中的桥梁工程转包给无施工资质的赵德平、江涛、林毅、张荣杰 4 人承建。4 人约定, 赵德平为桥梁施工现场负责人兼技术负责人。2011 年 12 月 7 日, 江西有色公司发文增补赵德平为青莲项目桥梁施工技术负责人。美国哈莫尼公司和中国成达工程有限公司联合体系青莲项目监理单位。工程开工后, 被告人卓德林、杨聪进场监理。

2013 年 7 月 9 日, 四川省江油市青莲镇盘江大桥垮塌, 最终确认 5 人死亡, 7 人失踪, 6 车坠江。经四川省安全生产监督管理局安全技术中心司法鉴定, 垮塌是由于调治构造物及桥墩基础防护未按设计要求和国家相关规范进行施工与监理而造成的责任事故。根据设计方案要求, 混凝土中加入的毛石体量不得多于 20%。实际施工掺入的毛石体量高达 35% ~ 60%, 且毛石粒径较大、颗粒级配不合理。同时, 调治构造物设计方案混凝土方量应为 4757.50 m³, 实际施工浇筑的混凝土方量不超过 940 m³, 施工方偷工减料达 3817.50 m³, 达到设计标准的 4/5。在桥墩基础防护方面, 1~6 号桥墩设计方案采用桥墩表面植入钢筋, 并外包厚度为 30 cm 的 C30 混凝土。实际施工时 5 号桥墩上部外包只有 20 cm, 下部外包有 26 cm, 3 号桥墩钢筋还存在外露现象。同时, 1~6 号桥墩加固用钢筋混凝土构件钢筋直径设计值为 16 mm, 实际施工最大的直径只有 12.9 mm, 最小的仅有 11.8 mm。此外, 施工方还存在其他诸多偷工减料的行为。

2014 年 5 月 21 日, 盘江大桥施工现场负责人兼技术负责人赵德平、总监理工程师卓德林和现场监理杨聪, 身着囚衣被法警带到梓潼县法院。法官进行了宣判, 3 人均构成工程重大安全事故罪, 分别被判处 6~7 年有期徒刑。梓潼县人民法院经审理认为, 赵德平身为受江西有色公司委派的青莲项目维修加固盘江大桥工程的技术负责人, 在施工过程中, 指使工人偷工减料, 使用不合格建筑材料, 降低工程质量标准, 致使维修加固后的盘江大桥工程质量严重低劣。卓德林、杨聪作为监理, 对维修加固工程施工中出现的严重违反国家规定和背离设计图的施工行为视而不见。

3 位被告人的上述行为与大桥垮塌之间具有直接的因果关系, 均已构成工程重大安全事故罪。梓潼县法院一审判决: 赵德平犯工程重大安全事故罪, 判处有期徒刑 7 年, 并处罚金 30 万元; 卓德林犯工程重大安全事故罪, 判处 6 年零 6 个月, 并处罚金 20 万元; 杨聪犯工程重大安全事故罪, 判处 6 年, 并处罚金 15 万元。

盘江大桥垮塌事故的其他相关责任人获刑情况如下:

刘国学, 绵阳市交通运输局原总工程师, 玩忽职守罪, 4 年。

周兴, 绵阳市交通局原党委副书记、交通局公路管理处处长, 玩忽职守罪, 4 年。

勾胤吉, 绵阳市交通局公路管理处工程技术科工作人员, 玩忽职守罪, 情节较轻, 免予刑事处罚。

张鹏举, 原江油市青莲镇城镇管理办公室主任, 玩忽职守罪、受贿罪, 14 年。

齐雨凡, 盘江大桥维修加固工程承包人, 行贿罪, 7 年。

陈小勇, 盘江大桥维修加固工程承包人, 行贿罪, 7 年。

任佳, 盘江大桥维修加固工程项目负责人, 行贿罪, 2 年零 6 个月。

胡开术, 原游仙经济开发区建设局局长, 滥用职权罪、受贿罪, 10 年。

 案例分析二

分包工程出问题，总包单位应负责

背景：2011 年 10 月，某施工企业甲通过招投标获得了一家单位的科研设计大楼的总包工程，后经发包单位同意，施工企业甲将该科研设计大楼的附属工程分包给刘某负责的工程队，并按要求签订了分包合同。1 年后，该工程如期完成。但是，经工程质量监督机构检验发现，科研大楼的附属工程存在严重的质量问题。发包单位要求甲施工企业承担责任，而甲企业却称该附属工程系经发包单位同意后分包给刘某的工程队，所以与己无关。发包单位又找到分包人刘某，刘某也以种种理由拒绝承担工程的质量责任。

案例分析要点：

（1）根据《建筑法》《建设工程质量管理条例》的规定，总承包单位应当对承包工程的质量负责，分包单位应当就分包工程的质量向总承包单位负责，总承包单位与分包单位对分包工程的质量承担连带责任。据此，施工企业甲作为总承包单位，应该对科研设计大楼附属工程的质量负责，即使是分包人的质量责任，也要依法与其承担连带责任。

（2）分包人刘某承担的该附属工程完工后，经检验发现的质量问题，根据《合同法》《建设工程质量管理条例》的规定，应当由其负责返修。本案中的发包人有权要求刘某的工程队或施工企业甲履行返修义务。施工企业甲若进行返修，在返修后有权向刘某的工程队进行追偿。

（3）若因为返修而造成工程逾期交付的，依据《合同法》的规定，施工企业甲和刘某的工程队还应当向发包人承担违约的连带责任。

（4）应追查刘某的工程队是否具备相应的资质证书；若无，则应依据规定属违法分包，由政府主管部门作出相应处罚。

 案例分析三

节约投资省程序，违规要求应拒绝

背景：某钢铁公司在同一厂区建设第二个大型厂房时，为了节省投资，决定不做勘察，将 4 年前第一个大型厂房做的勘察资料提供给设计院作为设计依据，让其设计新厂房，但设计院不同意。该钢铁公司一再要求按此设计，最终，设计院答应参考使用旧的勘察成果。厂房建成使用 1 年多后，发现其南墙墙体多处开裂。该钢铁公司将施工单位告上法庭，请求判定施工单位承担该工程质量责任。

案例分析要点：

（1）本案中的墙体开裂经检测系地基处理不当导致厂房不均匀沉降所致。依《建筑法》和《建设工程质量管理条例》的规定："建设单位不得以任何理由，要求建筑设计单位或者建筑施工企业在工程设计或者施工作业中，违反法律、行政法规和建筑工程质量、安全标准，降低工程质量。"该钢铁公司为节省投资，坚持不做勘察，向设计院提供旧的勘察成果，违反了法律规定，应对该工程的质量承担主要责任。

（2）设计方也有过错。设计单位尽管开始不同意建设单位的做法，但最终还是妥协了，没有对建设单位的不正当要求予以拒绝，并且违反了"应当根据勘察成果文件进行建设工程设计"的法律法规要求，应对该质量问题承担次要责任。

本章小结

本章以《建设工程质量管理条例》为核心，介绍了建设工程质量的概念、工程建设质量体系认证以及政府对建设工程质量进行监督管理的相关制度，并重点介绍了工程建设中建设、勘察、设计、施工、监理五方责任主体的质量责任与义务、法律责任等，对工程建设领域执业人员的相关责任与义务也有提及。希望通过本章的学习，使学生了解并掌握有关建设工程质量管理的相关责任与义务，对今后从业的合法、合理和客观公正起到指引作用。

习　题

1. 单选题

（1）下列说法能反映建设工程项目的质量内涵的是（　　　）。

  A. 法律法规和合同质量等所规定的要求

  B. 建筑产品客观存在的某些要求

  C. 满足明确和隐瞒需要的特性之总和

  D. 满足质量要求的一系列作业技术和管理活动

（2）对于实施监理的工程，应由（　　　）按照国家有关规定组织竣工验收。

  A. 工程监理单位　　　　　　　　　　B. 总监理工程师

  C. 建设单位　　　　　　　　　　　　D. 建设单位和工程监理单位共同

（3）对在保修期限内和保修范围内发生的质量问题，（　　　）。

  A. 由质量缺陷的责任方履行保修义务，由建设单位承担保修费用

  B. 由质量缺陷的责任方履行保修义务并承担保修费用

  C. 由施工单位履行保修义务并承担保修费用

  D. 由施工单位履行保修义务，由质量缺陷责任方承担保修费用

（4）政府对工程质量监督管理的目的是（　　　）。

  A. 保证工程使用安全和经济性　　　　B. 保证工程使用安全和环境质量

  C. 保证工程环境质量和经济性　　　　D. 保证工程使用功能和安全性

2. 多选题

（1）为了加快对建设工程质量的管理，必须实行政府监督，其目的是（　　　）。

  A. 保证建设工程质量　　　　　　　　B. 提高工程建设水平

  C. 保证建设工程的使用安全　　　　　D. 保证建设工程的环境质量

  E. 充分发挥投资效益

（2）政府对工程质量的监督管理以（　　　）为主要内容。

  A. 地基基础、主体结构　　　　　　　B. 环境质量

  C. 相关的法律、法规　　　　　　　　D. 相关的强制性措施

  E. 相关的工程建设各方主体的质量行为

（3）工程质量保修书中应当明确建设工程的（　　　）。

  A. 保修条件　　　　　　　B. 保修范围　　　　　　　C. 保修期限

  D. 保修责任　　　　　　　　E. 保修费用

 （4）工程质量监督机构的基本职责包括对（　　）进行检查。

  A. 建设工程的地基基础、主体结构的质量

  B. 建筑材料、构配件、商品混凝土的质量

  C. 工程建设参与各方主体的质量行为

  D. 工程建设参与各方主体的资质

  E. 工程质量文件

 （5）企业质量管理体系是（　　）。

  A. 用于建筑企业的质量管理

  B. 适用于某一个具体的工程项目实施中所有的质量责任主体

  C. 某一建筑企业的质量管理目标

  D. 需经第三方认证机构认证以确定其有效性

  E. 需要业主认可

3. 思考题

 （1）如何理解建设工程质量？

 （2）怎样理解我国现行的建设工程质量管理体系？

 （3）建筑业企业应如何选用使用的质量体系标准？

 （4）查阅资料，了解建设工程质量监督站的职责和权限。

 （5）《建设工程质量管理条例》规定的相关主体的质量责任与义务都有哪些？

 （6）总包单位和分包单位的质量责任是如何规定的？

 （7）如何理解注册执业人员的质量责任和法律责任？

4. 案例分析题

案例分析一

 背景：某大学建设一所附属幼儿园，委托某设计院为其设计 3 层砖混结构的教学大楼及运动场所等。该设计院签订合同后，认为该项设计工程量太小，故转包给具有相应设计资质的一家设计事务所。该事务所的最终设计，该教学楼的楼梯井净宽为 0.3 m，梯井采用工程玻璃隔离防护；楼梯采用垂直杆做栏杆，其杆件净距为 0.15 m；运动场所与街道之间采用透镜墙，墙体采用垂直杆做栏杆，其杆件净距为 0.15 m。在施工过程中，曾有人对该设计提出异议。

 问题：

 （1）本案例中，设计院的做法是否合理？

 （2）请对照有关工程建设标准强制性条文，判断设计事务所对该幼儿园的设计是否合理？

案例分析二

 背景：2013 年 1 月 5 日，江南某制药公司与某施工单位签订了一份"建设工程施工承包合同"，双方约定由该施工单位承包制药公司的提取车间等约 1 万 m² 的建筑工程土建及配套附属工程。之后，在施工过程中，对于配套的排水工程管道经过开挖、安装管道并经过测量复核，误差在允许的范围之内，随后就进行了回填夯实。在主体工程施工时，施工单位发现设计图设计的边柱尺寸过大，于是根据施工经验将施工图设计的 900 mm×900 mm 的柱

子变更为 600 mm×600 mm 的柱子，柱子的钢筋配置也做了相应的调整，由原来的 8 根变更为 6 根。按照计划，该工程于 2014 年 8 月完工并投入使用。2014 年 6 月 5 日，王某找到该施工单位，打算以该施工单位的名义承揽一项乡政府办公楼的工程，根据王某和施工单位负责人的洽谈，双方达成一致并签订了协议书，该施工单位同意王某以自己公司的名义参与乡政府办公楼工程的投标活动。2015 年 1 月，制药公司发现局部墙体开裂，制药公司找到这家施工单位要求返修。施工单位认为此工程质量问题不属于自身造成的，拒绝承担维修责任。

问题：

（1）试分析施工单位存在哪些违法行为。

（2）该施工单位是否违反了《建设工程质量管理条例》的规定？主要表现在哪些方面？

第6章

建设工程安全生产管理法律制度

教学目标

本章主要讲述建设工程安全生产的管理制度，包括安全生产许可的条件、建设工程各方主体的安全责任、安全生产的行政监督管理、建设工程安全事故处理及各方的法律责任。通过本章的学习，应达到以下目标：

(1) 掌握各方主体的安全生产责任。

(2) 掌握施工现场安全与防护的相关规定。

(3) 掌握施工安全事故的应急救援与调查处理的相关规定。

教学要求

知识要点	能力要求	相关知识
安全管理基本制度	(1) 理解安全生产的含义； (2) 熟悉安全管理体制； (3) 熟悉安全生产管理的基本制度	(1) 质量与安全的关系； (2) 国家监察
安全生产许可	(1) 掌握安全生产许可证的取得条件； (2) 熟悉安全生产许可证的申请、注销与变更的规定	(1) 安全生产许可证； (2) 注销与变更
各方主体的安全责任	(1) 熟悉建设单位的安全责任； (2) 熟悉勘察单位的安全责任； (3) 熟悉施工单位的安全责任； (4) 熟悉监理单位的安全责任； (5) 熟悉从业人员的安全责任	(1) 建设主体； (2) 安全责任
安全生产的行政监督管理	(1) 理解安全生产行政监督的分级管理； (2) 理解生产经营单位对安全生产的监督； (3) 理解社会对安全生产的监督管理	(1) 行政监督； (2) 分级管理
安全事故及法律责任	(1) 掌握工程项目安全生产事故的分类标准； (2) 掌握工程项目安全生产事故的处理办法； (3) 熟悉工程项目安全生产事故的法律责任	(1) 安全生产事故； (2) 法律责任

 基本概念

安全生产管理　安全生产许可　安全责任　安全事故

 引例

某市某大学学生公寓楼工程由某建工集团某建筑公司承建，8月2日晚上加班，在调配聚氨酯底层防水涂料时，施工人员使用汽油替代二甲苯作稀释剂，调配过程中发生燃爆，引燃室内堆放着的防水（易燃）材料，造成火灾并产生有毒烟雾，致使5人中毒窒息死亡，1人受伤。

由于建设工程是一个庞大的人机工程，且多在露天环境下完成，工人的素质相对较低，导致工程出现安全事故的可能性更大。在全世界范围内，建筑业都是最危险的行业之一，施工安全是关系到人民生命财产的大事，一定要严格遵守国家安全管理的法律法规及各项制度规定，加强管理，确保安全。

6.1 建设工程安全生产管理概述

6.1.1 建设工程安全生产管理的概念和方针

建设工程安全生产管理是指建设行政主管部门、建筑安全监督管理机构、建筑施工企业以及有关单位对建筑生产过程中的安全工作进行计划、组织、指挥控制监督等一系列的管理活动，其目的在于保证人员安全、财产设备安全、工程实体安全及周围环境的保护。

建设工程安全生产管理的方针如下。

《建筑法》第三十六条规定："建筑工程安全生产管理必须坚持安全第一、预防为主的方针，建立健全安全生产的责任制度和群防群治制度。"这也是我国多年来长期坚持的行之有效的指导安全生产工作的方针。"安全第一"是指安全生产是全国一切经济部门和生产企业的头等大事。各生产企业和政府主管机关都要十分重视安全生产，采取一切可能的措施保障劳动者的安全，全力防止事故的发生。当生产任务与安全发生矛盾时，应先解决安全问题。使生产在确保安全的前提下顺利进行。"预防为主"是指在实现"安全第一"的前提下，做好预防工作是最主要的。它要求我们防微杜渐，防患于未然，把事故和职业危害消灭在萌芽状态。

 知识要点提醒

建筑工程安全生产管理必须坚持"安全第一、预防为主"的方针。

6.1.2 安全生产管理体制

完善安全生产管理体制，建立健全安全生产管理制度、安全生产管理机构和安全生产责任制是安全生产管理的重要内容，也是实现安全生产目标管理的组织保证。我国的安全生产管理体制是"国家监察、行业管理、企业负责、群众监督、劳动者遵章守纪"。

1. 国家监察

国家监察是指由国务院安全生产监督主管部门依照《中华人民共和国安全生产法》，按照国务院要求实施国家劳动安全监察。监察的内容主要是：地方各级人民政府、各有关部门、各生产经营单位贯彻落实安全生产的方针政策、法律法规，建立和落实安全生产责任制，健全安全管理和监督体制，制订和实施安全生产规划，加大安全投入，加强应急救援体系建设情况；开展隐患排查、登记、整改、监控情况，特别是重大隐患公告公示、跟踪治理、整改销号情况；事故查处和责任追究，打击非法建设、生产、经营行为和瞒报事故情况；等等。

国家监察是一种执法监察，它不干预企事业内部执行法律法规的方法、措施和步骤等具体事务，不能代替行业管理部门的日常管理和安全检查。

2. 行业管理

行业管理是指行业主管部门根据"管生产必须管安全的原则"，管理本行业的安全生产工作，建立安全管理机构，配备安全技术干部，组织贯彻执行国家安全生产法律、法规；制定行业的安全规章制度和安全规范标准；负责本行业安全生产的组织、监督、检查和考核。国务院建设行政主管部门是全国建设工程安全生产行业主管机构，县级以上地方人民政府建设行政主管部门对本行政区域内的建设工程安全生产实施监督管理。

3. 企业负责

建设活动的主体是建设活动的直接参与者，也是安全生产的直接责任者。这里所指的建设活动的主体包括建设单位、勘察设计单位、施工单位和监理单位。《建设工程安全生产管理条例》对建设活动主体的安全生产责任作了具体规定。企业负责就是企业在其经营活动中必须对本企业安全生产负全面责任，企业法定代表人应是安全生产的第一责任人。

4. 群众监督

群众监督是安全生产不可缺少的重要环节。不仅是各级工会而且社会团体、民主党派、新闻单位等对安全生产共同起监督作用。

5. 劳动者遵章守纪

劳动者遵章守纪是安全生产工作中不可缺少的部分，是安全生产的基础。

6.1.3　安全生产管理的基本制度

我国建设工程安全生产管理在长期的生产实践中，总结出了一套行之有效的安全基本管理制度。其包括安全生产责任制度、群防群治制度、安全生产教育培训制度、安全生产检查制度、伤亡事故处理报告制度和安全责任追究制度等。

1. 安全生产责任制度

安全生产责任制度是建筑生产中最基本的安全管理制度，是所有安全规章制度的核心。安全生产责任制度是指将各种不同的安全责任落实到负有安全管理责任的人员和具体岗位人员身上的一种制度。这一制度是安全第一、预防为主方针的具体体现，是建筑安全生产的基本制度。在建筑活动中，只有明确安全责任，分工负责，才能形成完整有效的安全管理体系，激发每个人的安全责任感，严格执行建筑工程安全的法律、法规和安全规程、技术规范，防患于未然，减少和杜绝建筑工程事故，为建筑工程的生产创造一个良好的环境。

2. 群防群治制度

群防群治制度是职工群众进行预防和治理安全的制度。这一制度也是"安全第一，预防为主"的具体体现，同时也是群众路线在安全工作中的具体体现，是企业进行民主管理的重要内容。这一制度要求建筑企业职工在施工中应当遵守有关生产的法律、法规和建筑行业安全规章、规程，不得违章作业；对于危及生命安全和身体健康的行为有权提出批评、检举和控告。

3. 安全生产教育培训制度

《建筑法》第四十六条规定："建筑施工企业应当建立健全劳动安全生产教育培训制度，加强对职工安全生产的教育培训；未经安全生产教育培训的人员，不得上岗作业。"国务院建设行政主管部门颁发的《建筑业企业职工安全培训教育暂行规定》对培训对象、时间和内容有明确的规定。

安全生产教育培训工作是实现安全生产的一项重要基础工作。只有通过对广大建筑职工进行安全教育培训，才能提高职工搞好安全生产的自觉性、积极性和创造性，增强安全意识，掌握安全知识，使安全规章制度得到贯彻执行。

4. 安全生产检查制度

安全生产检查制度是上级管理部门或企业自身对安全生产状况进行定期或不定期检查的制度。通过检查可以发现问题，查出隐患，从而采取有效措施，堵塞漏洞，把事故消灭在发生之前，做到防患于未然，是"预防为主"的具体体现。通过检查，还可总结出好的经验加以推广，为进一步搞好安全工作打下基础。安全检查制度是安全生产的保障。

5. 伤亡事故处理报告制度

施工中发生事故时，建筑企业应当采取紧急措施减少人员伤亡和事故损失，并按照国家有关规定及时向有关部门报告的制度。事故处理必须遵循一定的程序，做到"四不放过"（事故原因未查明不放过，责任人未处理不放过，整改措施未落实不放过，有关人员未受到教育不放过）。通过对事故的严格处理，可以总结出教训，为制定规程、规章提供第一手素材，做到亡羊补牢。

6. 安全责任追究制度

《建筑法》和《生产安全事故报告和调查处理条例》等法律法规对生产安全事故的责任者设置了法律责任，包括行政责任和刑事责任。建设单位、设计单位、施工单位、监理单位由于没有履行职责造成人员伤亡和事故损失的，视情节给予相应处理；情节严重的，责令停业整顿，降低资质等级或吊销资质证书；构成犯罪的，依法追究刑事责任。

6.2 安全生产许可

扫一扫

《安全生产许可证条例》第二条规定：国家对矿山企业、建筑施工企业和危险化学品、烟花爆竹、民用爆炸物品生产企业（以下统称"企业"）实行安全生产许可制度。企业未取得安全生产许可证的，不得从事生产活动。

《建筑施工企业安全生产许可证管理规定》第二条规定：国家对建筑施工企业实行安全生产许可制度。

6.2.1 安全生产许可证的取得条件

建筑施工企业要取得安全生产许可证，应当具备下列安全生产条件。

（1）建立健全安全生产责任制，制定完备的安全生产规章制度和操作规程。

（2）保证本单位安全生产条件所需资金的投入。

（3）设置安全生产管理机构，按照国家有关规定配备专职安全管理人员。

（4）主要负责人、项目负责人、专职安全生产管理人员经建设主管部门或者其他有关部门考核合格。

（5）特种作业人员经有关业务主管部门考核合格，取得特种作业操作资格证书。

（6）管理人员和作业人员每年至少进行一次安全生产教育培训并考核合格。

（7）依法参加工伤保险，依法为施工现场从事危险作业的人员办理意外伤害保险，为从业人员交纳保险费。

（8）施工现场的办公、生活区及作业场所和安全防护用具、机械设备、施工机具及配件符合有关安全生产法律、法规、标准和规程的要求。

（9）有职业危害防治措施，并为作业人员配备符合国家标准或者行业标准的安全防护用具和安全防护服装。

（10）有对危险性较大的分部分项工程及施工现场易发生重大事故的部位、环节的预防、监控措施和应急预案。

（11）有生产安全事故应急救援预案、应急救援组织或者应急救援人员，配备必要的应急救援器材、设备。

（12）法律、法规规定的其他条件。

6.2.2　安全生产许可证的申请

建筑施工企业从事建筑施工活动前，应当依照规定向省级以上建设主管部门申请领取安全生产许可证。中央管理的建筑施工企业（集团公司、总公司）应当向国务院建设主管部门申请领取安全生产许可证；其他建筑施工企业，包括中央管理的建筑施工企业（集团公司、总公司）下属的建筑施工企业，应当向企业注册所在地省、自治区、直辖市人民政府建设主管部门申请领取安全生产许可证。

建筑施工企业申请安全生产许可证时，应当向建设主管部门提供下列材料：建筑施工企业安全生产许可证申请表，企业法人营业执照，与申请安全生产许可证应当具备的安全生产条件相关的文件、材料。建筑施工企业申请安全生产许可证，应当对申请材料实质内容的真实性负责，不得隐瞒有关情况或者提供虚假材料。

建设主管部门应当自受理建筑施工企业的申请之日起 45 日内审查完毕；经审查符合安全生产条件的，颁发安全生产许可证；不符合安全生产条件的，不予颁发安全生产许可证，书面通知企业并说明理由。企业自接到通知之日起应当进行整改，整改合格后方可再次提出申请。

　知识要点提醒

安全为了生产、生产为了安全，不安全不生产。未取得安全生产许可证不得从事建筑施工活动。

6.2.3　安全生产许可证的有效期

安全生产许可证的有效期为 3 年。安全生产许可证有效期满需要延期的，企业应当于期满前 3 个月向原安全生产许可证颁发管理机关办理延期手续。企业在安全生产许可证有效期内，严格遵守有关安全生产的法律法规，未发生死亡事故的，安全生产许可证有效期届满时，经原安全生产许可证颁发管理机关同意，不再审查，安全生产许可证有效期延期 3 年。

6.2.4　安全生产许可证的变更、注销与撤销

1. 安全生产许可证的变更

建筑施工企业变更名称、地址、法定代表人等，应当在变更后 10 日内，到原安全生产许可证颁发管理机关办理安全生产许可证变更手续。

2. 安全生产许可证的注销

建筑施工企业破产、倒闭、撤销的，应当将安全生产许可证交回原安全生产许可证颁发管理机关予以注销。

建筑施工企业遗失安全生产许可证，应当立即向原安全生产许可证颁发管理机关报告，并在公众媒体上声明作废后，方可申请补办。

3. 安全生产许可证的撤销

《建筑施工企业安全生产许可证管理规定》（2015 年修订）第十六条规定：有下列情形之一的，可以撤销已经颁发的安全生产许可证。

（1）安全生产许可证颁发管理机关工作人员滥用职权、玩忽职守颁发安全生产许可证的。

（2）超越法定职权颁发安全生产许可证的。

（3）违反法定程序颁发安全生产许可证的。

（4）对不具备安全生产条件的建筑施工企业颁发安全生产许可证的。

（5）依法可以撤销已经颁发的安全生产许可证的其他情形。

6.3　工程建设各方主体的安全责任

6.3.1　建设单位的安全责任

扫一扫

在工程建设活动中，建设单位作为工程项目的投资主体，居于主导地位。在市场经济的大潮中，许多事故是由建设单位市场行为不规范造成的。这样会诱发很多施工安全事故和工程结构隐患，不仅损害了承包单位的利益，也损害了建设单位的根本利益。

由国务院颁布并于 2004 年 2 月正式开始实施的《建设工程安全生产管理条例》用一个独立的章节——第二章对建设单位在建设项目安全管理中应担负的责任作出了具体规定。主要从提供资料、限制行为、保证安全生产投入等方面作出了规定。

1. 向施工单位提供资料的责任

建设单位应当向施工单位提供施工现场及毗邻区域内供水、排水、供电、供气、供热、通信、广播电视等地下管线资料，气象和水文观测资料，相邻建筑物和构筑物、地下工程的有关资料，并保证资料的真实、准确、完整。

建设单位因建设工程需要，向有关部门或者单位查询相关规定的资料时，有关部门或者单位应当及时提供。

建设单位提供的资料将成为施工单位后续工作的主要参考依据。这些资料如果不真实、准确、完整，并因此导致了施工单位的损失，施工单位可以就此向建设单位要求赔偿。

2. 建设单位的限制行为

（1）建设单位不得以任何理由，要求建筑设计单位或者建筑施工企业在工程设计或者施工作业中，违反法律、行政法规和建筑工程质量、安全标准，降低工程质量。建筑设计单位和建筑施工企业对建设单位违反规定提出的降低工程质量的要求，应当予以拒绝。

（2）建设单位不得对勘察、设计、施工、工程监理等单位提出不符合建设工程安全生产法律、法规和强制性标准规定的要求，不得压缩合同约定的工期。

（3）建设单位不得明示或者暗示施工单位购买、租赁、使用不符合安全施工要求的安全防护用具、机械设备、施工机具及配件、消防设施和器材。

（4）涉及建筑主体和承重结构变动的装修工程，建设单位应当在施工前委托原设计单位或者具有相应资质条件的设计单位提出设计方案；没有设计方案的，不得施工。

3. 保证相关的建设工程安全生产投入

《建设工程安全生产管理条例》第八条规定：建设单位在编制工程概算时，应当确定建设工程安全作业环境及安全施工措施所需费用，单独列项。

2013 年 3 月，住建部和财政部印发《建筑安装工程费用项目组成》的通知，明文规定安全文明施工费包括：

（1）环境保护费：是指施工现场为达到环保部门要求所需要的各项费用。

（2）文明施工费：是指施工现场文明施工所需要的各项费用。

（3）安全施工费：是指施工现场安全施工所需要的各项费用。

（4）临时设施费：是指施工企业为进行建设工程施工所必须搭设的生活和生产用的临时建筑物、构筑物和其他临时设施费用。其包括临时设施的搭设、维修、拆除、清理费或摊销费等。

《建筑工程施工合同（示范文本）》（2017 版）第十六条规定，建设单位应在开工后 28 天内预付安全文明施工费总额的 50%，其余部分与进度款同期支付。安全费合同约定不明，合同期一年以内，建设单位预付不低于该费用的 50%，合同期一年及以上，预付不低于该费用的 30%。

4. 办理施工许可证或开工报告时，应报送有关安全施工措施的资料

《建设工程安全生产管理条例》第十条规定：建设单位在申请领取施工许可证时，应当提供建设工程有关安全施工措施的资料。依法批准开工报告的建设工程，建设单位应当自开工报告批准之日起 15 日内，将保证安全施工的措施报送建设工程所在地的县级以上地方人民政府建设行政主管部门或者其他有关部门备案。

《建设工程安全生产管理条例》第四十二条规定：建设行政主管部门在审核发放施工许可证时，应当对建设工程是否有安全施工措施进行审查，对没有安全施工措施的，不得颁发施工许可证。

5. 应当将拆除工程发包给具有相应资质的施工单位

《建设工程安全生产管理条例》第十一条规定：建设单位应当将拆除工程发包给具有相应资质等级的施工单位。建设单位应当在拆除工程施工 15 日前，将下列资料报送建设工程所在地的县级以上地方人民政府建设行政主管部门或者其他有关部门备案。

（1）施工单位资质等级证明。

（2）拟拆除建筑物、构筑物及可能危及毗邻建筑的说明。

（3）拆除施工组织方案。

（4）堆放、清除废弃物的措施。

实施爆破作业的，应当遵守国家有关民用爆破物品管理的规定。

6. 特殊作业办理申请批准手续

对于公共场地的占用，公共设施的保护，水、电、交通的畅通，爆破作业，等等，涉及物质生产和人民生活的正常进行以及国家财产与公民生命财产安全的，国家制定了相关的法律、法规和规章，对此进行严加保护和严格规范，不得随意占用、损坏、中断或擅自进行作业。在施工现场确实需要进行这些特殊作业时，应由建设单位按照国家有关规定办理申请批

准手续。

有下列情形之一的，建设单位应当按照国家有关规定办理申请批准手续。

（1）需要临时占用规划批准范围以外场地的。

（2）可能损坏道路、管线、电力、邮电通信等公共设施的。

（3）需要临时停水、停电、中断道路交通的。

（4）需要进行爆破作业的。

（5）法律、法规规定需要办理报批手续的其他情形。

6.3.2 勘察设计单位的安全责任

1. 勘察单位的安全责任

勘察工作在工程建设各个环节中居于先行地位，勘察成果文件是设计和施工的基础资料，是建设项目选址、设计和施工必不可少的依据，对设计和施工的安全性有直接的影响，根据《建设工程安全生产管理条例》第十二条的规定，勘察单位的安全责任包括以下两点。

（1）勘察单位应当按照法律、法规和工程建设强制性标准进行勘察，提供的勘察文件应当真实、准确，满足建设工程安全生产的需要。

（2）勘察单位在勘察作业时，应当严格执行操作规程，采取措施保证各类管线、设施和周边建筑物、构筑物的安全。

2. 设计单位的安全责任

保证工程的安全性，设计是前提。建筑工程设计应当符合按照国家规定制定的建筑安全规程和技术规范，保证工程的安全性。建筑工程的安全性包括两层含义：一是在建造过程中的安全，这主要是指建造者即施工作业人员的安全；二是建成后的安全，这主要是指建筑物的安全。因此，建筑工程设计应当符合按照国家规定制定的建筑安全规程和技术规范。这些规程和规范是建筑工程的安全性能、建筑职工的安全健康的可靠保障。在工程设计时，必须遵循以下几点。

（1）设计单位应当按照法律、法规和工程建设强制性标准进行设计，防止因设计不合理导致生产安全事故的发生。

（2）设计单位应当考虑施工安全操作和防护的需要，对涉及施工安全的重点部位和环节在设计文件中注明，并对防范生产安全事故提出指导意见。

（3）采用新结构、新材料、新工艺的建设工程和特殊结构的建设工程，设计单位应当在设计中提出保障施工作业人员安全和预防生产安全事故的措施建议。

（4）设计单位和注册建筑师等注册执业人员应当对其设计负责。由于设计单位设计责任造成事故的，设计单位除承担行政责任外，还要对造成的损失进行赔偿；注册执业人员应当在设计文件上签字，对设计文件负责。

 知识要点提醒

勘察、设计文件必须满足安全生产的需要。

6.3.3 施工单位的安全责任

扫一扫

2014年6月，住建部第17号颁布《建筑施工企业主要负责人、项目负责人和专职安全生产管理人员安全生产管理规定》，随后又颁布《建筑施工企业主要负责人、项目负责人和专职安全生产管理人员安全生产管理规定实施意见》，明确施工企业"安管人员"范围、考核及责任。建筑施工企业应当建立安全生产教育培训制度，制订年度培训计划，每年对"安管人员"进行培训和考核，考核不合格的，不得上岗。培训情况应当记入企业安全生产教育培训档案。

6.3.3.1　企业主要负责人的安全责任

企业主要负责人是指对本企业生产经营活动和安全生产工作具有决策权的领导人员。包括法定代表人、总经理（总裁）、分管安全生产的副总经理（副总裁）、分管生产经营的副总经理（副总裁）、技术负责人、安全总监等。安全责任包括以下几点。

（1）对本企业安全生产工作全面负责，应当建立健全企业安全生产管理体系，设置安全生产管理机构，配备专职安全生产管理人员，保证安全生产投入，督促检查本企业安全生产工作，及时消除安全事故隐患，落实安全生产责任。

（2）应当与项目负责人签订安全生产责任书，确定项目安全生产考核目标、奖惩措施，以及企业为项目提供的安全管理和技术保障措施。工程项目实行总承包的，总承包企业应当与分包企业签订安全生产协议，明确双方安全生产责任。

（3）应当按规定检查企业所承担的工程项目，考核项目负责人安全生产管理能力。发现项目负责人履职不到位的，应当责令其改正；必要时，调整项目负责人。检查情况应当记入企业和项目安全管理档案。

6.3.3.2　项目负责人的安全责任

项目负责人是指取得相应注册执业资格，由企业法定代表人授权，负责具体工程项目管理的人员。项目负责人的安全责任包括以下两点。

（1）对本项目安全生产管理全面负责，应当建立项目安全生产管理体系，明确项目管理人员安全职责，落实安全生产管理制度，确保项目安全生产费用有效使用。

（2）应当按规定实施项目安全生产管理，监控危险性较大分部分项工程，及时排查处理施工现场安全事故隐患，隐患排查处理情况应当记入项目安全管理档案；发生事故时，应当按规定及时报告并开展现场救援。工程项目实行总承包的，总承包企业项目负责人应当定期考核分包企业安全生产管理情况。

《国务院关于进一步加强企业安全生产工作的通知》强化生产过程管理的领导责任。企业主要负责人和领导班子成员要轮流现场带班。

《建筑施工企业负责人及项目负责人施工现场带班暂行办法》规定，施工现场带班包括企业负责人带班检查和项目负责人带班生产。建筑施工企业法定代表人是落实企业负责人及项目负责人施工现场带班制度的第一责任人，对落实带班制度全面负责。

企业负责人带班检查是指由建筑施工企业负责人带队实施对工程项目质量安全生产状况及项目负责人带班生产情况的检查。建筑施工企业负责人要定期带班检查，每月检查时间不少于其工作日的25%。建筑施工企业负责人带班检查时，应认真做好检查记录，并分别在企业和工程项目存档备查。工程项目出现险情或发现重大隐患时，建筑施工企业负责人应到施工现场带班检查，督促工程项目进行整改，及时消除险情和隐患。

项目负责人带班生产是指项目负责人在施工现场组织协调工程项目的质量安全生产活动。

项目负责人是工程项目质量安全管理的第一责任人,应对工程项目落实带班制度负责。项目负责人在同一时期只能承担一个工程项目的管理工作。项目负责人带班生产时,要全面掌握工程项目质量安全生产状况,加强对重点部位、关键环节的控制,及时消除隐患。要认真做好带班生产记录并签字存档查。项目负责人每月带班生产时间不得少于本月施工时间的80%。因其他事务需离开施工现场时,应向工程项目的建设单位请假,经批准后方可离开。离开期间应委托项目相关负责人负责其外出时的日常工作。

6.3.3.3 专职安全生产管理人员的安全责任

专职安全生产管理人员是指在企业专职从事安全生产管理工作的人员,包括企业安全生产管理机构的人员和工程项目专职从事安全生产管理工作的人员。专职安全生产管理人员分为机械、土建、综合三类。

专职安全生产管理人员的安全责任包括以下两点。

(1)应当检查在建项目安全生产管理情况,重点检查项目负责人、项目专职安全生产管理人员履责情况,处理在建项目违规违章行为,并记入企业安全管理档案。

(2)应当每天在施工现场开展安全检查,现场监督危险性较大的分部分项工程安全专项施工方案实施。对检查中发现的安全事故隐患,应当立即处理;不能处理的,应当及时报告项目负责人和企业安全生产管理机构。项目负责人应当及时处理。检查及处理情况应当记入项目安全管理档案。

6.3.3.4 专职安全生产管理人员的配备

根据《建筑施工企业安全生产管理机构设置及专职安全生产管理人员配备办法》的通知,项目专职安全生产管理人员根据企业经营规模、设备管理和生产需要予以增加。

(1)建筑施工总承包资质序列企业:特级资质企业不少于6人,一级资质企业不少于4人,二级和二级以下资质企业不少于3人。

(2)建筑施工专业承包资质序列企业:一级资质企业不少于3人,二级和二级以下资质企业不少于2人。

(3)建筑施工劳务分包资质序列企业:不少于2人。

(4)建筑施工企业的分公司、区域公司等较大的分支机构,应依据实际生产情况配备不少于2人的专职安全生产管理人员。

6.3.3.5 安全生产领导小组

建筑施工企业应当在建设工程项目组建安全生产领导小组。建设工程实行施工总承包的,安全生产领导小组由总承包企业、专业承包企业和劳务分包企业项目经理、技术负责人和专职安全生产管理人员组成。

6.3.3.6 总承包单位和分包单位的安全责任

(1)总承包单位的安全责任。《建设工程安全生产管理条例》第二十四条第一款规定,"建设工程实行施工总承包的,由总承包单位对施工现场的安全生产负总责。"为了防止违法分包和转包等违法行为的发生,真正落实施工总承包单位的安全责任,《建设工程安全生产管理条例》第二十四条第二款进一步强调:"总承包单位应当自行完成建设工程主体结构的施工。"这也是《建筑法》的要求,避免由于分包单位的能力不足而导致生产安全事故的发生。

(2)总承包单位与分包单位的安全责任划分。《建设工程安全生产管理条例》第二十四条第三款规定，"总承包单位依法将建设工程分包给其他单位的，分包合同中应当明确各自的安全生产方面的权利、义务。总承包单位和分包单位对分包工程的安全生产承担连带责任。"

但是，总承包单位与分包单位在安全生产方面的责任也不是固定的，要根据具体的情况来确定责任。《建设工程安全生产管理条例》第二十四条第四款规定："分包单位应当服从总承包单位的安全生产管理，分包单位不服从管理导致生产安全事故的，由分包单位承担主要责任。"

6.3.3.7　安全生产教育培训

2012 年 11 月发布的《国务院安委会关于进一步加强安全培训工作的决定》指出，为提高企业从业人员安全素质和安全监管监察效能，防止和减少违章指挥、违规作业和违反劳动纪律（简称"三违"）行为，要进一步加强安全培训工作。

1. 管理人员的考核

施工单位的主要负责人、项目负责人、专职安全生产管理人员应当持证上岗，经建设行政主管部门或者其他有关部门考核合格后方可任职。

2. 作业人员的安全生产教育培训

（1）日常培训。施工单位应当对管理人员和作业人员每年至少进行一次安全生产教育培训，其教育培训情况记入个人工作档案。安全生产教育培训考核不合格的人员，不得上岗。

（2）新岗位培训。作业人员进入新的岗位或者新的施工现场前，应当接受安全生产教育培训。建筑企业要对新职工进行至少 32 学时的安全培训，每年进行至少 20 学时的再培训。企业调整职工岗位或者采用新工艺、新技术、新设备、新材料的，要进行专门的安全培训。未经教育培训或者教育培训考核不合格的人员，不得上岗作业。

（3）特种作业人员的专门培训。垂直运输机械作业人员、安装拆卸工、爆破作业人员、起重信号工、登高架设作业人员等特种作业人员，必须按照国家有关规定经过专门的安全作业培训，并取得特种作业操作资格证书后，方可上岗作业。

6.3.3.8　施工单位应采取的安全措施

1. 编制安全技术措施、施工现场临时用电方案和专项施工方案

房屋建筑和市政基础设施工程在施工过程中，容易导致人员群死群伤或者造成重大经济损失的分部分项工程称为危险性较大的分部分项工程（简称"危大工程"）。危大工程包括基坑支护与降水工程、土方开挖工程、模板工程、起重吊装工程、脚手架工程、拆除、爆破工程、其他危险性较大的工程。

2017 年 5 月，住建部发布《关于印发起重机械、基坑工程等五项危险性较大的分部分项工程施工安全要点的通知》，制定了起重机械安装拆卸作业、起重机械使用、基坑工程、脚手架、模板支架五项危险性较大的分部分项工程施工安全要点。

2018 年 3 月，住建部发布《危险性较大的分部分项工程安全管理规定》，明确施工单位应当在危大工程施工前组织工程技术人员编制专项施工方案。实行施工总承包的，专项施工方案应当由施工总承包单位组织编制。危大工程实行分包的，专项施工方案可以由相关专业分包单位组织编制。

专项施工方案应当由施工单位技术负责人审核签字、加盖单位公章，并由总监理工程师

审查签字、加盖执业印章后方可实施。危大工程实行分包并由分包单位编制专项施工方案的，专项施工方案应当由总承包单位技术负责人及分包单位技术负责人共同审核签字并加盖单位公章。

对于超过一定规模的危大工程，施工单位应当组织召开专家论证会对专项施工方案进行论证。实行施工总承包的，由施工总承包单位组织召开专家论证会。专家论证前专项施工方案应当通过施工单位审核和总监理工程师审查。

危大工程发生险情或者事故时，施工单位应当立即采取应急处置措施，并报告工程所在地住房城乡建设主管部门。建设、勘察、设计、监理等单位应当配合施工单位开展应急抢险工作。

施工、监理单位应当建立危大工程安全管理档案。施工单位应当将专项施工方案及审核、专家论证、交底、现场检查、验收及整改等相关资料纳入档案管理。监理单位应当将监理实施细则、专项施工方案审查、专项巡视检查、验收及整改等相关资料纳入档案管理。

施工单位应当严格按照专项施工方案组织施工，不得擅自修改专项施工方案。因规划调整、设计变更等原因确需调整的，修改后的专项施工方案应当按照本规定重新审核和论证。涉及资金或者工期调整的，建设单位应当按照约定予以调整。施工单位应当对危大工程施工作业人员进行登记，项目负责人应当在施工现场履职。

2. 安全施工技术交底和施工现场安全警示标志的设置

施工前的安全施工技术交底的目的就是让所有安全生产从业人员都对安全生产有所了解，最大限度地避免安全事故的发生。《危险性较大的分部分项工程安全管理规定》第十五条规定，专项施工方案实施前，编制人员或者项目技术负责人应当向施工现场管理人员进行方案交底，施工现场管理人员应当向作业人员进行安全技术交底，并由双方和项目专职安全生产管理人员共同签字确认。

施工单位应当在施工现场入口处、施工起重机械、临时用电设施、脚手架、出入通道口、楼梯口、电梯井口、孔洞口、桥梁口、隧道口、基坑边沿、爆破物及有害危险气体和液体存放处等危险部位，设置明显的安全警示标志。安全警示标志必须符合国家标准。

施工单位应当在施工现场显著位置公告危大工程名称、施工时间和具体责任人员，并在危险区域设置安全警示标志。

3. 施工现场的安全防护和布置

施工单位应当根据不同施工阶段和周围环境及季节、气候的变化，在施工现场采取相应的安全施工措施。施工现场暂时停止施工的，施工单位应当做好现场防护，所需费用由责任方承担，或者按照合同约定执行。

施工单位应当将施工现场的办公、生活区与作业区分开设置，并保持安全距离；办公、生活区的选址应当符合安全性要求。职工的膳食、饮水、休息场所等应当符合卫生标准。施工单位不得在尚未竣工的建筑物内设置员工集体宿舍。

施工现场临时搭建的建筑物应当符合安全使用要求。施工现场使用的装配式活动房屋应当具有产品合格证。临时建筑物一般包括施工现场的办公用房、宿舍、食堂、仓库、卫生间等。

4. 对周边环境采取防护措施

施工单位对因建设工程施工可能造成损害的毗邻建筑物、构筑物和地下管线等，应当采取专项防护措施。施工单位应当遵守有关环境保护法律、法规的规定，在施工现场采取措施，防止或者减少粉尘、废气、废水、固体废物、噪声、振动和施工照明对人和环境的危害与污染。在城市市区内的建设工程，施工单位应当对施工现场实行封闭围挡。

5. 施工现场的消防安全措施

施工单位应当在施工现场建立消防安全责任制度，确定消防安全责任人，制定用火、用电、使用易燃易爆材料等各项消防安全管理制度和操作规程，设置消防通道、消防水源，配备消防设施和灭火器材，并在施工现场入口处设置明显标志。

6. 安全防护设备管理和起重机械设备管理

施工单位采购、租赁的安全防护用具、机械设备、施工机具及配件应当具有生产（制造）许可证、产品合格证，并在进入施工现场前进行查验。

施工现场的安全防护用具、机械设备、施工机具及配件必须由专人管理，定期进行检查、维修和保养，建立相应的资料档案，并按照国家有关规定及时报废。

作业人员应当遵守安全施工的强制性标准、规章制度和操作规程，正确使用安全防护用具、机械设备等。

施工单位在使用施工起重机械和整体提升脚手架、模板等自升式架设设施前，应当组织有关单位进行验收，也可以委托具有相应资质的检验检测机构进行验收；使用承租的机械设备和施工机具及配件的，由施工总承包单位、分包单位、出租单位和安装单位共同进行验收。验收合格的方可使用。

《特种设备安全监察条例》规定的施工起重机械，在验收前应当经有相应资质的检验检测机构监督检验合格。

施工单位应当自施工起重机械和整体提升脚手架、模板等自升式架设设施验收合格之日起 30 日内，向建设行政主管部门或者其他有关部门登记。登记标志应当置于或者附着于该设备的显著位置。

依据《特种设备安全监察条例》第二条，作为特种设备的施工起重机械指的是"涉及生命安全、危险性较大的"起重机械。

7. 办理意外伤害保险

《建设工程安全生产管理条例》第三十八条规定："施工单位应当为施工现场从事危险作业的人员办理意外伤害保险。意外伤害保险费由施工单位支付。实行施工总承包的，由总承包单位支付意外伤害保险费。意外伤害保险期限自建设工程开工之日起至竣工验收合格止。"

 知识要点提醒

（1）施工单位主要责任人是安全生产第一责任人。

（2）施工现场的安全由施工单位负责，施工单位要建立健全有关安全生产制度。

（3）安全生产费用应当专款专用。

（4）总承包单位和分包单位对分包工程的安全生产承担连带责任。

（5）对危险性比较大的分部分项工程应当编制专项施工方案，很多重大的生产安全事故常源于这方面的疏忽。

（6）因未设置安全警示标志可能会承担特殊侵权责任。

（7）安全教育培训是用工企业实现安全生产的基础性工作。

6.3.4　监理单位的安全责任

1. 安全技术措施或专项施工方案审查

工程监理单位应当审查施工组织设计中的安全技术措施或者专项施工方案是否符合工程建设强制性标准。

审查施工组织设计中的安全技术措施或者专项施工方案，是建设单位委托监理单位进行监理业务的主要内容之一。监理工程师应当先熟悉设计文件和图纸，对图纸中存在的有关问题提出书面的意见和建议，并且按照《建设工程监理规范》的要求，在工程项目开工前，由总监理工程师组织专业监理工程师审查施工单位报送的施工组织设计（方案）提出审查意见，并经总监理工程师审核、签字后报送建设单位。

《危险性较大的分部分项工程安全管理规定》要求监理单位结合危大工程专项施工方案编制监理实施细则，并对危大工程施工实施专项巡视检查。

监理单位发现施工单位未按照专项施工方案施工的，应当要求其进行整改；情节严重的，应当要求其暂停施工，并及时报告建设单位。施工单位拒不整改或者不停止施工的，监理单位应当及时报告建设单位和工程所在地住房城乡建设主管部门。

2. 安全事故隐患报告

工程监理单位在实施监理过程中，发现存在安全事故隐患的，应当要求施工单位整改；情况严重的，应当要求施工单位暂时停止施工，并及时报告建设单位。施工单位拒不整改或者不停止施工的，工程监理单位应当及时向有关主管部门报告。

3. 承担监理责任

工程监理单位和监理工程师应当按照法律、法规和工程建设强制性标准实施监理，并对建设工程安全生产承担监理责任。按照《建设工程监理规范》（GB/T 50319—2013）的规定，工程监理实行总监理工程师负责制。总监理工程师享有合同赋予监理单位的全部权利，全面负责受委托的监理工作。总监理工程师应当对工程项目的安全监理负总责。工程项目的监理人员按照职责分工，确定安全监理的范围及重点，履行监督检查的职责，并对各自承担的安全监理工作负责。

 知识要点提醒

监理单位未尽到监理职责的，要承担安全责任。

6.3.5　《中华人民共和国安全生产法》中规定的从业人员的权利与义务

根据《中华人民共和国安全生产法》中相关条例规定，对从业人员的权利和义务规定如下。

（1）生产经营单位与从业人员订立的劳动合同，应当载明有关保障从业人员劳动安全、防止职业危害的事项，以及依法为从业人员办理工伤保险的事项。

生产经营单位不得以任何形式与从业人员订立协议，免除或者减轻其对从业人员因生产安全事故伤亡依法应承担的责任。

（2）生产经营单位的从业人员有权了解其作业场所和工作岗位存在的危险因素、防范措施及事故应急措施，有权对本单位的安全生产工作提出建议。

（3）从业人员有权对本单位安全生产工作中存在的问题提出批评、检举、控告；有权拒绝违章指挥和强令冒险作业。

生产经营单位不得因从业人员对本单位安全生产工作提出批评、检举、控告或者拒绝违章指挥、强令冒险作业而降低其工资、福利等待遇或者解除与其订立的劳动合同。

（4）从业人员发现直接危及人身安全的紧急情况时，有权停止作业或者在采取可能的应急措施后撤离作业场所。

生产经营单位不得因从业人员在前款紧急情况下停止作业或者采取紧急撤离措施而降低其工资、福利等待遇或者解除与其订立的劳动合同。

（5）因生产安全事故受到损害的从业人员，除依法享有工伤保险外，依照有关民事法律尚有获得赔偿的权利的，有权向本单位提出赔偿要求。

（6）从业人员在作业过程中，应当严格遵守本单位的安全生产规章制度和操作规程，服从管理，正确佩戴和使用劳动防护用品。

（7）从业人员应当接受安全生产教育和培训，掌握本职工作所需的安全生产知识，提高安全生产技能，增强事故预防和应急处理能力。

（8）从业人员发现事故隐患或者其他不安全因素，应当立即向现场安全生产管理人员或者本单位负责人报告；接到报告的人员应当及时予以处理。

（9）工会有权对建设项目的安全设施与主体工程同时设计、同时施工、同时投入生产和使用进行监督，提出意见。

工会对生产经营单位违反安全生产法律、法规，侵犯从业人员合法权益的行为，有权要求纠正；发现生产经营单位违章指挥、强令冒险作业或者发现事故隐患时，有权提出解决的建议，生产经营单位应当及时研究答复；发现危及从业人员生命安全的情况时，有权向生产经营单位建议组织从业人员撤离危险场所，生产经营单位必须立即作出处理。

工会有权依法参加事故调查，向有关部门提出处理意见，并要求追究有关人员的责任。

（10）生产经营单位使用被派遣劳动者的，被派遣劳动者享有本法规定的从业人员的权利，并应当履行本法规定的从业人员的义务。

6.4 安全生产的监督管理

6.4.1 建设工程安全生产行政监督的分级管理

国务院负责安全生产监督管理的部门，对全国安全生产工作实施综合监督管理；县级以上地方各级人民政府负责安全生产监督管理的部门，对本行政区域内安全生产工作实施综合监督管理。按照目前部门职能的划分，国务院负责安全生产监督管理的部门是国家安全生产监督管理总局，地方上是各级安全生产监督管理部门。

1. 各级负责安全生产监督管理部门的监督管理

目前负责安全生产监督管理的部门，包括国家安全生产监督管理总局，在地方是各级依法成立的负责安全生产监督的机构。其主要职责为：依法对有关涉及安全生产的事项进行审批、验收，对生产经营单位执行有关安全生产的法律、法规和国家标准或行业标准的情况进行监督检查；组织对重大事故的调查处理及对违反安全生产法律规定的行为进行行政处罚等。

2. 行业行政主管部门对本行业安全生产的监督管理

房屋建筑工程、市政工程等工程建设的安全生产的监督管理工作由住建部负责，其主要职责是按照保障安全生产的要求，依法及时制定或修订建筑业的国家标准或行业标准，并督促、检查标准的严格执行。这些标准包括生产场所的安全标准，生产作业、施工的工艺安全标准，安全设备、设施、器材和安全防护用品的产品安全标准及有关建筑生产安全的基础性和通用性标准，等等。

3. 生产经营单位对安全生产的监督管理

生产经营单位在日常的生产经营活动中，必须加强对安全生产的监督管理，对于存在较大危险因素的场地、设备及施工作业，更应依法进行重点检查、管理，以防生产安全事故的发生。

6.4.2 国务院行政主管部门的职责

国务院行政主管部门的职责主要有以下几个方面。

（1）贯彻执行国家有关安全生产的法规和方针、政策，起草或者指定建筑安全生产管理的法规、标准。

（2）统一监督管理全国工程建设方面的安全生产工作，完善建筑安全生产的组织保证体系。

（3）制定建筑安全生产管理的中、长期规划和近期目标，组织建筑安全生产技术的开发与推广应用。

（4）制定和监督检查省、自治区、直辖市人民政府建筑行政主管部门开展建筑安全生产的行业监督管理工作。

（5）统计全国建筑职工因公伤亡人数，掌握并发布全国建筑安全生产动态。

（6）负责对申报资质等级一级企业和国家一、二级企业以及国家和部级先进建筑企业进行安全资格审查或者审批，行使安全生产否决权。

（7）组织全国建筑安全生产检查，总结交流建筑安全生产管理经验，并表彰先进；检查和督促工程建设重大事故的调查处理，组织或者参与工程建设特别重大事故的调查。

6.4.3 县级以上地方人民政府的监督管理

县级以上地方各级人民政府应根据本行政区域内的安全生产状况，组织有关部门按照职责分工，对本行政区域内容易发生重大安全事故的生产经营单位进行严格检查，发现事故隐患，应及时处理。检查可以是定期的，也可以是不定期的；可以是综合性的，也可以是专项的。监督管理的主要职责如下。

（1）贯彻执行国家和地方有关安全生产的法规、标准和方针、政策，起草或者制定本行政区域建筑安全生产管理的实施细则或者实施办法。

（2）制定本行政区域建筑安全生产管理的中、长期规划和近期目标，组织建筑安全生产技术的开发和推广应用。

（3）建立建筑安全生产的监督管理体系，制定本行政区域建筑安全生产监督管理工作制度，组织落实各级领导分工负责的建筑安全生产责任制。

（4）负责本行政区域建筑职工因工伤亡的统计和上报工作，掌握并发布本行政区域建筑安全生产动态。

（5）负责对申报晋升企业资质等级、企业和报评先进企业的安全资格进行审查或者审批，行使安全生产否决权。

（6）组织或者参与本行政区域工程建设中人身伤亡事故的调查处理工作，并依照有关规定上报重大伤亡事故。

（7）组织开展本行政区域建筑安全生产检查，交流建筑安全生产管理经验，并表彰先进。

（8）监督检查施工现场、构配件生产车间等安全管理和防护措施，违章指挥和违章作业。

（9）组织开展本行政区域建筑企业的生产管理人员、作业人员的安全生产教育、培训、考核及发证工作，监督检查建筑企业对安全技术措施费的提取和使用。

（10）领导和管理建筑安全生产监督机构的工作。

6.4.4　建筑安全生产监督机构的职责

建筑安全生产监督机构的职责主要有以下方面。

（1）执行党和国家的安全生产方针、政策和决议。

（2）检查各工地对国家，住房和城乡建设部，省、市政府公布的安全法规、标准、规章制度、办法和安全技术措施的执行情况。

（3）总结和推广建筑施工安全可续管理、先进安全装置与安全措施等经验，并及时给予奖励。

（4）制止违章指挥和违章作业行为，对情节严重者按相关处罚规定给以经济处罚，对隐患严重的现场或机械、电器设备等，及时签发停工指令，并提出改进措施。

（5）参加建筑行业重大伤亡事故的调查处理，对造成死亡 1 人、重伤 3 人、直接经济损失 5 万元以上的重大事故主要负责者，有权向检察院、法院提出控诉，追究刑事责任。

（6）对建筑施工单位负责人、安全检查员、特种作业人员等，进行安全教育培训及考核发证等工作。

（7）参加建筑施工企业新建、扩建、改建和挖潜、革新、改造工程项目的设计与竣工验收工作，负责安全卫生设施"三同时"（安全卫生设施与主体工程同时设计、同时施工、同时投入生产和使用）的检查工作。

（8）及时召开安全施工或重大伤亡事故现场会议。

6.4.5　生产经营单位对安全生产的监督管理

《中华人民共和国安全生产法》规定如下：

（1）建筑施工单位应当设置安全生产管理机构或者配备专职安全生产管理人员。

（2）生产经营单位的安全生产管理人员应当根据本单位的生产经营特点，对安全生产状况进行经常性检查。对检查中发现的安全问题，应立即处理；不能处理的，应及时报告本单位的有关负责人，检查及处理情况应记录在案。

（3）生产经营单位应当教育和督促从业人员严格执行本单位的安全生产规章制度和安全操作规程，并向从业人员如实告知作业场所和工作岗位存在的危险因素、防范措施以及事故应急措施。

（4）生产经营单位进行爆破、吊装等危险作业，应当安排专门人员进行现场安全管理，确保操作规程的遵守和安全措施的落实。

（5）生产经营单位对危险物品大量聚集的重大危险源应当登记建档，进行定期检测、评估、监控，并制订应急预案，告知从业人员和相关人员在紧急情况下应当采取的应急措施。

（6）生产经营单位不得使用应当淘汰的危及生产安全的工艺、设备；生产经营单位必须对安全设备进行经常性维护、保养，并定期检测，以保证正常运转。维护、保养、检测应当做好记录，并由有关人员签字。

（7）生产经营单位使用的涉及生命安全、危险性较大的特种设备（如锅炉、压力容器、电梯、起重机械等）及危险物品（如易燃易爆品、危险化学品等）的容器、运输工具，必须是按照国家有关规定，由专业生产单位生产，并且必须经具有专业资质的检测、检验机构检测，检测合格，取得安全使用证或安全标志后，方可投入使用。

（8）生产经营单位应当在存有较大危险因素的生产经营场所和有关设施、设备上，设置明显的安全警示标志，以引起人们对危险因素的注意，预防生产安全事故的发生。

6.4.6 社会对安全生产的监督管理

工会有权对建设项目的安全设施与主体工程同时设计、同时施工、同时投入生产和使用进行监督，提出意见。工会对生产经营单位违反安全生产法律、法规，侵犯从业人员合法权益的行为，有权要求纠正；发现生产经营单位违章指挥、强令冒险作业或者发现事故隐患时，有权提出解决的建议，生产经营单位应当及时研究答复；发现危及从业人员生命安全的情况时，有权向生产经营单位建议组织从业人员撤离危险场所，生产经营单位必须立即作出处理。工会有权依法参加事故调查，向有关部门提出处理意见，并要求追究有关人员的责任。

居民委员会、村民委员会发现其所在区域内的生产经营单位存在事故隐患或安全生产违法时，应当向当地人民政府或有关部门报告。

新闻、出版、广播、电影、电视等单位有进行安全生产教育的义务，同时，对违反安全生产法律、法规的行为有进行舆论监督的权利。

任何单位和个人对事故隐患和安全违法行为，均有向安全生产监督管理部门报告或举报的权利。安全生产监督管理部门应建立举报制度，公开举报电话、信箱或电子邮件地址。

承担安全评价、认证、检测、检验的中介机构，则通过其服务行为对相关安全生产事项实施监督管理。

6.5 建设工程安全生产事故

6.5.1 建设工程安全生产事故分类

建设工程重大事故处理的法律规范主要有《建筑法》《建设工程安全生产管理条例》

《生产安全事故报告和调查处理条例》等。

根据《生产安全事故报告和调查处理条例》规定，生产安全事故（以下简称"事故"）的等级是根据造成的人员伤亡或者直接经济损失来划分的，一般分为4个等级（见表6-1）。

表6-1　生产安全事故的等级

事 故 等 级	具 体 标 准	备　　注
特别重大事故	是指造成30人以上死亡 或者100人以上重伤（包括急性工业中毒） 或者1亿元以上直接经济损失	
重大事故	是指造成10人以上30人以下死亡 或者50人以上100人以下重伤（包括急性工业中毒） 或者5 000万元以上1亿元以下直接经济损失	"以上"包括本数， "以下"不包括本数
较大事故	是指造成3人以上10人以下死亡 或者10人以上50人以下重伤（包括急性工业中毒） 或者1 000万元以上5 000万元以下直接经济损失	
一般事故	是指造成3人以下死亡 或者10人以下重伤（包括急性工业中毒） 或者1 000万元以下直接经济损失	

6.5.2　建设工程安全生产事故应急管理

安全生产重在预防，为保证安全生产，减少安全事故损失，生产经营单位应当按照要求编制安全生产事故应急预案。2016年6月，国家安全生产监督管理总局修订《生产安全事故应急预案管理办法》，要求生产经营单位主要负责人负责组织编制和实施本单位的应急预案，并对应急预案的真实性和实用性负责；各分管负责人应当按照职责分工落实应急预案规定的职责。

1. 安全生产应急预案的分类

生产经营单位应急预案分为综合应急预案、专项应急预案和现场处置方案。

（1）综合应急预案。综合应急预案是指生产经营单位为应对各种生产安全事故而制订的综合性工作方案，是本单位应对生产安全事故的总体工作程序、措施和应急预案体系的总纲。

（2）专项应急预案。专项应急预案是指生产经营单位为应对某一种或者多种类型生产安全事故，或者针对重要生产设施、重大危险源、重大活动防止生产安全事故而制订的专项性工作方案。

（3）现场处置方案。现场处置方案是指生产经营单位根据不同生产安全事故类型，针对具体场所、装置或者设施所制定的应急处置措施。

生产经营单位应当在编制应急预案的基础上，针对工作场所、岗位的特点，编制简明、实用、有效的应急处置卡。应急处置卡应当规定重点岗位、人员的应急处置程序和措施，以及相关联络人员和联系方式，便于从业人员携带。

2. 安全生产应急预案的评审和备案

建筑施工企业应当对本单位编制的应急预案进行评审，并形成书面评审纪要。参加应急预案评审的人员应当包括有关安全生产及应急管理方面的专家。评审人员与所评审应急预案的生产经营单位有利害关系的，应当回避。

生产经营单位应当在应急预案公布之日起 20 个工作日内，按照分级属地原则，向安全生产监督管理部门和有关部门进行告知性备案。

3. 安全生产应急预案的培训和演练

各级安全生产监督管理部门应当将本部门应急预案的培训纳入安全生产培训工作计划，并组织实施本行政区域内重点生产经营单位的应急预案培训工作。应急培训的时间、地点、内容、师资、参加人员和考核结果等情况应当如实记入本单位的安全生产教育和培训档案。

生产经营单位应当制订本单位的应急预案演练计划，根据本单位的事故风险特点，每年至少组织一次综合应急预案演练或者专项应急预案演练，每半年至少组织一次现场处置方案演练。

4. 安全生产应急预案的评估

应急预案编制单位应当建立应急预案定期评估制度，对预案内容的针对性和实用性进行分析，并对应急预案是否需要修订作出结论。建筑施工企业应当每三年进行一次应急预案评估。

6.5.3 建设工程安全生产事故处理

安全事故的处理程序是：报告安全事故→处理安全事故→安全事故调查→对事故责任者进行处理→编写调查报告并上报。

6.5.3.1 事故报告与现场保护

1. 事故报告

《生产安全事故报告和调查处理条例》规定了事故报告的程序和事故报告的内容。

（1）事故报告的程序。事故发生后，事故现场有关人员应当立即向本单位负责人报告；单位负责人接到报告后，应当于 1 小时内向事故发生地县级以上人民政府安全生产监督管理部门和负有安全生产监督管理职责的有关部门报告。情况紧急时，事故现场有关人员可以直接向事故发生地县级以上人民政府安全生产监督管理部门和负有安全生产监督管理职责的有关部门报告。

安全生产监督管理部门和负有安全生产监督管理职责的有关部门接到事故报告后，应当依照下列规定上报事故情况，并通知公安机关、劳动保障行政部门、工会和人民检察院。

1）特别重大事故、重大事故逐级上报至国务院安全生产监督管理部门和负有安全生产监督管理职责的有关部门。

2）较大事故逐级上报至省、自治区、直辖市人民政府安全生产监督管理部门和负有安全生产监督管理职责的有关部门。

3）一般事故上报至设区的市级人民政府安全生产监督管理部门和负有安全生产监督管理职责的有关部门。

安全生产监督管理部门和负有安全生产监督管理职责的有关部门依照规定上报事故情况，应当同时报告本级人民政府。国务院安全生产监督管理部门和负有安全生产监督管理职责的有关部门以及省级人民政府接到发生特别重大事故、重大事故的报告后，应当立即报告国务院。

必要时，安全生产监督管理部门和负有安全生产监督管理职责的有关部门可以越级上报事故情况。

安全生产监督管理部门和负有安全生产监督管理职责的有关部门逐级上报事故情况，每级上报的时间不得超过 2 小时。

（2）事故报告的内容。事故报告应当包括下列内容。

1）事故发生单位概况。

2）事故发生的时间、地点以及事故现场情况。

3）事故的简要经过。

4）事故已经造成或者可能造成的伤亡人数（包括下落不明的人数）和初步估计的直接经济损失。

5）已经采取的措施。

6）其他应当报告的情况。

事故报告后出现新情况的，应当及时补报。自事故发生之日起 30 日内，事故造成的伤亡人数发生变化的，应当及时补报。道路交通事故、火灾事故自发生之日起 7 日内，事故造成的伤亡人数发生变化的，应当及时补报。

2. 现场保护

事故发生后，现场人员要有组织，统一指挥。首先抢救伤亡人员和排除险情，尽量制止事故蔓延扩大。同时注意，为了事故调查分析的需要，应保护好事故现场。如因抢救伤亡人员和排除险情而必须移动现场的构件，还应准确作出标记，最好拍好不同角度的照片，为事故调查提供可靠的原始事故现场。特大事故发生后，有关地方人民政府应当迅速组织救护，有关部门应当服从指挥、调度，参加或者配合救助，将事故损失降到最小限度。

6.5.3.2　事故调查

事故调查企业接到事故报告后，经理、主管经理、业务部领导和有关人员应立即赶赴现场组织抢救，并迅速组织调查组开展调查。

（1）调查组的组成。发生人员轻伤、重伤事故，由企业负责人或指定的人员组织施工生产、技术、安全、劳资、工会等有关人员组成事故调查组进行调查。

死亡事故由企业主管部门会同现场所在市（或区）劳动部门、公安部门、人民检察院、工会组成事故调查组进行调查。

重大伤亡事故应按企业的隶属关系，由省、自治区、直辖市企业主管部门或国务院有关主管部门，公安、监察、检察部门、工会组成事故调查组进行调查，也可邀请有关专家和技术人员参加。

特大事故发生后，按照事故发生单位的隶属关系，由省、自治区、直辖市人民政府或者国务院归口管理部门组织特大事故调查组，负责事故的调查工作；涉及军民两个方面的特大事故，组织事故调查的单位应当邀请军队派员参加事故的调查工作。

国务院认为应当由国务院调查的特大事故，由国务院或者国务院授权的部门组织成立事故调查组；特大事故调查组应当根据所发生事故的具体情况，由事故发生单位的归口管理部门、公安部门、监察部门、计划综合部门、劳动部门等单位派员组成，并应当邀请检察机关和工会派员参加；特大事故调查组根据调查工作的需要，可以选聘其他部门或者单位的人员参加，也可以聘请有关专家进行技术鉴定和财产损失评估。

有关县（市、区）、市（地、州）和省、自治区、直辖市人民政府及政府有关部门应当配合、协助事故调查，不得以任何方式阻碍、干涉事故调查。

（2）调查组成员应满足的条件及职责。事故调查组成员应符合下列条件：具有事故调查所需要的某一方面的专长，与所发生的事故没有直接的利害关系。事故调查组的职责是：调查事故发生的原因、过程和人员伤亡、经济损失的情况，确定事故责任者，提出事故处理意见和防范措施的建议，写出事故调查报告。事故调查组有权向发生事故的企业和有关单位、有关人员了解有关情况和索取有关资料，任何单位和个人不得拒绝。特大事故调查工作应当自事故发生之日起60日内完成，并由调查组提出调查报告；遇有特殊情况的，经调查组提出并报国家安全生产监督管理机构批准后，可以适当延长时间。

6.6 法 律 责 任

按照《中华人民共和国安全生产法》（以下简称《安全生产法》，2014年8月31日修订，2014年12月1日起施行）的规定，生产经营单位对安全生产承担主体责任，必须遵守《安全生产法》和其他有关安全生产的法律、法规，加强安全生产管理，建立、健全安全生产责任制度，完善安全生产条件，确保安全生产。本法第十四条规定：国家实行生产安全事故责任追究制度，依照本法和有关法律、法规的规定，追究生产安全事故责任人员的法律责任。

6.6.1 建设工程安全生产事故法律责任类型

依照《安全生产法》和有关法律、行政法规的规定，对生产安全事故的责任者，由有关主管机关依法追究其行政责任；造成损失的，承担赔偿责任；构成犯罪的，追究刑事责任。

1. 民事责任

建设工程施工造成的人身伤害或财产损失，主要有两种类型：一是因为责任方原因造成建设工程之外的第三人人身或财产损害；二是因建设工程有关方的原因造成自身的人身或财产损害。

建设工程施工造成第三人人身或财产损害，责任方应当承担侵权责任。按照《中华人民共和国侵权责任法》（以下简称《侵权责任法》）的规定，责任方承担侵权责任的情形主要有以下几种。

（1）用人单位的工作人员因执行工作任务造成他人损害的，由用人单位承担侵权责任。劳务派遣期间，被派遣的工作人员因执行工作任务造成他人损害的，由接受劳务派遣的用工单位承担侵权责任；劳务派遣单位有过错的，承担相应的补充责任。

（2）建筑物、构筑物或其他设施及其搁置物、悬挂物发生脱落、坠落造成他人损害，所有人、管理人或者使用人不能证明自己没有过错的，应当承担侵权责任。所有人、管理人或者使用人赔偿后，有其他责任人的，有权向其他责任人追偿。

（3）建筑物、构筑物或其他设施倒塌造成他人损害的，由建设单位与施工单位承担连带责任。建设单位、施工单位赔偿后，有其他责任人的，有权向其他责任人追偿。因其他责任人的原因，建筑物、构筑物或其他设施倒塌造成他人损害的，由其他责任人承担侵权责任。

（4）从建筑物中抛掷物品或者从建筑物上坠落的物品造成他人损害，难以确定具体侵权人的，除能够证明自己不是侵权人的外，由可能加害的建筑物使用人给予补偿。

（5）堆放物倒塌造成他人损害，堆放人不能证明自己没有过错的，应当承担侵权责任。

（6）在公共道路上堆放、倾倒、遗撒妨碍通行的物品造成他人损害的，有关单位或个人应当承担侵权责任。

（7）在公共场所或道路上挖坑、修缮安装地下设施等，没有设置明显标志和采取安全措施造成他人损害的，施工人应当承担侵权责任。

其他情况造成的第三人损害，应当按照《侵权责任法》规定的过错责任原则处理，由责任方承担民事责任。

因建设工程有关方的原因造成自身财产损失，损失赔偿应当遵循《侵权责任法》规定的过错责任原则，在查明事故过错方的基础上，由过错方承担赔偿责任。施工人员在作业中意外伤亡的，受害方除可向致害方索赔外，还应当按照《中华人民共和国劳动法》等法规处理。伤亡的施工人员可以获得工伤保险等社会保险的补偿及意外伤害商业保险的赔偿。如果施工单位没有为其施工人投保，施工单位应当按照社会保险补偿的标准向其伤亡职工予以补偿。此时应明确施工人员劳动合同的用人单位。在实际中，大多数施工单位采取施工劳务分包的形式，较少使用自有职工进行施工作业。

2. 行政责任

依照《安全生产法》的有关规定，对安全生产事故的调查中，必须实事求是地查明事故的性质和责任，对确定为责任事故的，既要查清事故单位责任者的责任，也要查清对安全生产负有监督管理职责的有关部门是否有违法审批或不依法履行监督管理职责的责任。

负有安全生产监督管理职责的事故责任者，对于未构成犯罪的，按照《安全生产法》中法律责任相关规定，根据不同情节，分别给予降级、撤职或开除的行政处分，或给予罚款等行政处罚；构成犯罪的，依照刑法有关规定追究刑事责任。

3. 刑事责任

引发施工安全生产事故的行为，侵害的是不特定对象的人身权或者财产权，该类行为所构成的犯罪被称为《中华人民共和国刑法》（以下简称《刑法》）中的"危害公共安全罪"，包括重大责任事故罪、重大劳动安全事故罪、危险物品肇事罪、工程重大安全事故罪等。

（1）重大责任事故罪。《刑法》第一百三十四条规定了重大责任事故罪。其主体为自然人，包括对生产、作业负有组织、指挥或管理职责的负责人、管理人员及生产作业人员。在生产、作业中违反有关安全管理的规定，因而发生重大伤亡事故或者造成其他严重后果的，对直接负责的主管人员和其他直接责任人员，处 3 年以下有期徒刑或者拘役；情节特别恶劣的，处 3 年以上 7 年以下有期徒刑。强令他人违章冒险作业，因而发生重大伤亡事故或者造成其他严重后果的，处 5 年以下有期徒刑或者拘役；情节特别恶劣的，处 5 年以上有期徒刑。

（2）重大劳动安全事故罪。《刑法》第一百三十五条规定了重大劳动安全事故罪。工厂、矿山、林场、建筑企业或者其他企业、事业单位的劳动安全设施不符合国家规定，经有关部门或者单位职工提出后，对事故隐患仍不采取措施，因而发生重大伤亡事故或者造成其他严重后果的，对直接责任人员，处 3 年以下有期徒刑或者拘役；情节特别恶劣的，处 3 年以上 7 年以下有期徒刑。

（3）危险物品肇事罪。《刑法》第一百三十六条规定了危险物品肇事罪。该罪构成的客观要件是指违反爆炸性、易燃性、放射性、毒害性、腐蚀性物品的管理规定的行为，行为必须发生在生产、储存、运输、使用中发生重大事故，造成严重后果的，处 3 年以下有期徒刑或者拘役；后果特别严重的，处 3 年以上 7 年以下有期徒刑。

（4）工程重大安全事故罪。《刑法》第一百三十七条规定了工程重大安全事故罪。该罪的行为主体是建设单位、设计单位、施工单位、工程监理单位，但刑法只罚直接责任人员。客观行为包括违反国家规定，降低工程质量标准等导致重大安全事故发生的行为。犯该罪的，对直接责任人员，处 5 年以下有期徒刑或者拘役，并处罚金；后果特别严重的，处 5 年以上 10 年以下有期徒刑，并处罚金。

6.6.2 建设工程安全生产事故责任方的法律责任

建设工程安全生产事故责任方包括建设单位、勘察设计单位、监理单位、施工单位、供应单位、出租单位和拆装单位。

因施工单位负有安全生产的主要职责，其主要负责人、项目负责人及作业人员未履行安全生产管理职责，责令限期改正；逾期未改正的，责令停业整顿；构成犯罪的，追究刑事责任。未构成犯罪的，罚款或撤职；自刑罚执行完毕或受处分之日算起，5 年内不得担任任何施工单位的主要负责人、项目负责人。作业人员不服管理、违反规章制度和操作规程冒险作业，造成犯罪的，追究刑事责任。具体见表 6-2~表 6-5。

表 6-2 建设单位、勘察设计单位、监理单位的法律责任

主　体	违法行为	法律责任
建设单位	未提供建设工程安全生产作业环境及安全施工措施所需要的费用	责令限期改正；逾期未改正的，责令停止施工
	未将保证安全施工的措施或拆除工程的有关资料报送给有关部门备案	责令限期改正，给予警告
	对勘察、设计、施工、工程监理等单位提出不符合建设工程安全生产法律、法规和强制性标准规定的要求的；压缩合同约定的工期的；将拆除工程发包给不具有相应资质等级的施工单位的	责令限期改正，罚款；构成犯罪的，对直接责任人员追究刑事责任；造成损失的，承担赔偿责任
勘察设计单位	未按照法律、法规和工程建设强制性标准进行勘察设计的；采用新结构、新材料、新工艺的建设工程和特殊结构的建设工程，设计单位未在设计中提出保障施工作业人员安全和预防生产安全事故的措施建议的	责令限期改正，罚款；情节严重的，责令停业整顿，降低资质等级，直至吊销资质证书；构成犯罪的，对直接责任人员追究刑事责任；造成损失的，承担赔偿责任

续表

主　体	违 法 行 为	法 律 责 任
监理单位	未对施工组织设计中的安全技术措施或专项施工方案进行审查的； 发现安全事故隐患未及时要求施工单位整改或暂时停止施工的； 施工单位拒不整改或不停止施工，未及时向有关主管部门报告的； 未按照法律、法规和工程建设强制性标准实施监理的	责令限期改正，罚款； 逾期未改正的，责令停业整顿，降低资质等级，直至吊销资质证书； 构成犯罪的，对直接责任人员追究刑事责任； 造成损失的，承担赔偿责任

表6-3　施工单位违反安全生产管理的法律责任

违 法 情 形	具 体 表 现 形 式	法 律 责 任
未健全安全生产管理制度	未设立安全生产管理机构、专职管理人员的； 分部分项工程施工时无专职安全生产管理人员现场监督的； 主要责任人、项目负责人、专职安全生产管理人员、作业或者特种作业人员，未经安全教育培训或者经考核不合格即从事相关工作的； 未在施工现场的危险部位设置明显的安全警示标志，或者未按国家有关规定在施工现场设置消防通道、消防水源、配备消防设施和灭火器材的； 未向作业人员提供安全防护用具和安全防护服装的；未按规定在施工起重机械和整体提升脚手架、模板等自升式架设设施验收合格登记的； 使用国家明令淘汰、禁止使用的危及施工安全的工艺、设备、材料的	责令限期改正； 逾期未改正的，责令停业整顿，罚款； 构成犯罪的，对直接责任人员追究刑事责任； 造成损失的，承担赔偿责任
挪用相关费用	挪用列入建设工程概算的安全生产作业环境及安全施工措施所需费用	责令限期改正，罚款； 造成损失的，承担赔偿责任
违反施工现场管理	施工前未对安全施工的技术要求作出详细说明的； 未根据施工阶段和环境及季节、气候的变化，在施工现场采取相应的安全施工措施，或在城市市区内的建设工程施工现场未实行封闭围挡的； 在尚未竣工的建筑物内设置员工集体宿舍的； 施工现场临时搭建的建筑物不符合安全使用要求的； 未对因建设工程施工时可能造成损害的毗邻建筑物、构筑物和地下管线等采取专项防护措施的	责令限期改正； 逾期未改正的，责令停业整顿，罚款； 构成犯罪的，对直接责任人员追究刑事责任； 造成损失的，承担赔偿责任
违反安全设施管理	安全防护用具、施工设备、施工机具及配件进入施工现场前未经查验或查验不合格即投入使用的； 使用未经验收或验收不合格的施工起重机械和整体式提升脚手架、模板等自升式架设设施的； 委托不具有相应资质的单位承担施工现场安装、拆卸施工起重机械和整体式提升脚手架、模板等自升式架设设施的； 在施工组织设计中未编制安全技术措施、施工现场临时用电方案或专项施工方案的	责令限期改正； 逾期未改正的，责令停业整顿，罚款； 情节严重的，降低资质等级，直至吊销资质证书； 构成犯罪的，对直接责任人员追究刑事责任； 造成损失的，承担赔偿责任

违法情形	具体表现形式	法律责任
降低安全生产条件	施工单位取得资质证书后，降低安全生产条件的	责令限期改正；仍未达到相应安全生产条件的，责令停业整顿，降低资质等级直至吊销资质证书

表6-4　施工单位违反安全生产许可证管理的法律责任

违法情形	法律责任
未取得安全生产许可证擅自从事建筑施工活动	责令停止施工，没收违法所得，罚款；构成犯罪的，追究刑事责任
安全生产许可证有效期满未办理延期手续，继续从事建筑施工活动	责令停止施工，限期补办延期手续，没收违法所得，罚款；逾期仍未办理，继续从事施工活动的，责令停止施工，没收违法所得，罚款；构成犯罪的，追究刑事责任
转让安全生产许可证	没收违法所得，罚款；吊销安全生产许可证；构成犯罪的，追究刑事责任
接受转让安全生产许可证	责令停止施工，没收违法所得，罚款；构成犯罪的，追究刑事责任
冒用安全生产许可证或使用伪造的安全生产许可证	责令停止施工，没收违法所得，罚款；构成犯罪的，追究刑事责任
隐瞒有关情况或提供虚假材料申请安全生产许可证	不予受理或不予颁发安全生产许可证，警告，1年内不得再申请安全生产许可证
以欺骗、贿赂等不正当手段取得安全生产许可证	撤销安全生产许可证，3年内不得再次申请安全生产许可证；构成犯罪的，追究刑事责任

表6-5　供应、出租、拆装单位的法律责任

行为人	违法情形	法律责任
供应单位	未按安全施工要求配备齐全有效的保险、限位等安全设施和装置	责令限期改正，罚款；造成损失的，承担赔偿责任
出租单位	出租未经安全性能检测或经检测不合格的机械设备和施工机具及配件	责令停业改正，罚款；造成损失的，承担赔偿责任
拆装单位	未编制拆装方案，制定安全施工措施的；未出具自检合格证明或出具虚假证明的；未由专业技术人员现场监督的；未向施工单位进行安全使用说明，办理移交手续的	责令限期改正，罚款；情节严重的，责令停业整顿，降低资质等级，直至吊销资质证书；对于违反前两项行为，经有关部门或单位职工提出后，对事故隐患仍不采取措施，因而造成严重后果，构成犯罪的，对直接责任人追究刑事责任

 案例分析

原告：赵某（女）

被告：某国道指挥部、某道桥公司

1. 基本案情

2015 年，308 国道某段改建工程由该国道指挥部发包给道桥公司。同年 8 月 15 日晚 9 时，李某驾两轮摩托车上班，途经该处。由于道桥公司的施工作业区两端在夜间未设置明显夜光标志和危险警示标志，李某撞到道桥公司因挖坑施工而堆放在公路上的水泥石块上，经抢救无效于第二天死亡。原告赵某（死者之母）共花去抢救医疗费 15 800 元。

原告赵某起诉道桥公司及国道指挥部，要求赔偿原告抢救医疗费、死亡补助费、丧葬费等共计人民币 35 000 元。

被告国道指挥部辩称：308 国道的改建工程发包给施工单位承建，在施工中发生事故，应由施工单位承担责任。

被告道桥公司辩称：事故性质应属道路交通事故，现交警大队未作出交通事故责任认定书，法院不能先行裁决；308 国道指挥部已发文通告施工，被告在施工作业区两端竖立明显警告标志，已做到按章施工，因李某疏忽才酿成事故，故被告不应承担赔偿责任。

2. 案件审理

法院经审理认为，道桥公司应负特殊侵权全部赔偿责任，其理由如下。

（1）道桥公司在公路上挖坑施工，掘起的水泥石块堆在作业区旁，危及来往行人安全，又未设置明显标志。根据《中华人民共和国民法通则》（以下简称《民法通则》）第一百二十五条规定，施工人道桥公司对造成李某死亡的损害结果应承担民事责任。

（2）施工人不能证明事故是死者故意造成的，故李某依法不承担民事责任。

（3）国道指挥部已经把工程发包给道桥公司承包施工，其不属于《民法通则》第一百二十五条所规定的特殊侵权损害的责任主体，故其不应对李某的死亡后果承担民事责任。

法院依照《民法通则》第一百二十五条、第一百一十九条规定，参照《道路交通事故处理办法》的规定，主持双方当事人进行了调解。达成了如下调解协议：

被告道桥公司赔偿原告人民币 20 000 元，本案诉讼费 1 300 元，由被告道桥公司负担。

3. 案例评析

《民法通则》第一百二十五条规定："在公共场所、道旁或者通道上挖坑、修缮安装地下设施等，没有设置明显标志和采取安全措施造成他人损害的，施工人应当承担民事责任。"该条规定的是施工人应承担的特殊侵权损害赔偿的民事责任。

本案中，施工人道桥公司虽设有警告标志，但其标志在夜间无明显反光功能，也无其他警告标志，以致不能引起过往行人的足够注意。也就是说，道桥公司安全设施是有缺陷的，对由此造成的损害应当承担赔偿责任。

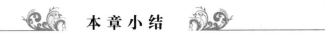

本章小结

本章以《建设工程安全生产管理条例》为核心，介绍了建设工程安全生产管理体制、安全管理基本制度、安全生产许可的基本规定。并详细介绍了工程建设各方主体的安全责任，对安全生产责任事故的处理及法律责任进行了说明。学习本章的内容，有助于从业人员加深对安全生产的理解，做到安全第一、预防为主。

习 题

1. 单选题

(1) 施工企业应当建立健全 ( ) 制度，加强对职工安全生产的教育培训；未经安全生产教育培训的人员，不得上岗作业。

    A. 安全生产教育培训　　　　　　B. 安全技能学习激励

    C. 劳保用品和学习资料统一配发　D. 岗位责任

(2) 监理工程师在实施监理过程中，发现存在重大事故隐患的，应立即要求施工单位 ( )；施工单位对重大事故隐患不及时整改的，应立即向建设行政主管部门报告。

    A. 限期整改　　　　　　　　　　B. 停工整改

    C. 停工　　　　　　　　　　　　D. 立即报告

(3) 在建筑生产中最基本的安全管理制度是 ( )。

    A. 安全生产责任制度　　　　　　B. 群防群治制度

    C. 安全生产教育培训制度　　　　D. 安全生产检查制度

(4) 建设工程安全管理的方针是 ( )。

    A. 安全第一，预防为主，综合治理

    B. 质量第一，兼顾安全

    C. 安全至上

    D. 安全责任重于泰山

(5) ( ) 是生产经营单位各项安全生产规章制度的核心，是生产经营单位行政岗位责任和经济责任制度的重要组成部分。

    A. 安全生产责任制　　　　　　　B. 安全生产培训

    C. 安全生产技术措施　　　　　　D. 职业安全健康管理体系

(6) ( ) 就是要求在进行生产和其他工作时把安全工作放在首要位置。

    A. 预防为主　　　　　　　　　　B. 以人为本

    C. 安全优先　　　　　　　　　　D. 安全第一

(7) 安全生产管理的目标是减少、控制危害和事故，尽量避免生产过程中由于 ( ) 所造成的人身伤害、财产损失及其他损失。

    A. 事故　　　　　　　　　　　　B. 管理不善

    C. 危险源　　　　　　　　　　　D. 事故隐患

(8) 生产经营单位的安全生产管理机构是专门负责 ( ) 的内设机构，其工作人员是专职安全生产管理人员。

    A. 安全生产管理　　　　　　　　B. 安全生产技术

    C. 安全生产教育培训　　　　　　D. 安全生产监督与管理

(9) 《国务院关于进一步加强安全生产工作的决定》中指出：要努力构建 ( ) 的安全生产工作格局。

    A. "政府统一领导、部门依法监管、企业全面负责、群众参与监督、全社会广泛支持"

    B. "政府统一领导、部门全面负责、企业依法监管、群众参与监督、全社会广泛支持"

    C. "政府依法监管、部门统一领导、企业全面负责、群众参与监督、全社会广泛支持"

D. "政府全面负责、部门统一领导、企业依法监管、群众参与监督、全社会广泛支持"

2. 多选题

(1) 安全事故的"四不放过"原则是（　　）。

A. 事故原因未调查清楚不放过　　B. 事故单位未处理不放过

C. 责任人员未处理不放过　　　　D. 整改措施未落实不放过

E. 有关人员未受到教育不放过

(2) 在下列内容中，属于安全监督检查人员职权的是（　　）。

A. 举报监督权　　　　　　　　　B. 批评控告权

C. 紧急避险权　　　　　　　　　D. 依法行政处罚权

E. 监督制止权

(3) 关于施工单位职工安全生产培训，下列说法正确的是（　　）。

A. 施工单位自主决定培训

B. 培训制度无硬性规定

C. 施工单位应当加强对职工的教育培训

D. 施工单位应当建立、健全教育培训制度

E. 未经教育培训或者考核不合格的人员，不得上岗作业

(4) 安全生产的目的包括（　　）。

A. 防止和减少生产安全事故　　　B. 保障人民群众生命和财产安全

C. 促进经济发展　　　　　　　　D. 减少项目成本

E. 加快项目进度

(5) 对下列（　　）情况，应由有关部门按有关规定追究有关领导和直接责任者的责任，并给予必要的行政、经济处罚。

A. 对事故隐瞒不报、谎报　　　　B. 对事故故意迟延不报

C. 故意破坏事故现场　　　　　　D. 无正当理由拒绝接受调查

E. 拒绝提供有关情况和材料

3. 思考题

(1) 建设单位、施工单位分别有哪些安全责任？

(2) 建设工程安全生产的行政监督管理机构有哪些？各自的职责范围是什么？

(3) 什么是建设工程重大安全事故？分为几个等级？

(4) 建筑安全生产管理方针是什么？

(5) 安全生产教育和培训的内容有哪些？

(6) 生产经营单位在劳动保护方面负有哪些职责？

(7) 如何进行建筑施工现场的安全防护管理？

(8) 安全生产许可证的取得条件有哪些？

(9) 根据生产安全事故造成的人员伤亡或者直接经济损失，事故一般分为哪几个等级？

(10) 安全事故发生后如何进行应急救援与调查处理？

4. 案例分析题

2017 年 6 月某日上午 9 时许，某市二期工程工地上，一个高达 75 m 的拆卸烟囱物料提升架突然向南倾翻，正在料架上进行高空拆卸作业的 30 余名民工从不同高度被瞬间抛下，

造成21人死亡，10人受伤（其中4人伤势严重）。该案发生后，该市检察院成立了案件协调小组，与纪检、公安等有关部门密切配合，在案发第一线全力以赴审查办理该案。经查：2014年10月，建三公司中标承建了此工程。2015年4月，建三公司项目经理马某将已中标的烟囱工程违规转包给不具备工程施工资质的承建人刘某。为了节省开支，减少投入费用，刘某等人自行购买材料加工物料提升架，并让不具备高空作业资格的民工进行安装拆卸。刘某在明知物料提升架固定在烟囱上的两处缆绳被拆除的情况下，违反操作规程，组织民工冒险作业拆除物料提升架，导致惨剧发生。

问题：

（1）我国对工程重大事故的等级是如何规定的？本案属于几级事故？

（2）发生重大事故后的报告和调查程序是怎样的？

（3）谁是施工现场管理的责任人和责任单位？

（4）为避免事故的发生，政府及相关企业应当如何加强建筑安全生产管理？

第 *7* 章

房地产法律制度

教学目标

本章主要讲述房地产法及其在整个法律体系中所处的地位。通过本章的学习，应达到以下目标。

（1）掌握房地产开发、城市房屋征收与补偿、房地产交易、物业管理方面的法律规定。

（2）了解我国房地产产权产籍管理的法律规定。

教学要求

知识要点	能力要求	相关知识
房地产法的概念原则和体制	（1）理解房地产法的概念； （2）熟悉房地产法的原则； （3）熟悉房地产管理体制	（1）法律、行政法规、地方性法规、部门规章、规范性文件和技术规范的联系与区别； （2）行政管理的内容
房地产开发用地	（1）掌握房地产开发用地的含义及基本制度； （2）掌握土地使用权出让的含义、主要方式及其优缺点； （3）掌握土地使用权划拨的含义及适用范围； （4）熟悉土地利用的其他方式	（1）招标出让； （2）拍卖出让； （3）挂牌出让； （4）转让
房地产开发经营	（1）掌握房地产开发经营的概念及分类； （2）掌握房地产开发经营的原则与要求； （3）熟悉房地产开发企业的资质要求	（1）宏观经济走势及政策； （2）定向开发、联合开发、合作开发
房屋征收与补偿	（1）掌握城市房屋征收与补偿的概念及原则； （2）掌握城市房屋征收与补偿的程序； （3）掌握城市房屋征收与补偿的纠纷处理方法	（1）房屋拆迁； （2）货币补偿； （3）产权调换
房地产交易	（1）熟悉房地产转让的含义、特征及禁止情形； （2）熟悉商品房销售的种类、条件及相关法律制度； （3）掌握房地产抵押的含义、特征、原则及相关的法律法规； （4）了解房屋租赁的概念及一般规定	（1）房地不分家； （2）预售与现售
房地产产权、产籍管理	（1）掌握房地产产权、产籍管理的概念； （2）熟悉房地产权属登记制度； （3）熟悉房地产产籍管理制度	（1）产权的概念； （2）产籍的概念

知识要点	能力要求	相关知识
物业服务	(1) 熟悉物业服务的含义、性质及内容； (2) 掌握管理规约及物业服务合同的内容； (3) 掌握物业服务相关制度	(1) 物业的概念； (2) 业主的概念； (3) 契约的含义

基本概念

房地产开发用地　出让　划拨　转让　城市房屋征收与补偿　房地产转让
房地产抵押　房地产销售　房地产产权　房地产产籍　物业服务

引例

2016年9月的一天，张某与李某签订了一份房屋买卖合同，内容是张某出资100万元购买李某的一套三室两厅住房。一周后，张某如约向李某交付了全部的房款，李某也将房屋所有权证原件交给了张某。张某认为既然双方已经履行了合同，不用着急办理房屋权属转移登记，因此既没有入住也没有及时办理相关手续。几个月后，李某突然患病去世。李某的妻子随即向所在地区的房管局提出李某名下的房产证丢失，并申请挂失。此后，她又按照规定在报纸上登载了"遗失声明"。年底，李妻作为唯一继承人又向房管部门提交了申请书、身份证明、继承公证书、遗失登报声明等材料申请办理房屋权属转移登记。房管部门经审核后同意向李妻发放了产权登记为她本人的房屋所有权证。一个月后，李妻将该房屋以120万元的价格转卖给王某，并于同日办理了房屋权属转移登记。房管部门向王某颁发了房屋所有权证。得知此事后，张某对李妻提起民事诉讼，要求法院确认其与李某签订的房屋买卖合同有效，确认李妻与王某签订的买卖协议无效，判令将诉争房屋退还给自己，同时要求法院撤销房管局对李妻办理的房产证。请问，张某能否胜诉？本案中该房屋的所有权最后应该属于谁？房管部门依照申请补办房产证是否合法？如何防止一房二卖？

7.1　房地产法概述

7.1.1　房地产法的基本概念及法律体系

1. 房地产法的概念

房地产是房产和地产的统称，包括房屋财产和土地财产，是指土地和土地上的房屋等建筑物与构筑物。由于房地产和房地产业所涉及的社会面广、资金量大、产权关系复杂，特别需要法律法规的规范。

房地产法是指在房地产开发、交易、服务、管理过程中所形成的一定的社会关系的法律规范的总称。房地产法有狭义和广义之分。狭义的房地产法仅指《中华人民共和国城市房地产管理法》，广义的房地产法，除《中华人民共和国城市房地产管理法》之外，还包括所有调整房地产关系的其他法律规范。本书讲述的是广义的房地产法。

2. 房地产法的法律体系

目前，中国房地产的法律法规体系较庞大，该体系包括房地产相关的法律、行政法规、地方性法规、部门规章、规范性文件和技术规范等。

房地产相关的法律包括四部，即《中华人民共和国城市房地产管理法》（1994 年颁布，1995 年 1 月 1 日施行，最新修订于 2009 年 8 月 27 日第十一届全国人民代表大会常务委员会第十次会议通过。以下简称《城市房地产管理法》）、《中华人民共和国土地管理法》新修订的土地管理法自 2020 年 1 月 1 日起施行。以下简称《土地管理法》）、《中华人民共和国城乡规划法》（最新修订于 2019 年 4 月 23 日发布。以下简称《城乡规划法》）、《中华人民共和国物权法》（2007 年 3 月 16 日由第十届全国人民代表大会通过，2007 年 10 月 1 日起实施。以下简称《物权法》）。

房地产的部门规章有《房地产开发企业资质管理规定》《城市商品房预售管理办法》《商品房销售管理办法》《商品房屋租赁管理办法》《城市房地产抵押管理办法》《闲置土地处置办法》《注册房地产估价师管理办法》《房产测绘管理办法》《房屋登记办法》《城市房地产权属档案管理办法》《城市新建住宅小区管理办法》《城市房屋修缮管理规定》《城市危险房屋管理规定》《城市异产毗连房屋管理规定》《建筑装饰装修管理规定》《公有住宅售后维修养护管理暂行办法》《已购公有住房和经济适用住房上市出售管理暂行办法》《廉租住房保障办法》《建设部关于纳入国务院决定的十五项行政许可的条件的规定》《房地产估价机构管理办法》等。

此外，还有《房地产估价师执业资格制度暂行规定》《房地产估价师执业资格考试实施办法》《城市房地产市场评估管理暂行办法》《关于加强与银行贷款业务相关的房地产抵押和评估管理工作的通知》《房地产经纪人员职业资格制度暂行规定》《房地产经纪人执业资格考试实施办法》《关于房地产中介服务收费的通知》《国有土地上房屋征收评估办法》《房地产抵押估价指导意见》等多项规范性文件，以及国家标准《房地产估价规范》《房产测量规范》等多项技术规范。

目前，房地产管理的主要环节均有法可依，房地产法律法规体系基本建立，为住宅建设和房地产业的健康发展创造了良好的上层建筑环境。

3. 房地产法的调整对象

房地产法的调整对象是一定范围内的房地产关系，即房地产活动的参与者在房地产开发、经营、交易、中介服务、物业服务等过程中所形成的一定的社会关系。主要体现在三个方面：一是房地产行政关系；二是房地产经济关系；三是房地产民事关系。

7.1.2　房地产法的基本原则

为了加强对房地产业的管理，维护房地产市场秩序，保障房地产权利人的合法权益，促进房地产业的可持续发展，房地产立法确定了以下几个基本原则。

（1）节约用地、保护耕地的原则。

（2）国家实行国有土地有偿、有限期使用的原则。

（3）国家扶持发展居民住宅建设的原则。

（4）国家保护房地产权利人合法权益的原则。

（5）房地产权利人必须守法的原则。

7.1.3　房地产管理体制

《城市房地产管理法》第七条规定："国务院建设行政主管部门、土地管理部门依照国务院规定的职权划分，各司其职，密切配合，管理全国房地产工作。"同时本条规定，"县级以上地方人民政府房产管理、土地管理部门的机构设置及其职权由省、自治区、直辖市人民政府确定。"

1. 土地管理部门

根据最新修订的《中华人民共和国土地管理法》规定，国务院自然资源主管部门统一负责全国土地的管理和监督工作。县级以上地方人民政府自然资源主管部门的设置及其职责，由省、自治区、直辖市人民政府根据国务院有关规定确定。国务院授权的机构对省、自治区、直辖市人民政府以及国务院确定的城市人民政府土地利用和土地管理情况进行督察。

2. 房产行政管理部门

中华人民共和国住房和城乡建设部（简称"住建部"）的房地产业司负责全国范围内房地产业的行业管理。地方各级政府房地产行政管理部门（如省建设厅房地产管理处和城市房地产管理局）负责本行政区内的房地产行业及城市房地产市场管理。

其中，住建部房地产业司的主要职责有以下几方面。

（1）起草和制定有关房地产的法律、法规。

（2）编制全国房地产行业战略规划和发展规划。

（3）指导全国的房地产开发与经营工作，完善并强化房地产市场管理体系，促进房地产行业和市场的健康发展。

（4）保护房地产权利人的合法权利，协调房地产重大纠纷的处理。

（5）指导各级政府房产行政管理部门的工作。

（6）督查全国各地违反房地产法律、法规（尤其是在全国有重大影响）的重大事件的查处。

（7）负责全国房地产开发和物业管理（一级）企业资质的审批。

7.2 房地产开发用地

7.2.1 房地产开发用地制度概述

房地产开发用地是指以进行房地产开发为目的取得土地使用权的土地。

根据《城市房地产管理法》的规定，房地产开发用地包括两类，即基础设施建设用地和房屋建设用地。

 知识要点提醒

理解房地产开发用地，应该注意以下几点：

（1）房地产开发用地仅限于国有土地，不包括农村或城市郊区的集体土地。如果农村和城市郊区的集体土地确需进行开发的，必须依法征用转为国有土地后才能进行开发。

（2）房地产开发用地取得的仅是土地的使用权，而不是所有权。城市土地归国家所有。

（3）根据《城市房地产管理法》，城市国有土地使用权可以利用出让、转让和划拨方式取得。

扫一扫

7.2.2　土地使用权出让

1. 土地使用权出让的概念

国有土地使用权出让是指国家将国有土地使用权在一定年限内出让给土地使用者，由土地使用者向国家支付土地使用权出让金的行为。土地使用权出让必须符合土地利用总体规划、城市规划和年度建设用地计划。

2. 土地使用权出让的特征

土地使用权出让的特征有以下几点。

（1）土地使用权的出让方只能是国家。

（2）土地使用权出让是有偿的。

（3）土地使用权出让是有期限的。

（4）土地使用权出让的客体是国有土地使用权。

 知识要点提醒

能够成为土地使用权出让客体的，只能是国有土地使用权，而不是国有土地所有权，也不是集体土地所有权或是集体土地使用权。集体土地未经征收转为国有土地的，不得出让。

3. 土地使用权出让的批准年限

《城镇国有土地使用权出让和转让暂行条例》第十二条规定，土地使用权出让的最高年限按用途确定为：居住用地 70 年，工业用地 50 年，教育、科技、文化卫生、体育用地 50 年，商业、旅游、娱乐用地 40 年，综合或其他用地 50 年。

4. 土地使用权出让的方式

《城市房地产管理法》规定，土地使用权出让的方式有三种，即拍卖出让、招标出让和协议出让。根据国土资源部颁布的《招标拍卖挂牌出让国有土地使用权规定》的规定，商业、旅游、娱乐和商品住宅等各类经营用地，必须采用拍卖、招标或者挂牌方式出让，特殊情况下才允许协议方式出让。

（1）拍卖出让。由出让方发布拍卖公告，由竞买人在指定的时间、地点公开叫价方式来竞争，根据出价结果来确定土地使用者。一般都为"价高者得"。竞投成功的开发企业在缴付定金之后，与土管部门签订出让合同，再按规定缴足出让金，取得用地规划许可证之后，就可以办理土地使用证了。

拍卖方式也有利于公平竞争，比较适用于区位条件好、交通便利的闹市区土地，在土地的利用上有较大的灵活性。

（2）招标出让。土地的行政管理部门发布招标公告，邀请特定或不特定的公民、法人和其他组织参加国有土地使用权投标，根据这个投标者设计标书进行竞争，最后来确定土地使用者。

这种竞争中标，虽然投标者出的价位高低是一个重要因素，但也不完全是价高者中标，政府要综合考虑各方面因素，像开发企业信誉、资信情况、以往开发经验业绩、未来发展计划等。根据这些选择最恰当的开发企业，以使得土地得到最充分、有效的利用。招标出让方式有利于公平竞争，比较适用于需要优化的土地布局及重大工程较大地块的出让。

（3）挂牌出让。出让人发布挂牌公告，按公告规定的期限将拟出让土地的交易条件在指定的土地交易所挂牌公布，接受竞买人的报价申请并更新挂牌价格，根据挂牌期限截止的出让结果确定土地使用权出让人。

挂牌方式对竞买者的优势是：挂牌时间长，允许多次报价，而且时间充裕，有利于投资者理性投资决策和竞争。对组织方的优势是：操作相对简单，易开展，有利于土地有形市场的形成和运作。

（4）协议出让。协议出让是指政府作为土地所有者（出让方）与选定的受让方磋商用地条件价款，达成协议并签订土地使用权出让合同，有偿出让土地使用权的行为。

协议出让方式的特点是自由度大，不利于公平竞争。因此，国家规定商业、旅游、娱乐和商品住宅等经营性用地，必须以招标、拍卖、挂牌的方式出让。除此之外，其他用途的土地出让时，在公布的地段上，同一地块只有一个意向用地者的，才可采用协议方式出让。协议出让的适用对象主要是公益事业、非营利性社会团体、机关单位用地和某些特殊用地。

7.2.3　土地使用权划拨

1. 土地使用权划拨的概念

土地使用权划拨是指县级以上人民政府依法批准，在用地者缴纳补偿、安置等费用后将该处土地交付其使用，或者将土地使用权无偿支付土地使用者使用的行为。

土地使用权划拨有以下含义。

（1）土地使用权划拨包括土地使用者缴纳安置、补偿费用（如城市存量土地或集体土地征收的成本费用）和无偿取得（如国有的荒山、沙漠、滩涂等）两种方式。

（2）除法律、法规另有规定外，划拨土地没有使用期限的限制，但未经许可不得进行转让、出租、抵押等经营活动。

（3）取得土地使用权划拨，必须经有批准权的人民政府核准并按照法定的程序办理手续。

（4）在国家没有法律规定前，在城市范围内的土地和在城市范围以外的国有土地，除出让土地以外的土地，均按划拨土地进行管理。

 知识要点提醒

土地使用权划拨具有公益目的性、无偿性、无限期性、限制流通性等特征。

2. 土地使用权划拨的范围

根据《城市房地产管理法》规定，下列土地使用权，确属必需的，可由县级以上人民政府依法批准划拨。

（1）国家机关用地和军事用地。

（2）城市基础设施和公益事业用地。

（3）国家重点扶持能源、交通、水利等项目用地。

（4）法律、行政法规规定的其他用地。

如国务院规定"经济适用房用地采用行政划拨方式"供应。目前廉租房用地也是通过行政划拨的方式供地。

3. 土地使用权的收回

国家无偿收回土地使用权有多种原因，主要有以下七种。

（1）土地使用者迁移、解散、撤销、破产或其他原因而停止使用土地。

（2）国家为了公共利益需要和城市规划的要求收回土地使用权。

（3）各级司法部门没收其所有财产而收回土地使用权。

（4）土地所有者自动放弃土地使用权。

（5）未经原批准机构同意，连续 2 年未使用。

（6）不按批准用途使用土地。

（7）铁路、公路、机场、矿场等核准报废的土地。

7.2.4　土地开发利用的其他方式

《物权法》第一百四十三条规定，建设用地使用权人有权将建设用地使用权转让、互换、出资、赠予或者抵押，但法律另有规定的除外。

7.2.4.1　建设用地使用权的转让

建设用地使用权的转让是指建设用地使用权人不改变权利的客体和内容，将其权利以合同的方式再进行转移的行为，包括狭义的转让、互换、出资、赠予等方式。

建设用地使用权转让合同必须以书面形式订立，一般包括如下条款：①当事人的名称和住所；②土地界址、面积等；③建筑物、构筑物及其附属设施占用的空间；④土地用途；⑤使用年限；⑥转让价款的数额及其支付方式；⑦解决争议的办法。

1. 以出让方式取得土地使用权转让的条件

（1）按合同约定已支付全部出让金，并取得土地使用权证。

（2）按出让合同约定进行报资开发，属于房屋建设工程的，完成开发投资总额的 25% 以上；属于成片开发土地的，形成工业用地或者其他建设用地条件。

2. 以划拨方式获得土地使用权的转让条件

应按照国务院规定，报有批准权的人民政府审批。具体分两种情况：准予转让的，应当由受让方办理土地使用权出让手续，并依照国家规定缴纳土地使用权出让金；也可以不办理土地使用权出让手续，转让方按照国务院规定将转让房地产所获收益中土地收益上缴国家或作其他处理。

3. 土地使用权的转让方式

土地使用权转让主要有出售、交换和赠予三种方式。

（1）出售。出售是指土地使用者将余期土地使用权转移给其他土地使用者。土地使用权出售后，出让合同中的一切权利义务全部转给新的土地使用者。一般买卖行为涉及所有权的转移，而土地使用权的出售只转移使用权，所有权仍属国家。

（2）交换。交换是指双方当事人约定互相转移余期土地使用权，或者一方转移土地使用权，另一方转移金钱等其他标的物。土地使用权交换后，双方同土地管理部门因出让而产生的权利义务关系也同时转移。

（3）赠予。赠予是指赠予人自愿无偿地将余期土地使用权转移受赠人。土地使用权赠予后，赠予人与土地管理部门之间因出让而产生的权利义务关系也随之转移给受赠人。

在实际经济生活中，还有其他转让方式，如土地使用权继承、作价入股、企业兼并合并等。

土地使用权转让时，出让合同要到房地产开发主管部门备案，办理项目开发人变更手续。出让合同的权利义务随之转移。地上建筑物、附着物所有权也随之转移。转让土地的使用年限为出让合同规定的年限减去原使用者已使用年限后的剩余年限。

7.2.4.2 建设用地使用权的出租

建设用地使用权的出租是指建设用地使用权人作为出租人，将建设用地使用权随同地上建筑物、其他附着物租赁给承租人使用，由承租人向出租人交付租金的行为。《中华人民共和国城镇国有土地使用权出让和转让暂行条例》第二十八条规定，未按土地使用权合同规定的期限和条件投资开发、利用土地的，土地使用权不得出租。建设用地使用权出租时，出租人与承租人应当签订书面租赁合同。租赁期限应当由当事人协商确定，但是不得超过建设用地使用权的剩余年限。

7.2.4.3 建设用地使用权的抵押

建设用地使用权的抵押是指抵押人以其建设用地使用权向抵押权人提供债务履行担保的行为，债务人不履行到期债务或出现当事人约定的实现抵押权的条件时，抵押权人有权依法从抵押的建设用地使用权的变价款中优先受偿。

建设用地使用权抵押应当订立书面合同，并办理抵押登记。抵押权自登记时设立。建设用地使用权抵押时，其地上建筑物、其他附着物也随之抵押。《物权法》第一百八十二条规定，以建筑物抵押的，该建筑物占用范围内的建设用地使用权一并抵押。以建设用地使用权抵押的，该土地上的建筑物一并抵押。抵押人未按照上述规定一并抵押的，未抵押的财产视为一并抵押。

7.3 房地产开发经营

7.3.1 房地产开发经营的概念及分类

1. 房地产开发经营的概念

根据《中华人民共和国城市房地产管理法》及国务院《城市房地产开发经营管理条例》规定，房地产开发经营是指在依法取得国有土地使用权的土地上进行基础设施、房屋建设，并转让房地产开发项目或者销售、出租商品房的行为。

由于房地产商品本身具有较为特殊的物质属性和经济属性，使得房地产开发活动相比其他的商品生产活动有着许多显著不同的特点。这些特点主要体现在以下几方面。

（1）易受国家的经济政策等多方面环境因素的影响和制约。

（2）涉及面广、综合性与复杂性强。

（3）开发成本高、建设周期长、风险大。

2. 房地产开发经营的分类

房地产开发的形式多种多样，它可以从不同的角度进行分类。从房地产开发实践来看，主要有以下几种分类方式。

（1）按照房地产开发的深度，房地产开发可分为土地开发和房屋开发。

（2）按照被开发区域的地理位置和性质，房地产开发可分为城市新区开发和旧城改造。

（3）按照开发的规模，房地产开发可分为单项开发和成片小区开发。

（4）按照开发方式，房地产开发可分为定向开发、联合开发、合作开发和单独开发。

7.3.2 房地产开发经营的原则

房地产开发经营应当遵循以下几个原则。

（1）在依法取得土地使用权的城市规划区国有土地范围内从事房地产开发。

（2）严格执行城市规划。

（3）坚持经济效益、社会效益、环境效益相统一。

（4）坚持全面规划、合理布局、综合开发、配套建设。

（5）符合国家产业政策、国民经济和社会发展计划。

7.3.3 房地产开发经营的要求

1. 开发主体合法

房地产开发经营涉及国家的重要产业，对国民经济有重要影响，资金投入量很大，最重要的是涉及土地资源的利用，所以国家对房地产开发经营的资格是有严格要求的。根据《中华人民共和国城市房地产管理法》（以下简称《城市房地产管理法》）第三十条和国务院《城市房地产开发经营管理条例》第二章的相关规定，进行房地产开发的单位必须首先取得房地产开发资格，如果是房地产开发企业，应按照《城市房地产管理法》规定的条件设立，并到工商行政管理部门申请登记，并取得营业执照。不具有房地产开发经营资格的企业不能进行房地产开发经营。

如果房地产项目是由多个主体合资、合作开发经营的，那么房地产合同的当事人一方必须具有房地产开发经营资格，这是对此类合同的主体资格要求。

2. 依法取得房地产开发用地的使用权

房地产开发主体必须通过《城市房地产管理法》规定的合法途径（出让和划拨），取得房地产开发用地的使用权。用于房地产开发的土地，必须权属清晰，房地产开发主体拥有国有土地使用证。《城市房地产管理法》第二十八条规定："依法取得的土地使用权，可以依照本法和有关法律、行政法规的规定，作价入股，合资、合作开发经营房地产。"

3. 在规定的期限内动工开发房地产

以出让方式取得土地使用权进行房地产开发的，必须按照土地使用权出让合同约定的土地用途、动工开发期限开发土地。超过合同规定的动工开发日期满 1 年未动工开发的，征收相当于出让金20%以下的土地闲置费；满 2 年未动工开发的，可以无偿收回土地使用权。但是因不可抗力或者政府及有关部门的行为，或者动工开发必需的前期工作造成动工开发迟延的除外。

4. 实施房地产项目资本金制度

《城市房地产开发经营管理条例》规定，房地产开发项目应当建立资本金制度，资本金占项目总投资的比例不得低于20%。随着房地产行业的发展热度提高，国家对房地产项目资本金的要求也越来越高。2004 年 4 月，针对房地产投资过热的情况，国务院颁布了《关于调整部分行业固定资产投资项目资本金比例的通知》，规定从 2004 年 4 月 26 日起，将房地产开发项目（不含经济适用房项目）资本金比例由20%提高到35%及以上。2008 年，为应对金融危机，扩大国内需求，国家又采取了一系列鼓励投资的措施，对项目资本金比例做了细化处理。2009 年 5 月 27 日国务院公布的《关于调整固定资产投资项目资本金比例的通知》规定，保障性住房和普通商品住房项目的最低资本金比例为 20%，其余房地产开发项目的最低资本金比例要求为 30%。2015 年 9 月 9 日，为解决融资难、融资贵的问题，保证经济平稳发展，国务院下发了《关于调整和完善固定资产投资项目资本金制度的通知》，又将房地产开发项目的最低资本金比例要求调整为 25%。

可见，固定资产投资项目资本金制度既是宏观调控手段，又是风险约束机制。它能在一定程度上防范不规范企业的违规开发行为，减少"烂尾楼"的发生，减少开发经营风险。

5. 应对其开发建设的房地产项目质量承担责任

房地产开发企业开发建设的房地产项目，应当符合有关法律、法规的规定，有关工程质量、安全标准、勘察、设计、施工的技术规范及合同的约定。

房地产开发企业应对其开发建设的房地产项目质量承担责任。勘察、设计、施工、监理等有关单位应按照《建筑法》和《建设工程质量管理条例》等有关法律、法规或者合同约定承担相应的责任。

7.3.4 房地产开发企业

1. 房地产开发企业的资质等级划分

为加强对房地产开发企业的管理，规范房地产开发企业行为，国家对房地产开发企业实行资质管理制度。房地产开发企业应具备相应的资质等级证书才能从事房地产开发活动。根据 2015 年 5 月 4 日修订的《房地产开发企业资质管理规定》，对房地产开发企业的资质等级划分、资质审批、相应的业务范围等均做了明确规定。房地产开发企业资质分为一级、二级、三级、四级资质和暂定资质。其中一级至四级资质的开发企业应满足的主要条件见表7-1。

表 7-1 房地产开发企业的资质等级条件

<table>
<tr><th colspan="2">内 容</th><th>一级资质</th><th>二级资质</th><th>三级资质</th><th>四级资质</th></tr>
<tr><td colspan="2">从事房地产开发经营年限</td><td>5 年以上</td><td>3 年以上</td><td>2 年以上</td><td>1 年以上</td></tr>
<tr><td colspan="2">上一年房屋建筑施工面积</td><td>15 万 m² 以上</td><td>10 万 m² 以上</td><td></td><td></td></tr>
<tr><td colspan="2">累计竣工的房屋建筑面积</td><td>近 3 年 30 万 m² 以上，或者累计完成与此相当的房地产开发投资额</td><td>近 3 年 15 万 m² 以上，或者累计完成与此相当的房地产开发投资额</td><td>5 万 m² 以上，或者累计完成与此相当的房地产开发投资额</td><td></td></tr>
<tr><td colspan="2">建筑工程质量合格率</td><td>连续 5 年达 100%</td><td>连续 3 年达 100%</td><td>连续 2 年达 100%</td><td>已竣工的达 100%</td></tr>
<tr><td rowspan="6">人员配备</td><td>有职称的管理人员</td><td>不少于 40 人</td><td>不少于 20 人</td><td>不少于 10 人</td><td>不少于 5 人</td></tr>
<tr><td>中级以上职称的管理人员</td><td>不少于 20 人</td><td>不少于 10 人</td><td>不少于 5 人</td><td></td></tr>
<tr><td>持资格证书的专职会计人员</td><td>不少于 4 人</td><td>不少于 3 人</td><td>不少于 2 人</td><td>不少于 2 人</td></tr>
<tr><td>工程技术负责人</td><td colspan="4">具有相应专业中级以上职称</td></tr>
<tr><td>财务负责人</td><td colspan="2">具有相应专业中级以上职称</td><td colspan="2">具有相应专业初级以上职称</td></tr>
</table>

新设立的房地产开发企业应当自领取营业执照之日起 30 日内，持营业执照复印件、企业章程、企业法定代表人的身份证明、专业技术人员的资格证书和劳动合同、房地产开发主管部门认为需要出示的其他文件到房地产开发主管部门备案。

房地产开发主管部门应当在收到备案申请后 30 日内向符合条件的企业核发《暂定资质证书》。《暂定资质证书》有效期为 1 年。房地产开发主管部门可以视企业经营情况延长《暂定资质证书》有效期，但延长期限不得超过 2 年。自领取《暂定资质证书》之日起 1 年内无开发项目的，《暂定资质证书》有效期不得延长。房地产开发企业应当在《暂定资质证书》有效期满前 1 个月内向房地产开发主管部门申请核定资质等级。房地产开发主管部门应当根据其开发经营业绩核定相应的资质等级。申请《暂定资质证书》的条件不得低于四级资质企业的条件。

此外，各类资质等级的房地产开发企业还必须具备完善的质量保证体系，未发生过重大工程质量事故，并且其商品住宅销售实行了《住宅质量保证书》和《住宅使用说明书》制度。

2. 房地产开发企业的资质审批及动态管理

房地产开发企业的一级资质由住建部审批，二级及以下资质由省、自治区、直辖市人民政府房地产行政主管部门审批。

（1）一级房地产开发企业资质审批程序。申请人先向所在的省、自治区、直辖市人民政府房地产行政主管部门提出申请，提交有关材料；省、自治区、直辖市人民政府房地产行政主管部门对申请材料进行初审，核验原件，提出初审意见，并将初审意见和全部申请材料上报建设部；建设部进行审核，作出行政许可决定；准予许可的，于法定时间内向申请人颁发并送达资质证书。

（2）二级及以下的房地产开发企业资质审批程序。其具体审批办法由省、自治区、直辖市人民政府建设行政主管部门制定。经资质审查合格的企业，由资质审批部门发给相应的资质等级证书。新成立的房地产开发企业应当在《暂定资质证书》有效期满前 1 个月内持规定的证件向房地产开发主管部门申请核定资质等级。房地产开发主管部门应当根据其开发经营业绩依法核定相应的资质等级。

房地产开发企业的资质每年核定 1 次。对达不到原定资质标准的房地产开发企业，由原审批部门予以降级或吊销资质等级证书。

新设立的房地产开发企业申领的《暂定资质证书》有效期为 1 年。房地产开发主管部门可以视企业经营情况延长《暂定资质证书》有效期，但延长期限不得超过 2 年。自领取《暂定资质证书》之日起 1 年内无开发项目的，《暂定资质证书》有效期不得延长。

7.4 房屋征收与补偿

7.4.1 房屋征收与补偿概述

1. 房屋征收的概念

房屋征收即国有土地上房屋征收，是指为了公共利益的需要，市、县级人民政府作出房屋征收决定，征收国有土地上单位、个人的房屋，收回相应的国有土地使用权，并对被征收房屋所有权人给予公平补偿的行为。国有土地上房屋征收的唯一主体是国家，国有土地上房屋征收是国家行为，具体行使国有土地上房屋征收权力的机关为市、县级人民政府。国有土地上房屋征收的被征收人为房屋的所有权人，是给予房屋征收补偿的主体，只具有房屋使用权的人不作为被征用人。

2. 房屋征收与房屋拆迁、房屋搬迁的区别

2011年1月19日，国务院第141次常务会议通过了《国有土地上房屋征收与补偿条例》（中华人民共和国国务院令第590号），并同时废止了2001年6月13日国务院公布的《城市房屋拆迁是管理条例》。在房屋征收中，地方政府的征收决定是原房屋物权消灭的法律行为。

《国有土地上房屋征收与补偿条例》第二十七条规定，实施房屋征收应当先补偿、后搬迁。作出房屋征收决定的市、县级人民政府对被征收人给予补偿后，被征收人应当在补偿协议约定或者补偿决定确定的搬迁期限内完成搬迁。可见，房屋搬迁的前提是房屋征收决定的实现，也是补偿协议签订后或者补偿决定公告后，被征收人履行义务的行为。

原城市房屋拆迁制度中的房屋拆迁是指取得房屋拆迁许可证的拆迁人，拆除城市规划区内国有土地上的房屋及其附属物，并对被拆迁房屋的所有人进行补偿或安置的行为。在原城市房屋拆迁制度中，拆迁是一种消灭原房屋物权的事实行为。

在《城市房屋拆迁管理条例》中并没有规定搬迁与补偿的先后顺序，导致在以往的房屋征收中出现先斩后奏的情况，被征收人往往处于弱势地位。《国有土地上房屋征收与补偿条例》规定先补偿后搬迁，并将原来的"拆迁房屋"改为"搬迁房屋"，被征收人将增加谈判筹码，有利于被征收人地位的提升，也符合公平理论。

3. 房屋征收的前提

根据《国有土地上房屋征收与补偿条例》第二条的规定："为了公共利益的需要，征收国有土地上单位、个人的房屋，应当对被征收房屋所有权人（以下称被征收人）给予公平补偿。"

该条例列出了"公共利益需要"的六方面的具体内容：国防和外交的需要，由政府组织实施的能源、交通、水利等基础设施建设的需要，由政府组织实施的科技、教育、文化、卫生、体育、环境和资源保护、防灾减灾、文物保护、社会福利、市政公用等公共事业的需要，由政府组织实施的保障性安居工程建设的需要，由政府依照城乡规划法有关规定组织实施的对危房集中、基础设施落后等地段进行旧城区改建的需要，法律、行政法规规定的其他公共利益的需要。这种列举的方式对公共利益进行了界定，排除了一些显然出于商业目的、与公共利益无关的用途。

根据《国有土地上房屋征收与补偿条例》第九条的规定，国有土地上房屋征收除满足确需征收的情形，符合公共利益需要外，还应该具备以下条件：确需征收房屋的各项建设活动，应当符合国民经济和社会发展规划、土地利用总体规划、城乡规划和专项规划。保障性安居工程建设、旧城区改建应当纳入市、县级国民经济和社会发展年度计划。

根据《中华人民共和国土地管理法》和《中华人民共和国土地管理法实施条例》，确需征收房屋的范围包括：①城市市区的土地；②农村和城市郊区中已经被依法没收、征收、征购为国有的土地；③国家依法征的土地；④依法不属于集体所有的林地、草地、荒地、滩涂及其他土地；⑤农村集体经济组织全部成员转为城镇居民的，原属于其成员集体所有的土

地；⑥因国家组织移民、自然灾害等原因，农民成建制地集体迁移后不再使用的原属于迁移农民集体所有的土地。从这里可以看出，适用于征收国有土地上的单位和个人的房屋，不限于城市规划区内，也可能会在农村。

 知识要点提醒

适用于征收国有土地上的单位和个人的房屋，不限于城市规划区内，也可能会在农村。

4. 房屋征收的原则

房屋征收与补偿应当遵循决策民主、程序正当、结果公开的原则。

（1）决策民主。即决策的形成过程必须经过民主程序，保障人民群众充分参与决策过程，听取人民群众的意见，体现和反映人民群众的意愿与要求，代表人民群众的根本利益。

（2）程序正当。要求不仅重视其实现，而且应该用人们看得见的方式来实现。例如，通过听证会的方式听取被征收人意见，确定征收是否正当。涉及旧城区改造等城市规划问题时，引入了公民代表的参与。这些规定改变了过去"政府说了算"的局面，政府需要更多地倾听民意，并且在必要的时候根据民意修改原有的方案。

（3）结果公开。即要求凡是对房屋征收及被征收人利益的重大事项和被征收人普遍关心的问题的处理结果，应该按照法律规定的权限和程序如实向被征用人公开，接受被征用人的监督。

7.4.2 房屋征收程序

通过征收获得公民房屋所有权，必须符合三个法定条件：一是为了公共利益；二是必须依照法律规定的条件和程序；三是给予补偿。

《国有土地上房屋征收与补偿条例》规定的房屋征收程序体现了公众参与和公开透明的原则。政府作出征收决定，要依照下列程序进行。

1. 征收房屋的规划管理

确需征收房屋的各项建设活动应当符合国民经济和社会发展规划、土地利用总体规划、城乡规划和专项规划。保障性安居工程建设、旧城区改建应当纳入市、县级国民经济和社会发展年度计划。制定国民经济和社会发展规划、土地利用总体规划、城乡规划和专项规划应当广泛征求社会公众意见，经过科学论证。

2. 征收补偿方案的公布

在拟订征收补偿方案前，房屋征收部门应当对房屋征收范围内房屋的权属、区位、用途、建筑面积等情况组织登记，被征收人应当予以配合，调查结果应当对被征收范围内被征收人公布。房屋征收部门根据调查结果拟订征收补偿方案，报市、县级人民政府。市、县级人民政府应当组织有关部门对征收补偿方案进行论证并予以公布，征求公众意见。

征收补偿方案的基本内容一般包括：征收程序安排方案，有产权证房屋的补偿安置方案，土地使用前补偿、置换方案，无产权证房屋的处理程序与区分补偿安置方案，住宅改商用的补偿安置方案，交易房屋的补偿方案，住房困难户的安置方案，作出补偿决定工作进度安排方案，行政复议、行政诉讼答辩应诉方案，补偿纠纷起诉方案，非诉讼行政执行申请方案，申请诉讼强制搬迁方案。

3. 征收的听证程序

《国有土地上房屋征收与补偿条例》第十一条第二款规定，因旧城区改建需要征收房屋，多数被征收人认为征收补偿方案不符合本条例规定的，市、县级人民政府应当组织由被征收人和公众代表参加的听证会，并根据听证会情况修改方案。对合理建议要充分吸收采纳，以便于旧城区改建房屋征收工作的顺利进行。

4. 征收的风险评估和决定

《国有土地上房屋征收与补偿条例》第十二条规定，市、县级人民政府作出房屋征收决定前，应当按照有关规定进行社会稳定风险评估；房屋征收决定涉及被征收人数量较多的，应当经政府常务会议讨论决定。要积极做好调查、研究，精确分析并全面评估，制定风险应对策略和预案，预防、避免、控制群体性事件、自焚等自杀事件及其他影响社会稳定的事情发生。

社会稳定风险评估的对象主要包括：反对旧城区改造的被征收人，住房困难户，相邻权受到建设项目影响的人，被征收房屋的抵押权人，被征收房屋的承租人，被征收房屋的所有权人与经租人，被征收房屋的出售人与买受人。

风险评估应坚持"责权统一、合法合理、科学民主、以人为本、公平效益"的原则，按照以下程序来进行：制订评估方案，组织调查论证，评估风险等级，形成评估报告，集体研究审定。

5. 征收决定的公布

市、县级人民政府作出房屋征收决定后应及时公告。公告中应载明征收补偿决定方案和行政复议、行政诉讼权利等事项。

6. 被征收人的救济途径

被征收人对征收决定和补偿决定不服的，可以依法申请行政复议或提起行政诉讼。被征收人患有重大疾病、生活困难或住房困难的，可以获得补助。

7.4.3　房屋征收补偿

1. 房屋征收补偿的范围

根据《国有土地上房屋征收与补偿条例》第十七条的规定，作出房屋征收决定的市、县级人民政府对被征收人给予的补偿包括以下几方面。

（1）被征收房屋价值的补偿：包括被征收房屋及其占用范围内的土地使用权的补偿及房屋室内装饰装修价值的补偿。被征收房屋包括被征收的房屋及与房屋主体建筑有关的附属建筑或构筑物。对被征收房屋价值的补偿不得低于房屋征收决定公告之日被征收房屋类似房地产的市场价格。被征收房屋的价值由具有相应资质的房地产价格评估机构按照房屋征收评估办法评估确定。

（2）因征收房屋造成的搬迁、临时安置的补偿：房屋被征收后，被征收人需要临时安置或者补偿，政府可以提供临时安置的房屋，也可以提供租金让其租赁房屋。租赁房屋需要政府承担租金。具体标准以不低于生活居住条件为限。

（3）因征收房屋造成的停产停业损失的补偿。

《国有土地上房屋征收与补偿条例》第二条规定，为了公共利益的需要，征收国有土地上单位、个人的房屋，应当对被征收房屋所有权人（以下称被征收人）给予公平补偿。可见，房屋征收补偿的对象是房屋的所有权人。对于被征收房屋的用途和建筑面积的确定，一般以房屋产权证的记载为准，如记载与实际不符的，除违章建筑外，应以实际为准。

《国有土地上房屋征收与补偿条例》第十六条规定，房屋征收范围确定后，不得在房屋征收范围内实施新建、扩建、改建房屋和改变房屋用途等不当增加补偿费用的行为；违反规定实施的，不予补偿。

2. **房屋征收补偿的方式**

《国有土地上房屋征收与补偿条例》第二十一条规定，被征收人可以选择货币补偿，也可以选择房屋产权调换。

（1）货币补偿。货币补偿是指在房屋征收补偿中，经征收人与被征收人协商，被征收人放弃产权，征收人以对征收房屋的市场估价为标准，对被征收房屋的所有权人进行货币形式的补偿。货币形式补偿后，如果所有权和使用权分离，征收人不再承担对使用人的安置责任，而转由被征收房屋的所有权人对使用人进行安置。

（2）房屋产权调换。房屋产权调换是指国家用异地或原地重建的房屋按照一定的标准进行交换的一种方式。它是以实物形态来体现对被征收人的补偿，无论是居住房屋还是非居住房屋，都可以采用产权调换的方式来进行补偿。因旧城区改建征收个人住宅，被征收人选择在改建地段进行房屋产权调换的，作出房屋征收决定的市、县级人民政府应当提供改建地段或者就近地段的房屋，并与被征收人分别计算用于产权调换的房屋与被征收的房屋的价格，结清差价。

3. **房屋征收补偿的标准**

房屋征收补偿标准是房屋征收过程中矛盾的焦点。《国有土地上房屋征收与补偿条例》第十九条、第二十二条、第二十三条规定，对被征收房屋价值的补偿，不得低于房屋征收决定公告之日被征收房屋类似房地产的市场价格。第二十二条规定，因征收房屋造成搬迁的，房屋征收部门应当向被征收人支付搬迁费；选择房屋产权调换的，产权调换房屋交付前，房屋征收部门应当向被征收人支付临时安置费或者提供周转用房。第二十三条规定，对因征收房屋造成停产停业损失的补偿，根据房屋被征收前的效益、停产停业期限等因素确定。

7.4.4　房屋征收纠纷处理

1. **纠纷的种类**

按照房屋征收部门与被征收人是否达成补偿协议，纠纷可以分为两种：达成协议后形成的纠纷和达不成补偿协议的纠纷。

征收补偿协议是由房屋征收部门与被征收人签订，协议内容包括补偿方式、补偿金额和支付期限、用于产权调换房屋的地点和面积、搬迁费、临时安置费或者周转用房、停产停业损失、搬迁期限、过渡方式和过渡期限等事项。

2. **纠纷的处理方式**

对于达成协议后的纠纷，一方当事人不履行补偿协议约定的义务时，另一方当事人可以依法提起诉讼。

房屋征收部门与被征收人在征收补偿方案确定的签约期限内达不成补偿协议的，采取行政途径解决。由房屋征收部门报请作出房屋征收决定的市、县级人民政府依法按照征收补偿方案作出补偿决定，并在房屋征收范围内公告。

3. **房屋征收决定的实施**

（1）房屋搬迁的期限。在市、县级人民政府作出房屋征收决定并对被征收人给予补偿后，被征收人应在补偿协议约定或者补偿决定确定的搬迁期限内完成搬迁。

（2）房屋搬迁的强制执行。被征收人在法定期限内不申请行政复议或者不提起行政诉讼，在补偿决定规定的期限内又不搬迁的，由作出房屋征收决定的市、县级人民政府依法申请人民法院强制执行，而不能采取行政强迁的手段。

强制执行申请书应当附具补偿金额和专户存储账号、产权调换房屋和周转用房的地点与面积等材料。

（3）房屋搬迁的禁止行为。《国有土地上房屋征收与补偿条例》第二十七条第三款规定，任何单位和个人不得采取暴力、威胁或者违反规定中断供水、供热、供气、供电和道路通行等非法方式迫使被征收人搬迁。禁止建设单位参与搬迁活动。同时，第三十一条规定，采取暴力、威胁或者违反规定中断供水、供热、供气、供电和道路通行等非法方式迫使被征收人搬迁，造成损失的，依法承担赔偿责任；对直接负责的主管人员和其他直接责任人员，构成犯罪的，依法追究刑事责任；尚不构成犯罪的，依法给予处分；构成违反治安管理行为的，依法给予治安管理处罚。第三十二条规定，采取暴力、威胁等方法阻碍依法进行的房屋征收与补偿工作，构成犯罪的，依法追究刑事责任；构成违反治安管理行为的，依法给予治安管理处罚。

7.5 房地产交易

7.5.1 房地产交易概述

1. 房地产交易的含义

作为一种商品或财产的流转状况，房地产交易具体指房地产转让、房地产抵押和房屋租赁三种形式。

2. 房地产交易的管理

政府设立的房地产交易管理部门及其他相关部门以法律的、行政的、经济的手段，对房地产交易活动行使指导、监督等管理职能。其中使用较多的是经济手段，如开征房产税、征收营业税和所得税、实施差别化住房信贷政策等。同时又根据房地产市场的形势采取行政手段调控，如商品房预售的许可制度、住房保障制度、土地政策、限购政策等。大多数行政手段通过法律法规的形式来体现。

3. 房地产交易中的基本制度

《城市房地产管理法》和相关法规在房地产交易环节规定的有关制度有：房地产价格申报制度、房地产价格评估制度、房地产价格评估人员资格认证制度、商品房预售许可制度、房地产抵押登记制度、房屋租赁备案制度等。

7.5.2 房地产转让

1. 房地产转让的含义

房地产转让是指房地产权利人通过买卖、赠予或者其他合法方式将其房地产转移给他人的行为。房地产转让主要通过买卖这种有偿方式实现，还有其他转让方式，如房地产作价入股、合作开发、收购公司及土地、以房抵债等情形。

2. 房地产转让的法律特征

房地产转让的法律特征有以下三点。

（1）房地产转让是房屋所有权的转让和土地使用权的转让。

（2）转让时，房屋所有权和该房屋占用范围内的土地使用权同时转让。

（3）以出让方式取得土地使用权的，房地产转让时，土地使用权出让合同所载明的权利、义务也随之转移。

3. 禁止转让的房地产

某些房地产项目因为违规开发、司法程序、行政程序或其他原因权利受到限制，不符合交易条件，相关法律、法规禁止其转让，主要有以下几种情形。

（1）以出让方式获得的土地使用权，不符合《城市房地产管理法》第三十九条规定的条件的。

（2）司法机关和行政机关依法裁定，决定查封或者以其他形式限制房地产权利的。

（3）依法收回土地使用权的。

（4）共有房地产，未经其他共有人书面同意的。

（5）权属有争议的。

（6）未经依法登记领取权属证书的。

（7）法律、行政法规规定禁止转让的其他情形。

7.5.3　商品房销售

7.5.3.1　商品房销售的种类及含义

商品房销售包括商品房现售和商品房预售。

（1）商品房现售。商品房现售是指房地产开发企业将竣工验收合格的商品房出售给买受人，并由买受人支付房价款的行为。

（2）商品房预售。商品房预售是指房地产开发企业将正在建设中的商品房（期房）预先出售给买受人，并由买受人支付定金或者房价款的行为。

从合同法的角度看，商品房现售合同的标的物是房屋，是物权的转移，商品房预售合同的标的物是一种期待权，是财产权利的转让。

7.5.3.2　商品房销售的条件

1. 商品房预售应当符合的条件

由于商品房预售对消费者而言存在较大风险，国家对商品房预售设置了比较严格的条件。国家实行商品房预售许可制度，开发商应在实行商品房预售前，向市、县级房地产管理部门办理预售登记，取得商品房预售许可证。按照《城市房地产管理法》的要求，商品房预售应该满足以下条件。

（1）已交付全部土地使用权出让金，取得土地使用权证书。

（2）持有建设工程规划许可证。

（3）按提供预售的商品房计算，投入开发建设的资金达到工程建设总投资的25%以上，并已经确定施工进度和竣工交付日期。

随着房地产行业的发展，中央及地方政府不断通过宏观调控政策提高商品房预售门槛。例如，2000 年，上海曾经对商品住房预售标准进行了调整，其中规定申请预售的标准为：

多层建筑要结构封顶，高层建筑的主体建筑结构要完成2/3以上。2010年10月27日，上海市住房保障和房屋管理局下发的《关于调整商品住房项目预售标准有关问题的通知》明确规定，商品住房项目预售应达到的工程进度标准调整为完成至主体结构封顶并通过验收。现在多数城市房地产预售都需要主体结构封顶并通过验收。

房地产开发商取得了预售许可证之后，可以向社会预售其商品房，房地产开发商应当与承购人签订商品房预售合同，并于签约之日起30日内向县级以上人民政府房地产管理部门和土地管理部门办理登记备案手续。

2. 商品房现售应当符合的条件

（1）现售商品房的房地产开发企业应具有企业法人营业执照和房地产开发企业资质证书。

（2）取得土地使用权证或者使用土地的批准文件。

（3）持有建设工程规划许可证和施工许可证。

（4）已经通过竣工验收。

（5）拆迁安置已经落实。

（6）供水、供电、供热、燃气、通信等配套基础设施具备交付使用条件，其他配套基础设施和公共设施具备交付使用条件或者已经确定施工进度和交付日期。

（7）物业管理方案已经落实。

商品房销售时，如果已经落实了物业服务企业，买受人应当在订立商品房买卖合同的同时与房地产开发企业选聘的物业服务企业订立有关物业管理的协议。

7.5.3.3 商品房价格的确定

商品房销售价格由当事人协商确定，国家另有规定的除外。

商品房计价方式有三种：按套（单元）计价、按套内面积和按建筑面积计价。产权登记均按建筑面积登记。

商品房建筑面积由套内面积和分摊的公共面积（公摊面积）组成。套内建筑面积为独立产权，分摊的公共面积有共有产权，买受人按照法律、法规的规定对其享受权利，承担责任。商品房买卖合同中，应当注明建筑面积和公摊面积，并附所售房屋平面图。

按套（单元）计价的预售房屋，房地产开发企业应当在合同中附所售房屋的平面图。平面图应当标明详细尺寸，并约定误差范围。房屋交付时，套型应与设计图纸一致，相关尺寸也在约定的误差范围内，维持总价款不变；套型与设计图纸不一致或者相关尺寸超出约定的误差范围，合同未约定处理方式的，买受人可以退房或者与房地产开发企业重新约定总价款。买受人退房的，由房地产开发企业承担违约责任。因此，采取按套计价的当事人应当就有关价款及相关违约责任等问题专门进行约定。

7.5.3.4 面积误差的处理

商品房面积误差是指购房合同约定的房屋建筑面积与产权登记时实际测量的房屋建筑面积不一致，有误差。这可能是因为在购房合同签订时，房屋还在建设中，施工存在规划、设计变更。

$$面积误差比 = \frac{实测面积 - 预测面积}{预测面积} \times 100\%$$

$$面积误差比绝对值 = \frac{（实测计价面积 - 合同约定计价面积）的绝对值}{合同约定计价面积} \times 100\%$$

《最高人民法院关于审理商品房买卖合同纠纷案件适用法律若干问题的解释》第十四条规定：出卖人交付使用的房屋套内建筑面积或者建筑面积与商品房买卖合同约定面积不符，合同有约定的，按照约定处理；合同没有约定或者约定不明确的，按照以下原则处理：

（1）面积误差比在3%以内（含3%），按照合同约定的价格据实计算，买受人请求解除合同的，不予支持。

（2）面积误差比绝对值超出3%，买受人请求解除合同的、返还已付购房款及利息的，应予支持。买受人同意继续履行合同，房屋实际面积大于合同约定面积的，面积误差比在3%以内（含3%）部分的房价款由买受人按照约定的价格补足，面积误差比超出3%部分的房价款由出卖人承担，所有权归买受人；房屋实测面积小于合同约定面积，面积误差比在3%以内（含3%）部分的房价款及利息由出卖人返还买受人，面积误差比超出3%的部分房价款由出卖人双倍返还买受人。

经规划部门批准的规划变更、设计单位同意的设计变更导致商品房的结构形式、户型、空间尺寸、朝向变化，以及出现合同当事人约定的其他影响商品房质量或者使用功能情形的，房地产开发企业应在变更确立之日起10日内，书面通知买受人。买受人有权在通知书到达之日起15日内作出是否退房的书面答复。买受人在通知送达之日起15日内未作出书面答复的，视同接受规划、设计变更以及由此引起的房地产价款的变更，房地产开发企业未在规定的时间内通知买受人的，买受人有权退房；买受人退房的，由房地产开发企业承担违约责任。

7.5.3.5 房屋质量保修制度

房屋质量保修是指对房屋建筑工程竣工验收后在保修期限内出现的质量缺陷，由义务人无偿予以修复。房屋建筑质量缺陷是指房屋建筑工程的质量不符合工程建设强制性标准以及合同的约定。

房屋建筑工程质量的保修责任，根据不同的法律关系分为两种：第一种是根据《建设工程施工合同》，施工单位对建设单位（房地产开发企业）的保修责任，这是一种法定的保修责任；第二种是根据《商品房买卖合同》，开发商对购房人的保修责任，这是一种合同责任。

房屋建筑工程在保修期内出现缺陷，建设单位或房屋所有权人应当向施工单位发出保修通知。施工单位接到保修通知后，应当到现场核查情况，在保修书约定的时间内予以保修。发生涉及结构安全或者严重影响使用功能的紧急抢修事故，施工单位接到保修通知后，应当立即达到现场抢修。发生涉及结构安全的质量缺陷，建设单位或者房屋建筑所有人应当立即向当地建设行政主管部门报告，采取安全防范措施；由原设计单位或相应资质的设计单位提出保修方案，施工单位实施保修，原工程质量监督机构负责监督。

保修结束后，由建设单位或房屋所有权人组织验收。涉及结构安全的，应报当地建设行政主管部门备案。

施工单位未按保修书约定保修的，建设单位可以另行委托其他单位保修，由原施工单位承担相应责任。

 知识要点提醒

施工单位对建设单位的保修责任与开发商对购房人的保修责任的保修期限和强制力不完

全相同。

（1）保修责任的强制力不同：施工单位对建设单位（房地产开发企业）的保修责任是一种法定的保修责任；开发商对购房人的保修责任是一种合同责任。前者的强制力要高于后者。

（2）保修期起算时间不同：施工单位对建设单位的保修期从竣工验收合格之日起计算，开发商对购房人的保修期从交付之日起计算。

（3）保修期长短不同：开发商对购房人的保修期要短于施工单位对建设单位的保修期。这是因为房屋竣工后，开发商不一定马上就将其转让给购房人。房地产商对购房人负有保修责任，但实际真正承担保修工作的是建设工程承包单位，保修期是以建设工程承包单位对房地产商承诺的时间为基础的。

《商品房销售管理办法》第三十三条规定："商品住宅的保修期限不得低于建设工程承包单位向建设单位出具的质量保修书约定保修期的存续期；存续期少于《商品住宅实行住宅质量保证书和住宅使用说明书制度的规定》（以下简称《规定》）中确定的最低保修期限的，保修期不得低于《规定》中确定的最低保修期限。"

 小思考

两种法律法规规定的保修期不一致，怎么处理？

1998年，原建设部发布的《商品住宅实行住宅质量保证书和住宅使用说明书制度的规定》规定了商品房具体的保修范围。

（1）地基基础和主体结构在合理使用寿命年限内。

（2）屋面防水为3年；墙面、厨房、卫生间地面、地下室及管道渗漏为1年。

（3）墙面、顶棚抹灰层脱落为1年。

（4）地面空鼓开裂、大面积起砂为1年。

（5）门窗翘裂、五金件及卫生洁具损坏为1年。

（6）灯具、电器开关为6个月。

（7）管道堵塞为2个月。

（8）供热、供冷系统和设备为一个采暖期或供冷期。

（9）其他部位、部件的保修期限由买卖双方自行约定，并写在工程质量保证书中。

依据国务院的《建筑工程质量管理条例》第四十条规定，在正常使用条件下，建设工程的最低保修期限为：

（1）基础设施工程、房屋建筑的地基基础工程和主体结构工程，为设计文件规定的该工程的合理使用年限（注：该年限可能会达到楼宇的使用年限）。

（2）屋面防水工程、有防水要求的卫生间、房间和外墙面的防渗漏，为5年。

（3）供热与供冷系统，为2个采暖期、供冷期。

（4）电气管线、给排水管道、设备安装和装修工程，为2年。

其他项目的保修期限由发包方与承包方约定。

建设工程的保修期自竣工验收合格之日起计算。

仔细对比，会发现这两项法律法规所规定的内容有差别，如有防水要求的卫生间、房间和外墙面的防渗漏保修年限在前一种法律法规里为3年，而后一种规定为5年。这种冲突怎么解决呢？

《商品住宅实行住宅质量保证书和住宅使用说明书制度的规定》第六条第二款讲明："国家对住宅工程质量保修期另有规定的，保修期限按照国家规定执行。"因此，现行商品房的保修期限应当按照《房屋建筑工程质量保修办法》和《建设工程质量管理条例规定》中规定的期限执行。

7.5.4　房地产抵押

1. 房地产抵押的含义

房地产抵押是指抵押人以其合法的房地产以不转移占有的方式向抵押权人提供债务履行担保的行为。债务人不履行债务时，抵押权人有权依法以抵押的房地产拍卖所得的价款优先受偿。抵押人是指以房地产作为本人或第三人履行债务担保的企业法人、个人和其他经济组织。抵押权人是指接受房地产抵押作为履行债务担保责任的法人、个人和其他经济组织。抵押物是指由抵押人提供并经抵押权人认可的作为债务人履行债务担保的房地产。

2. 房地产抵押的特征

房地产抵押的特征包括以下几方面。

（1）房地产抵押权是一种担保物权。它是确保债务清偿为目的，在债务人或者第三人特定的物或权利上设定的一种物权。

（2）不转移占有使得抵押人能够继续占有、使用该房屋而使生活和经营不受影响。

（3）房地产抵押既是一种担保形式，又是一种融资手段。由于房地产开发、经营、购置所需占用的资金巨大，很多企业或个人都采用房地产抵押方式获得资金。

（4）房地产抵押是不动产抵押。房地产的不可移动性决定了它是最适合设定抵押权的。

3. 房地产抵押的原则

房地产抵押的原则有以下几点。

（1）房地产抵押应当遵循自愿、互利、公平和诚实信用的原则。

（2）以依法取得的房屋所有权抵押的，该房屋所占用范围内的土地使用权必须同时抵押。

（3）房地产抵押实行抵押登记制度。房地产抵押需经依法登记发生效力。

4. 可以作为抵押物的财产

根据《担保法》，下列财产可以抵押。

（1）抵押人所有的房屋和其他地上定着物。

（2）抵押人所有的机器、交通运输工具和其他财产。

（3）抵押人依法有权处分的国有土地使用权、房屋和其他地上定着物。

（4）抵押人依法有权处分的国有的机器、交通运输工具和其他财产。

（5）抵押人依法承包并经发包方同意抵押的荒山、荒沟、荒丘、荒滩等荒地的土地使用权。

（6）依法可以抵押的其他财产。

抵押人可以将前款所列财产一并抵押。

以依法取得的国有土地上的房屋抵押的，该房屋占用范围内的国有土地使用权同时抵押。

以出让方式取得的国有土地使用权抵押的，应当在抵押时将该国有土地上的房屋同时抵押。

乡（镇）、村企业的土地使用权不得单独抵押。以乡（镇）、村企业的厂房等建筑物抵押的，其占用范围内的土地使用权同时抵押。

5. 抵押时受限或不得抵押的房地产

根据《担保法》和《城市房地产抵押管理办法》的规定，下列房地产不得设定抵押或抵押时受一定限制。

（1）土地所有权不得抵押，地上没有建筑物、构筑物或在建工程的，纯粹以划拨方式取得的土地使用权不得进行抵押；乡（镇）、村企业的土地使用权不得单独抵押。

（2）耕地、宅基地、自留地、自留山等集体所有的土地使用权；不得抵押，但是已经依法承包并经发包方同意的荒山、荒沟、荒丘、荒滩等荒地土地使用权除外。

（3）权属有争议的房地产和被依法查封、扣押、监管或者以其他形式限制的房地产，不得抵押。

（4）用于教育、医疗、市政等公共福利事业的房地产不得进行抵押。

（5）列入文物保护的建筑物和有重要纪念意义的其他建筑物不得抵押。

（6）已被依法公告列入拆迁范围的房地产不得抵押。

（7）以享有国家优惠政策购买获得的房地产不能全额抵押，其抵押额以房地产权利人可以处分和收益的份额比例为限。

（8）违章建筑物或临时建筑物不能用于抵押。

（9）依法不得抵押的其他房地产。

7.5.5 房屋租赁

1. 房屋租赁的概念

房屋租赁是指出租人（一般为房屋所有权人）将房屋出租给承租人使用（居住或经营），由承租人向出租人支付租金的行为。公民、法人或其他组织对享有所有权的房屋和国家授权管理与经营的房屋可以依法出租。

从房产所有权人的角度看，房屋租赁是指为了获得收入而出让房屋的使用权，分期分批地收回投资；从实际使用人的角度看，房屋租赁则是以协商好的租金价格向房屋的所有权人承租房屋，以获得房屋的使用权。

2. 房屋租赁的一般规定

根据中华人民共和国住房和城乡建设部制定的《商品房屋租赁管理办法》（2011年2月1日起施行）的相关规定如下。

（1）房屋租赁当事人应当依法订立租赁合同。房屋租赁合同的内容由当事人双方约定，一般应当包括房屋租赁当事人的姓名（名称）和住所；房屋的坐落、面积、结构、附属设施，家具和家电等室内设施状况；租金和押金数额、支付方式；租赁用途和房屋使用要求；房屋和室内设施的安全性能；租赁期限；房屋维修责任；物业服务、水、电、燃气等相关费用的缴纳；争议解决办法和违约责任等。房屋租赁当事人应当在房屋租赁合同中约定房屋被征收或者拆迁时的处理办法。

（2）出租人应当按照合同约定履行房屋的维修义务并确保房屋和室内设施安全。未及时修复损坏的房屋，影响承租人正常使用的，应当按照约定承担赔偿责任或者减少租金。

（3）出租住房的，应当以原设计的房间为最小出租单位，人均租住建筑面积不得低于当地人民政府规定的最低标准。厨房、卫生间、阳台和地下储藏室不得出租供人员居住。

（4）房屋租赁合同期内，出租人不得单方面随意提高租金水平。

　小思考

在实际中，有许多房主将原房屋分割改造成多个小间房屋分别租给不同的人，甚至在北京等地出现了只能容纳 1 人 1 床的"胶囊房"。这些小房间因为租金低而受到很多低收入群体的青睐，而《商品房屋租赁管理办法》却明文禁止了这种做法。请思考为什么要出台这部新规？是否会增加"蚁族"等中低收入群体租房难度？如何保证执行监管到位？

3. 房屋租赁权的特别保护

（1）买卖不破租赁。即在租赁关系存续期间，即使所有权人将租赁物让与他人，对租赁关系也不产生任何影响，买受人不能以其已成为租赁物的所有人为由否认原租赁关系的存在，并要求承租人返还租赁物。

（2）承租人优先购买权。《合同法》第二百三十条规定："出租人出卖租赁房屋的，应当在出卖之前的合理期限内通知承租人，承租人享有以同等条件优先购买的权利。"

（3）租赁权的继承。房屋租赁期间内，因赠予、析产、继承或者买卖转让房屋的，原房屋租赁合同继续有效。承租人在房屋租赁期间死亡的，与其生前共同居住的人可以按照原租赁合同租赁该房屋。

4. 不得出租的情况

根据中华人民共和国住房和城乡建设部制定的《商品房屋租赁管理办法》第六条规定，有下列情形之一的房屋不得出租：

（1）属于违法建筑的。

（2）不符合安全、防灾等工程建设强制性标准的。

（3）违反规定改变房屋使用性质的。

（4）法律、法规规定禁止出租的其他情形。

7.6　房地产产权产籍管理

7.6.1　房地产产权产籍管理的概念

房地产产权产籍管理分为房地产产权管理和房地产产籍管理两个方面。产权管理也称房地产权属登记管理，是指房地产行政主管部门依照国家有关房地产法律、法规和政策，区别房地产的性质、类别，审查产权、确认产权、登记产权、保障产权及监督产权等，以维护正常交易秩序和交易安全。产籍管理是指通过对房地产产权进行经常性的申报登记和测绘，由此形成各种图表、卡册和档案资料，保持资料的完整和准确，从而为产权管理及城市规划建设提供数据资料。

7.6.2　房地产权属登记制度

房地产权属登记是房地产行政主管部门代表政府对房屋的所有权和其土地的使用权以及

由上述权利产生的抵押权、典当权等房地产他项权利进行登记，依法确认房地产权属关系的行为。凡在城市、县城、建制镇和工矿区范围内的房屋，都必须到房屋所在地的县、市级房地产行政主管部门登记，领取《房屋所有权证》或者《房屋产权证》，共有房屋应当领取《房屋共有权证》。按照登记的事由，房屋权属登记可以分为总登记（或称"静态登记"）、初始登记、转移登记、变更登记、他项权利登记、注销登记。房屋权属登记一般按照：受理登记申请→权属审核→初审→复审的程序进行。

7.6.3 房屋产籍管理制度

房屋产籍是指城市房屋的产权档案、地籍图纸以及账册、表卡等其他反映产权现状和历史情况的资料。它是在房地产权属登记、产权调查、产权变更等一系列权属管理活动和房地产测绘过程中形成的。

房地产产籍管理就是对各种图纸、档案、卡片、簿册等产籍资料，经过加工整理分类，运用科学的方法进行综合管理，是房地产行政主管部门对其辖区内的各种房地产产籍资料收集、分类、保管和利用活动的总称，是国家房地产管理的重要内容。城市房屋档案馆负责城市房屋产籍管理，并建立健全房产档案和房产测绘的管理制度。房屋产权登记中形成的图、卡、表、册等产籍资料，应按规范、科学、准确、完整、系统、安全、有效的归档原则进行收集整理，以产权人为宗立卷，并根据产权的取得、转移、变更和注销等及时加以调整和补充。城市房屋产籍档案必须永久保存，发生遗失或毁损时，应当及时采取补救措施，对重要的或者利用频繁的产籍档案，可以复制副本，以供使用。

7.7 物 业 服 务

在日常生活中，物业服务也称"物业管理"。

我国的物业管理是 20 世纪 80 年代从香港传入内地的，香港的物业管理则源于英国。现在，物业管理在国际上已十分流行。人们充分认识到物业管理是现代化房地产综合开发的延续和完善，是现代化城市管理不可缺少的重要组成部分。

物业服务企业与业主的关系是提供服务人与被服务人的关系，物业服务企业是服务者，而不是管理者。物业服务的本质是服务而不是管理，是业主行使财产权选聘物业服务企业为其提供服务，在日常生活中称"物业管理"只是约定俗成。《物权法》颁布后，为了突出个人物权的重要性，原建设部在 2007 年颁布的《建设部关于修改〈物业服务企业资质管理办法〉的决定》（164 号令）中，将"物业管理企业"改称为"物业服务企业"，突出其服务的本质。

7.7.1 物业服务概述

1. 物业的概念

中国房地产法学界和物业管理规范性文件对"物业"概念内涵及外延表达如下：物业是指在一定范围内建成和确定业主权益，有特定界限的各类房屋等建筑物及相配套的固定附属设备、公共设施、公共场地和其他定着物以及用地和房屋包容的空间环境。

物业构成要素包括以下几点。

（1）已建成并具有使用功能的各类建筑物。

（2）与这些建筑物相配套的设备和市政、公用设施。

（3）建筑物所占用的场地、庭院、停车场、小区内道路、绿化等。

2. 物业服务的含义

物业服务是指业主通过选聘物业服务企业，由业主和物业服务企业按照物业服务合同约定，对房屋及配套的设施设备和相关场地进行维修、养护和管理，对相关区域内的环境卫生和秩序进行维护，是以经营的手段进行管理和服务，是集管理、服务、经营为一体的有偿劳动。

3. 物业服务的性质

物业服务作为一种新型的管理模式，它有别于以往的房产管理。原先我国的公房维护、管理职能均由各地房管所行使，从而具有行政管理职能，但随着住房制度改革的发展，物业管理已不再是一种行政管理方式，而是业主对物业的私有权利的体现。从原来的政府对房屋的直接管理转变为业主自治或者专业管理的制度；由房管所等管理单位管理的终身制转变为业主自由选择并通过合同方式实行聘用制；由行政性、福利性转变为企业化、有偿化、社会化管理；由单纯的房屋维修管理转变为对房屋维修、环境卫生、治安、绿化、道路、公共设施等实行综合型专业化管理。

因此，现代的物业服务具有专业化、社会化、一体化、市场化、规范化等特征。其目的是充分发挥物业的使用价值和经济效益，实现物业的保值与增值，同时取得最佳的社会效益和环境效益。

4. 物业服务的内容

（1）对物的管理。对物的管理主要是指对建筑物、基地及其附属物的保存、改良、利用到处分的管理。主要体现在对建筑的维护、保养、修缮等内容。

（2）对人的管理。对人的管理主要包括提供保安、清洁、绿化等服务事项，还包括对秩序的管理，如对进出车辆的管理、阻止物业使用人对自用部分进行危害整体利益使用行为和阻止业主对公用部分进行妨害他人的行为。

5. 物业服务的模式

根据开发商、业主和物业服务企业的不同关系，物业管理模式可划分为委托管理模式和自主经营模式两类。

（1）委托管理模式。委托管理模式是最典型的、最基本的管理模式。《物业管理条例》及房地产业中通常所指的物业管理就属于委托管理模式。这种物业管理模式是由开发商或业主采用招标或协议的方式选聘专业的物业服务企业，按照"物业服务合同"的约定，根据"统一管理，综合服务"的原则，提供物业管理和服务的管理方式。

（2）自主经营模式。自主经营模式是指开发商或业主不是将自有的物业委托给专业的物业服务企业管理，而是由自己单位内部设立的物业管理部门来管理。其与委托管理型的区别在于：①在物业所有权和经营管理权的关系上，自主经营型是二权合一，委托管理型是二权分离；②在法人地位上，自主经营型物业所有权人和经营人是同一个法人，委托管理型是两个各自独立的法人。

7.7.2 物业服务主体

7.7.2.1 业主的定义及责权利

根据修订后的《物业管理条例》的规定，业主是房屋的所有权人，对于商品房，业主指的是办理了产权过户手续，被登记为产权人的买受人。业主可以是自然人、法人或其他组织。

业主在物业管理活动中享有下列权利：

（1）按照物业服务合同的约定，享受物业服务企业提供的服务。

（2）提议召开业主大会会议，并就物业服务的有关事项提出建议。

（3）提出制定和修改管理规约、业主大会议事规则的建议。

（4）参加业主大会会议，行使投票权。

（5）选举业主委员会委员，并享有被选举权。

（6）监督业主委员会的工作。

（7）监督物业服务企业履行物业服务合同。

（8）对物业公用部位、公用设施设备和相关场地使用情况享有知情权与监督权。

（9）监督物业公用部位、公用设施设备专项维修资金（以下简称"专项维修资金"）的管理和使用。

（10）法律、法规规定的其他权利。

业主在物业管理活动中履行下列义务：

（1）遵守管理规约、业主大会议事规则。

（2）遵守物业管理区域内物业公共部位和公用设施设备的使用、公共秩序和环境卫生的维护等方面的规章制度。

（3）执行业主大会的决定和业主大会授权业主委员作出的决定。

（4）按照国家有关规定交纳专项维修资金。

（5）按时交纳物业服务费用。

（6）法律、法规规定的其他义务。

7.7.2.2 业主大会

1. 业主大会的含义

物业管理区域内全体业主组成业主大会。业主大会应当代表和维护物业管理区域内全体业主在物业管理活动中的合法权益，并设立业主委员会作为执行机构。通常一个物业服务区域只能成立一个业主大会。

2. 业主大会的成立

同一个物业管理区域内的业主，应当在物业所在地的区、县人民政府房地产行政主管部门或者街道办事处、乡镇人民政府的指导下成立业主大会，并选举产生业主委员会。

3. 业主大会的相关规定

业主大会会议可以采取集体讨论的形式，也可以采用书面征求意见的形式；业主大会决定筹集和使用专项维修资金及改建、重建建筑物及其附属设施事项，应当经专有部分占建筑物总面积2/3以上的业主同意；业主大会通过其他业主共同决定事项，应当经专有部分占建筑物总面积过半数的业主且占总人数过半数的业主同意。

4. 业主大会的主要职责

业主大会的主要职责有以下几点。

（1）制定、修改业主公约和业主大会议事规则。

（2）选举、更换业主委员会委员，监督业主委员会的工作。

（3）选聘、解聘物业服务企业。

（4）决定专项维修基金使用、统筹方案，并监督实施。

（5）制定、修改物业服务区域内物业共用部位和共用设施设备的使用、公共秩序和环境卫生的维护等方面的规章制度。

（6）法律、法规或业主大会规定的其他有关物业服务的职责。

7.7.2.3 业主委员会

1. 业主委员会的产生

业主委员会由业主大会选举产生，是业主大会的执行机构，并自选举之日起 30 日内，向物业所在地的区、县及人民政府房地产行政主管部门和街道办事处、乡镇人民政府备案。

2. 业主委员会的职责

根据修订后的《物业管理条例》规定，业主委员会的主要职责有以下几点。

（1）召集业主大会会议，报告物业管理的实施情况。

（2）代表业主与业主大会选聘的物业服务企业签订物业服务合同。

（3）及时了解业主、物业使用人的意见和建议，监督和协助物业服务企业履行物业服务合同。

（4）监督管理规约的实施。

（5）业主大会赋予的其他职责。

3. 业主委员会委员应当符合的条件

业主委员会委员应当符合的条件有：①本物业管理区域内具有完全民事行为能力的业主；②遵守国家有关法律、法规；③遵守业主大会议事规则、管理规约，模范履行业主义务；④热心公益事业，责任心强，公正廉洁，具有社会公信力；⑤具有一定组织能力；⑥具备必要的工作时间。

业主委员会的正、副主任应当从业主委员会中产生。

7.7.2.4 物业服务企业

按照现行法规规定，物业服务企业是指具备县级以上物业管理主管部门核准颁发的资质证书，经工商行政管理机关注册登记，以社会化、专业化、经营型方式从事物业管理服务的具有独立法人资格的企业。《物业管理条例》规定："从事物业管理活动的企业应当具有独立法人资格。国家对从事物业管理活动的企业实行资质管理制度。"物业服务企业通过提供有偿物业服务获取经济效益，服务的对象是业主及物业的使用人。一般来说，一个物业管理区域由一个物业服务公司实施物业服务。

物业服务企业与物业业主或使用人之间的关系是服务者与被服务者、委托人与被委托人之间的关系，双方之间的关系是平等的，不存在领导与被领导、管理与被管理的关系。双方的权利和义务通过经济合同的形式明确。他们之间存在法律关系和工作关系，既有合作，又可能存在冲突。

7.7.2.5　政府行政主管部门

在物业管理活动中，政府部门主要是从行业管理宏观调控、监督指导着手，抓法规、规章、条例建设，通过法规来规范物业服务公司的管理范围、管理内容和管理性质，并对物业服务企业和业主委员会分别进行资质审查、行业管理、业务指导和监督检查，积极推动物业服务工作健康发展。其中，街道办事处作为所在区、县政府的派出机构，在居住区物业管理所在地行使政府管理职能，主要职能是指导居委会、社会综合治理、民政司法、计划生育工作，但并不代替物业公司对居住区的具体业务进行管理。对业主大会、业主委员会作出的违反法律、法规的决定，物业所在地的区、县人民政府房地产行政主管部门应当责令其限期改正或者撤销其决定，并通告全体业主。

7.7.3　物业服务契约

物业服务契约是业主、物业使用人、物业服务企业等按照契约精神，共同约定的内容。其主要包括管理规约和物业服务合同。

7.7.3.1　管理规约

1. 管理规约的含义及实质

管理规约是物业管理区域内的全体业主就建筑物的管理、使用、维护与其他有关各个方面所达成的书面形式的自治规则。订立管理规约的主要目的就是明晰各项规则以及业主各自及共同的权利和义务。管理规约对全体业主具有约束力。这是物业服务中的一个重要基础性文件，是一种公共契约，属于协议、合约的性质。

管理规约的实质是在合法前提下，以民事约定形式对业主与非业主使用人行为的一种自律性的约束机制。通过这种约束机制，使业主和非业主使用人在社会公德与法律规范等方面对自己的行为实现自我控制和约束。当业主或非业主使用人违反规约时，应承担违约的相应的民事责任。

 小思考

"业主公约"为何变为"管理规约"？

在 2007 年 10 月 1 日起实行的《物业管理条例》中，国务院将"业主公约"修改为"管理规约"，将"业主临时公约"修改为"临时管理规约"。为什么要作出这样的改变呢？

从"业主公约"到"管理规约"绝不仅仅是名称的改变，其背后蕴藏着更深的法律含义。新的"管理规约"中少了"业主"两个字，更能体现管理规约所涉及的主体的多样性。"管理规约"应该是小区业主就小区共同事务作出的决定，如同一部小区宪法，由业主大会通过，全体业主必须遵守、执行，是小区共同的行为准则，性质上属于自治规则。从物业管理的实际操作来看，"管理规约"是物业管理日常工作的"基本法"，它能最集中、最全面、最深刻地体现全体业主的共同利益，并能有效规范全体业主和物业服务企业的行为。

2. 管理规约的主要内容

管理规约应当对下列主要事项作出规定。

（1）物业的使用、维护、管理。

（2）专项维修资金的筹集、管理和使用。

（3）物业共用部分的经营与收益分配。

（4）业主共同利益的维护。

（5）业主共同管理权的行使。

（6）业主应尽的义务。

（7）违反管理规约应当承担的责任。

3. 临时管理规约

在前期物业管理阶段，即业主大会成立前，小区的《管理规约》叫《临时管理规约》。购房人在购买新建商品房时，需要对开发建设单位提供的《前期物业服务合同》和《临时管理规约》进行书面确认，购房人（业主）在签订了确认书后，应受其约束。在组建业主大会时，需要对《临时管理规约》进行修订，修订后称为《管理规约》。

7.7.3.2　物业服务合同

业主委员会应当与业主大会选聘的物业服务企业签订书面的物业服务合同。物业服务合同应当对物业管理事项、服务质量、服务费用、双方的权利和义务、专项维修资金的管理和使用、物业管理用房、合同期限、违约责任等内容进行约定。

物业服务企业应当按照物业服务合同的约定，提供相应的服务。物业服务企业未能履行物业服务合同的约定，导致业主人身、财产安全受到损害的，应当依法承担相应的法律责任。

7.7.4　物业服务制度

7.7.4.1　前期物业管理制度

前期物业管理制度是为了规范从住宅销售至业主委员会成立这一过渡时期的物业管理行为而设立的。前期物业管理是指房屋自售出之日起至业主管理委员会与物业服务企业签订的《物业管理合同》生效时止的物业管理阶段。

在业主、业主大会选聘物业服务企业前，建设单位选聘物业服务企业的，应当签订书面的前期物业服务合同，并制定临时管理规约，对有关物业的使用、维护、管理，业主的共同利益，业主应当履行的义务，违反规约应当承担的责任等事项依法作出约定。

住宅物业的建设单位，应当通过招标的方式选聘具有相应资质的物业服务企业；投标人少于3个或者住宅规模较小的，经物业所在地的区、县人民政府房地产行政主管部门批准，可以采取协议方式选聘具有相应资质的物业服务企业。建设单位与物业买受人签订的买卖合同应当包含前期物业服务合同约定的内容。

7.7.4.2　物业的承接和移交制度

1. 物业的承接

物业服务企业承接物业时，应当对物业公用部位、公用设施设备进行查验。在办理物业承接验收手续时，建设单位应当对物业服务企业移交下列资料。

（1）竣工总平面图，单体建筑、结构、设备竣工图，配套设施，地下管网工程竣工图等竣工验收资料。

（2）设施设备的安装、使用和维护保养等技术资料。

（3）物业质量保修文件和物业使用说明文件。

（4）物业管理所必需的其他资料。

2. 物业的移交

物业服务企业应在前期物业服务合同终止时将接管物业之初时建设单位移交的资料再移交给业主委员会。业主大会选聘了新的物业服务公司的，物业服务公司之间应当做好交接工作。

3. 物业的使用与维护制度

（1）物业管理区域内按照规划建设的公共建筑和公用设施，不得改变用途，业主依法确需改变公共建筑和公用设施用途的，应当在依法办理有关手续后告知物业服务企业。物业服务企业确需改变公共建筑和公用设施用途的，应当提请业主大会讨论决定同意后，由业主依法办理有关手续。

（2）业主、物业服务企业不得擅自占用、挖掘物业管理区域内的道路、场地，损害业主的共同利益。因维修物业或者共同利益，业主确需临时占用、挖掘道路、场地的，应当征得业主委员会和物业服务企业的同意；物业服务企业确需临时占用、挖掘道路、场地的，应当征得业主委员会的同意。业主、物业服务企业应当将临时占用的道路、场地，在约定的期限内恢复原状。

（3）业主需要装饰装修房屋的，应当事先告知物业服务企业。物业服务企业应当将房屋装饰装修中的禁止行为和注意事项告知业主。

（4）利用物业公用部位、公共设施设备进行经营的，应当征得有关业主、业主大会、物业服务企业的同意后，按照规定办理有关手续。业主所得收益应当用于补充专项维修资金，也可以按照业主大会的决定使用。

（5）物业存在安全隐患，危及公共利益及他人合法权益时，责任人应当及时维修养护，有关业主应当予以配合。责任人不履行维修养护义务的，经业主大会同意，可以由物业服务企业维修养护，费用由责任人承担。

4. 物业服务收费制度

物业服务收费是指物业服务企业按照物业服务合同的约定，对房屋及配套的设施和相关场地进行维修、养护、管理，维护相关区域内的环境卫生和秩序，向业主所收取的费用。

按照国家发展改革委、原建设部颁发的《物业服务收费管理办法》规定，物业服务收费应当遵循合理、公开以及费用与服务水平相适应的原则。物业服务收费应当区分不同物业的性质和特点分别实行政府指导价与市场调节价。具体定价形式由省、自治区、直辖市人民政府价格主管部门会同房地产行政主管部门确定。物业管理企业应当按照政府价格主管部门的规定实行明码标价，在物业管理区域内的显著位置，将服务内容、服务标准以及收费项目、收费标准等有关情况进行公示。

物业管理区域内，供水、供电、供气、供热、通信、有线电视等单位应当向最终用户收取有关费用。物业管理企业接受委托代收上述费用的，可向委托单位收取手续费，不得向业主收取手续费等额外费用。

业主与物业管理企业可以采取包干制或者酬金制等形式约定物业服务费用。

包干制是指由业主向物业管理企业支付固定物业服务费用，盈余或者亏损均由物业管理企业享有或者承担的物业服务计费方式。

酬金制是指在预收的物业服务资金中按约定比例或者约定数额提取酬金支付给物业管理企业，其余全部用于物业服务合同约定的支出，结余或者不足均由业主享有或者承担的物业服务计费方式。

5. 住宅专项维修基金制度

（1）住宅专项维修基金的含义。根据原建设部、财政部颁布的《住宅专项维修资金管理办法》（2008 年 2 月 1 日起施行）规定，住宅专项维修资金是指专项用于住宅共用部位、共用设施设备保修期满后的维修和更新、改造的资金。

住宅共用部位是指根据法律、法规和房屋买卖合同，由单幢住宅内业主或者单幢住宅内业主及与之结构相连的非住宅业主共有的部位，一般包括住宅的基础、承重墙体、柱、梁、楼板、屋顶以及户外的墙面、门厅、楼梯间、走廊通道等。

共用设施设备是指根据法律、法规和房屋买卖合同，由住宅业主或者住宅业主及有关非住宅业主共有的附属设施设备，一般包括电梯、天线、照明、消防设施、绿地、道路、路灯、沟渠、池、井、非经营性车场车库、公益性文体设施和共用设施设备使用的房屋等。

（2）住宅专项维修基金的缴纳主体。住宅专项维修基金的缴纳主体是业主。《物业管理条例》（以下简称《条例》）第五十三条明确规定：“住宅物业、住宅小区内的非住宅物业或者与单幢住宅楼结构相连的非住宅物业的业主，应当按照国家有关规定交纳专项维修资金。”

（3）住宅专项维修基金的缴纳方式。考虑到目前我国法制还不够健全，业主责任意识尚不到位，在一些地方物业管理收费拖欠现象还严重存在等因素，目前我国专项维修资金的制度设计采用主要在购房时一次性交纳，待物业使用到一定年限，维修资金不够使用时再向业主续筹。

（4）住宅专项维修基金的缴纳比例。商品住宅的业主、非住宅的业主按照所拥有物业的建筑面积交存住宅专项维修资金，每平方米建筑面积交存首期住宅专项维修资金的数额为当地住宅建筑安装工程每平方米造价的 5%~8%。直辖市、市、县人民政府建设（房地产）主管部门应当根据本地区情况，合理确定、公布每平方米建筑面积交存首期住宅专项维修资金的数额，并适时调整。

（5）住宅专项维修基金管理原则。住宅专项维修资金管理实行专户存储、专款专用、所有权人决策、政府监督的原则。

 **案例分析**

公民何刚诉淮安市淮阴区人民政府房屋征收补偿决定案

1. 基本案情

2011 年 10 月 29 日，淮安市淮阴区人民政府（以下称“淮阴区政府”）发布《房屋征收决定公告》，决定对银川路东旧城改造项目规划红线范围内的房屋和附属物实施征收。同日，淮阴区政府发布《银川路东地块房屋征收补偿方案》，何刚位于淮安市淮阴区黄河路北侧 3 号楼 205 号的房屋，在上述征收范围内。经评估，何刚被征收房屋住宅部分评估单价为 3 901 元 /m²，经营性用房评估单价为 15 600 元/m²。在征收补偿商谈过程中，何刚向征收部门表示选择产权调换，但双方就产权调换的地点、面积未能达成协议。2012 年 6 月 14 日，淮阴区政府依征收部门申请作出淮政征补决字〔2012〕01 号《房屋征收补偿决定书》，主要内容：何刚被征收房屋建筑面积 59.04 m²，设计用途为商住。因征收双方未能在征收补偿方案确定的签约期限内达成补偿协议，淮阴区政府作出征收补偿决定：①被征收人货币补偿款总计 607 027.15 元；②被征收人何刚在接到本决定之日起 7 日内搬迁完毕。何刚不服，向淮安市人民政府申请行政复议，后淮安市人民政府复议维持本案征收补偿决定。何刚仍不服，遂向法院提起行政诉讼，要求撤销淮阴区政府对其作出的征收补偿决定。

2. 裁判结果

淮安市淮阴区人民法院认为，本案争议焦点为被诉房屋征收补偿决定是否侵害了何刚的补偿方式选择权。根据《国有土地上房屋征收与补偿条例》（以下称《条例》）第二十一条第一款规定，被征收人可以选择货币补偿，也可以选择产权调换。通过对本案证据的分析，可以认定何刚选择的补偿方式为产权调换，但被诉补偿决定确定的是货币补偿方式，侵害了何刚的补偿选择权。据此，法院作出撤销被诉补偿决定的判决。一审判决后，双方均未提起上诉。

3. 典型意义

本案典型意义在于：在房屋补偿决定诉讼中，旗帜鲜明地维护了被征收人的补偿方式选择权。《国有土地上房屋征收补偿条例》第二十一条明确规定："被征收人可以选择货币补偿，也可以选择房屋产权调换。"而实践中不少"官民"矛盾的产生，源于市、县级政府在作出补偿决定时，没有给被征收人选择补偿方式的机会而径直加以确定。本案的撤销判决从根本上纠正了行政机关这一典型违法情形，为当事人提供了充分的司法救济。

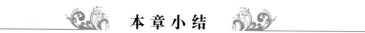

本章小结

本章主要介绍了房地产方面的法律法规。通过本章的学习，可以熟悉房地产管理体制、房地产开发用地制度、土地使用权的出让、转让和划拨的有关规定。对房地产开发经营的概念、分类及原则会有一定的理解。对房屋征收补偿有更深更全面的认识。同时加深对房地产交易（转让、抵押、销售、租赁等）、房地产产权产籍管理、物业管理方面法律法规的理解。

习　题

1. 单选题

(1)《中华人民共和国城市房地产管理法》开始执行的时间为（　　）。

　　A. 1994 年 8 月 1 日　　　　　　　　B. 1994 年 10 月 1 日

　　C. 1995 年 1 月 1 日　　　　　　　　D. 1995 年 3 月 1 日

(2) 土地使用权出让的最高年限为 50 年的是（　　）。

　　A. 商业用地　　　B. 旅游用地　　　C. 工业用地　　　D. 居住用地

(3) 出让人在指定的时间、地点组织符合条件的有意受让人到场，就拟出让使用权的地块公开竞投，按照价高者得原则确定土地使用权受让人的出让方式是（　　）。

　　A. 招标　　　　　B. 拍卖　　　　　C. 协议　　　　　D. 挂牌

(4) 按照《中华人民共和国城市房地产管理法》的规定，必须按照土地使用权出让合同约定的土地用途动工开发土地，超过土地出让合同约定的动工开发日期满 1 年未动工开发的，可以（　　）。

A. 征收相当于出让金 20% 的土地闲置费

B. 无偿收回土地使用权

C. 退回 50% 的出让金并收回土地使用权

D. 征收相当于出让金两倍的土地闲置费

(5) 业主委员会是业主大会的 (   )。

A. 权力机构   B. 执行机构   C. 决策机构   D. 监督机构

(6) 物业管理的内容包括 (   )。

A. 提供保安、清洁、绿化等服务

B. 掌握房屋的更新和增减质的变化

C. 处理房屋事故

D. 房屋估价

(7) 进行商品房预售时，必须取得 (   )。

A. 商品房预售许可证   B. 县级以上人民政府的同意

C. 土地出让方的认可   D. 房地产估价师的同意

2. 多选题

(1) 某施工单位与某房地产开发公司签订工程承包合同，该施工单位承建房地产开发公司开发的某住宅小区的建设项目。该工程承包合同法律关系的主体是 (   )。

A. 施工单位   B. 工程承包合同

C. 住宅小区   D. 建筑施工行为

E. 房地产开发公司

(2) 下列土地使用权出让年限正确的是 (   )。

A. 工业 40 年   B. 居住 70 年

C. 商业 50 年   D. 旅游、娱乐用地 40 年

E. 综合 50 年

(3) 下列建设用地的使用权，可以由县级以上政府依法批准划拨的有 (   )。

A. 私营企业   B. 工矿企业

C. 学校   D. 医院

E. 房地产开发用地

(4) 房屋征收补偿的形式有 (   )。

A. 产权调换   B. 作价补偿

C. 回迁   D. 产权调换和作价补偿相结合

E. 翻建房屋

3. 思考题

(1) 简述房地产法的概念。

(2) 试述住宅小区物业管理的基本内容。

(3) 什么是土地使用权划拨？适用于哪些情况？

(4) 什么是房屋征收与补偿？房屋征收补偿有哪些方式？

(5) 什么是房地产抵押？它有哪些特征？

(6) 简述我国当前的房地产管理体制。

4. 案例分析题

2008 年 8 月，A 工厂经本县发改委批准立项，进行某种电子产品项目建设，并于同年 12 月经县政府批准，同意其征用小巷村土地 10 亩（6666.67 m²），其中耕地 5 亩（3333.35 m²），非耕地 5 亩（3333.35 m²）。后由于企业经济遇到困难，该工厂的技改项目一直未开工建设。为使企业摆脱困境，2012 年 10 月该工厂将 10 亩（6666.67 m²）土地作为出资与畅达公司联营，畅达公司在签约后，立即在土地上圈起了围墙。后被群众举报。

分析此案，请回答下列问题：

（1）A 工厂用地 10 亩（6666.67 m²）是否合法？

（2）A 工厂为摆脱困境，将 10 亩（6666.67 m²）土地出让给畅达公司的行为属于什么性质？

（3）对畅达公司圈起的土地应如何处理？

第8章

其他相关法规

教学目标

本章主要讲述环境保护法规、建筑节能法规和档案法等相关法规。通过本章的学习，应达到以下目标。

（1）了解环境保护法律体系的构成，理解环境保护法律的目的、任务及原则，熟悉环境保护法的基本制度。

（2）了解环境影响评价的内容。

（3）熟悉建设项目环境保护的规定及法律责任。

（4）理解建筑节能的含义，掌握新建民用建筑节能的要求，熟悉既有建筑节能改造的内容。

（5）熟悉工程项目档案的种类，掌握建设工程档案的移交程序。

（6）熟悉劳动法的相关内容，为今后的工作做积累。

教学要求

知识要点	能 力 要 求	相 关 知 识
环境保护法规	（1）理解环境保护法律的目的、任务及原则； （2）熟悉环境保护法的基本制度	（1）环境的概念； （2）环境保护的重要性； （3）建设项目环境保护的意义
建筑节能法规	（1）熟悉建筑节能的含义； （2）掌握新建和既有民用建筑节能的要求	（1）建筑节能的含义； （2）既有建筑的含义； （3）新建建筑节能设计要求
档案法	（1）熟悉工程项目档案的分类； （2）熟悉工程项目档案的移交程序	（1）档案法； （2）竣工移交
劳动法	（1）熟悉劳动法的主要内容，如劳动安全卫生、女职工和未成年工特殊保护、劳动争议处理； （2）熟悉劳动合同法的内容，掌握劳动合同的订立、履行和终止的规定	（1）调解、仲裁、诉讼； （2）劳务派遣

 基本概念

环境保护　建筑节能　档案移交

引例

上海中心大厦位于上海陆家嘴金融区，面积 433 954 m²，建筑主体为 118 层，总高为 632 m，结构高度为 580 m，有 2 000 个机动车停车位，是集商业、办公、观光、酒店、娱乐于一体的综合性建筑。2008 年 11 月 29 日进行主楼桩基开工，于 2015 年夏正式投入使用。建成后成为中国第一高楼及世界第二高楼。

作为 21 世纪新建超高层摩天大楼，上海中心大厦以我国现行《绿色建筑评价标准》三星级为目标，定位于打造一个资源高度集约化、能源高度节约化，实现人、建筑、城市与自然和谐共存的绿色超级垂直城市。本项目的节能设计从建筑外幕墙设计、空调系统设计、再生能源利用等多方面都做了考虑。

为减轻自重，上海中心大厦采用核心筒—钢结构—玻璃幕墙结构形式，为避免大面积玻璃幕墙使用带来的光污染和建筑物内部过热的问题，设计过程中进行了外立面优化设计，建筑光污染分析和建筑遮阳设计。通过大量风洞实验确立了外立面采用螺旋上升的设计形式，与常规方塔型建筑相比，可将风荷载减少 32% 以上。为有效控制太阳辐射对建筑室内环境的影响，通过对冬夏季太阳辐射的分析，在确保建筑外观的前提下，采用了不同比例玻璃釉的方式满足不同朝向的遮阳要求。为避免光污染，本项目外幕墙采用交错式构造方式，而摒弃了常见的平滑式幕墙构造方式。

为满足《绿色建筑评价标准》三星级标准，本项目采用了冰蓄冷、三联供、地源热泵、蒸汽锅炉、常规电制冷机组和吸收式制冷机组等供热制冷方式。为节约系统运行能耗，安排多台水冷离心式电制冷机在夜间用电谷底时制冰，白天融冰与吸收式制冷机一起向大厦低区输送冷气。

在可再生能源方面，经认真核实与设计优化分析认为，利用光伏和太阳能发电是很难满足本大厦用能需求的。最终采用利用浅层地热能提供空调的可再生能源利用方案。大厦场地土温度平均为 18.8℃，从技术和资源上适合采用地源热泵系统。同时，在大厦最顶层安装了 3 组共 15 台风力发电机，用来填补本大厦的照明需要。以上这些节能设计为大厦节约 22% 的能源消耗。

8.1 环境保护法规

8.1.1 环境保护法律体系

8.1.1.1 环境及环境保护法的含义

环境是指影响人类生存和发展的各种天然和经过人工改造的自然因素的总体。其包括大气、水、海洋、土地、矿藏、森林、草原、野生生物、自然遗迹、自然保护区、风景名胜区、城市和乡村等。

为保护和改善环境，防治污染和其他公害，保障公众健康，推进生态文明建设，促进经济社会可持续发展，国家制定了环境保护相关的法律法规。2015 年 1 月 1 日起施行的《中华人民共和国环境保护法》规定："保护环境是国家的基本国策""每年 6 月 5 日为环境日"。

环境保护法是调整环境保护中各种社会关系的法律规范的总称，是指国家、政府部门根据发展经济、保护人民身体健康和财产安全，保护和改善环境需要而制定的一系列法律、法规、规章等。

8.1.1.2 环境保护法律体系

我国用于规范工程建设行为的环境保护法律制度主要由以下法律、法规或规章组成。

（1）《中华人民共和国环境保护法》。本法自 1989 年 12 月 26 日起施行，简称《环境保护法》。2014 年 4 月 24 日，第十二届全国人大常委会第八次会议表决通过了《环保法修订案》，新法已经于 2015 年 1 月 1 日施行。历经 4 次审议才通过，被称为"史上最严格环保法"。

（2）《中华人民共和国环境影响评价法》。本法自 2003 年 9 月 1 日起施行，简称《环境影响评价法》。

（3）《中华人民共和国水污染防治法》。本法自 2008 年 6 月 1 日起施行，简称《水污染防治法》。

（4）《中华人民共和国固体废弃物污染环境防治法》。本法自 2005 年 4 月 1 日起施行，简称《固体废弃物污染环境防治法》。

（5）《中华人民共和国大气污染防治法》。本法自 2000 年 9 月 1 日起施行，简称《大气污染防治法》，于 2015 年 8 月 29 日修订。

（6）《中华人民共和国环境噪声污染防治法》。本法自 1997 年 3 月 1 日起施行，简称《噪声污染防治法》。

（7）《中华人民共和国节约能源法》。本法自 2008 年 4 月 1 日起施行，简称《节约能源法》。

（8）《建设项目环境保护管理条例》。本法于 1998 年 11 月 18 日国务院第 10 次常务会议通过，1998 年 11 月 29 日发布施行，2017 年 7 月 16 日修订。目的是防止建设项目产生新的污染、破坏生态环境。同时，根据国务院行政机构改革的相关规定，将"环境保护部"修改为"生态环境部"。将"省级环境保护主管部门"修改为"省级生态环境主管部门"。

（9）《建设项目竣工环境保护验收暂行办法》。2017 年 11 月 22 日，原环境保护部（现为"生态环境部"）制定了《建设项目竣工环境保护验收暂行办法》。本法的立法目的在于贯彻落实新修改的《建设项目环境保护管理条例》，规范建设项目竣工后建设单位自主开展环境保护验收的程序和标准。

8.1.1.3 环境保护法的任务与目的

《环境保护法》是环境保护法律制度体系的核心，是后续的保护环境的单行法律的立法基础。为保护和改善生活与生态环境，防治污染和其他公害，保障人体健康，促进社会主义现代化建设的发展提出了概括性的规定。它具有科学性、综合性、区域性、奖罚结合的特点。

根据我国《宪法》和《环境保护法》的规定，我国环境保护法的主要任务是保证合理地利用自然环境、保证防治环境污染和生态破坏。防治环境污染主要是防治废水、废气、废渣、粉尘、垃圾；防治滥伐森林、破坏草原、破坏植物、乱采乱挖矿产资源、滥捕滥猎鱼类和动物等。

环境保护法的目的是创造一个清洁、适宜的生活环境和劳动环境以及符合生态系统健全发展的生态环境，保护人民健康，促进经济发展，提供法律上的保障。

8.1.1.4 环境保护法的原则

（1）经济建设与环境保护协调发展的原则。根据经济规律和生态规律的要求，环境保护必须认真贯彻"经济建设、城市建设、环境建设同步规划、同步实施、同步发展的三同步方针"和"经济效益、社会效益、环境效益的三统一方针"。

（2）预防为主、防治结合的原则。预防为主即"防患于未然"，预防是放在环境保护第一位的工作。预防环境污染不仅可以尽可能地提高原材料、能源的利用率，而且可以大大减少污染物的产生量和排放量，减少二次污染的风险，减少末端治理负荷，节省环保投资和运行费用。但是按照当前的生产条件，工业企业完全做到"零排放"也是很困难的，所以必须防治结合。

（3）污染者付费的原则。通常也被称为"谁污染，谁治理""谁开发，谁保护"的原则。其基本思想是明确治理污染、保护环境的经济责任。

（4）政府对环境质量负责的原则。环境保护是关系到政治、经济、技术、社会等方方面面的艰巨复杂的任务，综合性强，关系到国家和人民的长远利益，是政府的重要职责之一。

（5）依靠群众保护环境的原则。环境质量的好坏不仅关系到社会经济的发展，更关系到广大群众的切身利益，因此，保护环境不仅是公民的义务，也是公民的权利。2015年施行的《环境保护法》新法规定：对依法应当编制环境影响报告书（表）的建设项目，建设单位应当在编制时向可能受到影响的社会公众说明情况，充分征求意见。

8.1.1.5 环境保护法的基本制度

1. 环境影响评价制度

环境影响评价制度是指有关环境影响评价的范围、内容、编（填）报和审批环境影响报告书（表）的程序等方面所作的规定的总称。

2. "三同时"制度

"三同时"制度是指对环境有影响的一切基本建设项目、技术改造项目、区域开发建设项目和外商投资建设项目，其中防治污染和生态破坏的设施，必须与主体工程同时设计、同时施工、同时投产使用的制度。

同时设计是指建设单位在委托设计时，要将防治污染和生态破坏的设施与主体工程一起委托设计。同时施工是指在施工时，施工单位应注意保护施工所在地区的环境，防止对自然环境造成不应有的破坏，防止和减轻粉尘、噪声、震动等对周围生活居住区的污染和危害。如果环境影响报告书（表）未经批准的建设项目，有关部门都不能给予办理征地、贷款、施工执照，以确保"三同时"制度的贯彻。同时投产使用是指防治污染和生态破坏的设施经验收合格后，与主体工程同时投入运行，不得闲置或不维持正常运行。

3. 经济调控制度

环境保护法中的经济调控制度（排污收费、征收生态补偿费等）是指国家运用经济杠杆刺激或者抑制生产活动或消费活动，以支持生态保护行动、抑制生态破坏行为的法律制度。经济调控制度所运用的经济杠杆包括财政、税收、信贷、担保、押金、基金等手段和措施。其中在环境保护法中最常见的就是环境税费制度，如征收排污费、生态补偿费、环境税等制度。

排污收费是指国家环境保护机关根据环境保护法律、法规的规定，对超标准排放污染物和向大气、陆地水体排放污染物的单位和个人征收一定数额的费用。排污收费的特点是：①强制征收；②征收的排污费全部纳入国家财政预算；③征收的排污费作为环境保护专项资金使用。

排污收费制度是指有关征收排污费的目的、依据、范围以及排污费的征收、管理和使用等规定的总称。

4. 环境许可证制度

环境许可证制度是指凡是对于环境有不良影响的各种规划、开发、建设项目、排污设施或者经营活动，其建设者或者经营者需要事先提出申请，经主管部门批准，颁发许可证后才能从事该项活动的制度。

许可证的种类主要有：排污许可证，海洋倾废许可证，林木采伐许可证，捕捞许可证，采矿许可证，取水许可证，特许猎捕证，驯养繁殖许可证，建设用地许可证，进出口许可证，核设施建造、运行许可证，化学危险物品生产、经营许可证，危险废物经营、转移许可证，放射性药品生产、经营、使用许可证，等等。

排污权交易制度是指在实施排污许可证管理及排放总量控制的前提下，鼓励企业通过技术进步和污染治理节约污染排放指标，这种指标作为"有价资源"，可以"储存"起来以备自身扩大发展之需，也可以在企业之间进行商业交换的制度。

排污权交易的主体为转让方和需求方。转让方是指合法拥有可供交易的排污权的单位。需求方是指因实施工业建设项目需要新增主要污染物排放的排污单位。排污权交易须分别向市和区县（自治县）环境保护行政主管部门进行申报，并经环境保护行政主管部门审核同意后方可进行。在一定区域内，在污染物排放总量不超过允许排放量的前提下，内部各排污单位之间通过货币交换的方式相互调剂排污量，可以达到减少排污量、保护环境的目的。开展排污权交易，有利于发挥市场配置环境资源的作用，将过去的污染控制过程转变为资源配置过程，从而提高环境资源的利用效率；有利于促进产业结构调整，逐步由"招商引资"向"招商选资"转变；有利于调动企业的积极性，加快技术革新步伐，采用"清洁生产"技术，实现全社会污染治理成本最小化和生产最大化。

5. 限期治理制度

限期治理制度是指对污染严重的项目、行业和区域，由有关国家机关依法限定其在一定期限内完成治理任务，达到治理目标的规定的总称。限期治理包括污染严重的排放源（设施、单位）的限期治理、行业性污染的限期治理和污染严重的某一区域及流域的限期治理。

限期治理具有以下几个特点。

（1）法律强制性。限期治理虽属一种行政管理措施，但对经限期治理逾期未完成治理任务的企业事业单位，除依照国家规定加收超标准排污费外，还可根据所造成的危害后果处以罚款，或者责令停业、关闭。

（2）明确的时间要求。

（3）具体的治理任务。

6. 环境污染与破坏事故的报告及处理制度

环境污染与破坏事故的报告及处理制度是指因发生事故或者其他突然性事件，造成或者可能造成污染与破坏事故的单位，必须立即采取措施处理，及时通报可能受到污染与破坏危害的单位和居民，并向当地环境保护行政主管部门和有关部门报告，接受调查处理的规定的总称。

8.1.2 建设项目环境影响评价

8.1.2.1 环境影响评价的含义与意义

环境影响评价是指对规划和建设项目实施后可能造成的环境影响进行分析、预测和评估，提出预防或者减轻不良环境影响的对策和措施，进行跟踪监测的方法与制度。

国家为了实施可持续发展战略，预防因为规划和建设项目实施后对环境造成不良影响，促进社会、经济和环境的协调发展，制定环境影响评价法。建立环境影响评价制度，从国家的技术政策方面对建设项目提出了新的要求和限制，以减少重复建设，杜绝新污染的产生，贯彻"预防为主"的环境保护政策。对开发项目可能带来的环境问题提出了超前预防对策和措施，强化了建设项目的环境管理。促进了国家科学技术、监测技术、预测技术的发展。为开展区域政策环境影响评价，实施环境与发展综合决策创造了条件。

 知识要点提醒

环境影响评价是建设工程领域的法定强制性制度。环境影响评价重在预防。

8.1.2.2 对环境影响评价机构的要求

按照《建设项目环境保护管理条例》的规定，凡从事工程建设项目环境影响评价工作的单位，必须取得国家环境保护行政主管部门颁发的《建设项目环境影响评价资格证书》，并按照评价证书规定的等级和范围，从事环境影响评价工作。评价资质分为甲、乙两个等级。国家环境保护总局在确定评价资质等级的同时，根据评价机构专业特长和工作能力，确定相应的评价范围。

取得甲级评价资质的评价机构（以下简称"甲级评价机构"），可以在资质证书规定的评价范围之内，承担各级环境保护行政主管部门负责审批的建设项目环境影响报告书和环境影响报告表的编制工作。

取得乙级评价资质的评价机构（以下简称"乙级评价机构"），可以在资质证书规定的评价范围之内，承担省级以下环境保护行政主管部门负责审批的环境影响报告书或环境影响报告表的编制工作。

 知识要点提醒

不同资质等级所需的条件、标准不同。没有相应的资质不能开展环境影响评价工作。

8.1.2.3 建设项目环境影响评价的分类管理

建设单位应当按照下列规定，组织符合资质要求的环境影响评价单位编制环境影响报告书、环境影响报告表或者填报环境影响登记表（以下统称"环境影响评价文件"）。

（1）可能造成重大环境影响的，应当编制环境影响报告书，对产生的环境影响进行全面评价。

（2）可能造成轻度环境影响的，应当编制环境影响报告表，对产生的环境影响进行分析或者专项评价。

（3）对环境影响较小，不需要进行环境影响评价的，应当填报环境影响登记表。

 知识要点提醒

环境影响报告书、报告表及登记表适用范围不同。

8.1.2.4 建设项目环境影响评价书的编制

原国家环保部规定：自2012年9月1日起，建设单位向各级环保部门报送环境影响报告书，应同时提交报告书简本；各级环保部门在本部门网站上公示项目受理情况，应同时公布报告书简本，并附审批部门联系人及联系方式。制定并发布了《建设项目环境影响报告书简本编制要求》。

1. 一般要求

报告书简本是指环境影响报告书主要内容的摘要以及公众参与篇章全文。建设单位和环评机构对环境影响报告书简本内容的真实性负责。

报告书简本应简明扼要、通俗易懂，规范使用专业术语，尽量减少技术推导过程的描述。

报告书简本不应涉及国家秘密、商业秘密和个人隐私等内容。公众参与篇章中涉及个人隐私的信息在公告时应作必要技术处理。

报告书简本应提交相应环保部门一式两份（封面盖建设单位公章），并附电子文档一份。

2. 内容要求

（1）建设项目概况。

1）建设项目的地点及相关背景。

2）建设项目主要建设内容、生产工艺、生产规模、建设周期和投资（包括环保投资），并附工程特性表。

3）建设项目选址选线方案比选，与法律法规、政策、规划和规划环评的相符性。

（2）建设项目周围环境现状。

1）建设项目所在地的环境现状。

2）建设项目环境影响评价范围（附有关图件）。

（3）建设项目环境影响预测及拟采取的主要措施与效果。

1）建设项目的主要污染物类型、排放浓度、排放量、处理方式、排放方式和途径及其达标排放情况，对生态影响的途径、方式和范围。

2）建设项目评价范围内的环境保护目标分布情况（附相关图件）。

3）按不同环境要素和不同阶段介绍建设项目的主要环境影响及其预测评价结果。

4）对涉及法定环境敏感区的建设项目应单独介绍对环境敏感区的主要环境影响和预测评价结果。

5）按不同环境要素介绍污染防治措施、执行标准、达标情况及效果，生态保护措施及效果。

6）环境风险分析预测结果、风险防范措施及应急预案。

7）建设项目环境保护措施的技术、经济论证结果。

8）建设项目对环境影响的经济损益分析结果。

9）建设项目防护距离内的搬迁所涉及的单位、居民情况及相关措施。

10）建设单位拟采取的环境监测计划及环境管理制度。

（4）公众参与。

1）公开环境信息的次数、内容、方式等。

2）征求公众意见的范围、次数、形式等。

3）公众参与的组织形式。

4）公众意见归纳分析，对公众意见尤其是反对意见处理情况的说明。

5）从合法性、有效性、代表性、真实性等方面对公众参与进行总结。

（5）环境影响评价结论。存在的主要环境质量问题，如某些污染物浓度超过标准，某些重要的生态破坏现象，等等。根据评价中分析的结构，简单明了地说明建设项目的影响源和污染源的位置、数量污染物的种类、数量和排放浓度、排放方式等。明确说明建设项目实施过程各阶段在不同时期对环境的影响及其评价，特别需要说明叠加背景之后的影响。最后提出环保措施及改进建议。

（6）联系方式。建设单位、环评机构的联系人和详细联系方式（含地址、邮编、电话、传真和电子邮箱）。

8.1.2.5 建设项目环境影响评价的审批管理

建设项目的环境影响评价文件，由建设单位按照国务院的规定报有审批权的环境保护行政主管部门审批；建设项目有行业主管部门的，其环境影响报告书或者环境影响报告表应当经行业主管部门预审后，报有审批权的环境保护行政主管部门审批。

环境保护行政主管部门应当自收到环境影响报告书之日起60日内，收到环境影响报告表之日起30日内，收到环境影响登记表之日起15日内，分别作出审批决定并书面通知建设单位。

建设项目的环境影响评价文件经批准后，建设项目的性质、规模、地点、采用的生产工艺或者防治污染、防止生态破坏的措施发生重大变动的，建设单位应当重新报批建设项目的环境影响评价文件。

建设项目的环境影响评价文件自批准之日起超过5年，方决定该项目开工建设的，其环境影响评价文件应当报原审批部门重新审核；原审批部门应当自收到建设项目环境影响评价文件之日起10日内，将审核意见书面通知建设单位。

建设项目的环境影响评价文件未经法律规定的审批部门审查或者审查后未予批准的，该项目审批部门不得批准其建设，建设单位不得开工建设。建设项目建设过程中，建设单位应当同时实施环境影响报告书、环境影响报告表以及环境影响评价文件审批部门审批意见中提出的环境保护对策措施。

8.1.2.6 建设项目环境影响评价的后评价和跟踪管理

在项目建设、运行过程中产生不符合经审批的环境影响评价文件的情形的，建设单位应当组织环境影响的后评价，采取改进措施，并报原环境影响评价文件审批部门和建设项目审批部门备案；原环境影响评价文件审批部门也可以责成建设单位进行环境影响的后评价，采取改进措施。

环境保护行政主管部门应当对建设项目投入生产或者使用后所产生的环境影响进行跟踪检查，对造成严重环境污染或者生态破坏的，应当查清原因、查明责任。对属于为建设项目环境影响评价提供技术服务的机构编制不实的环境影响评价文件的，或者属于审批部门工作人员失职、渎职，对依法不应批准的建设项目环境影响评价文件予以批准的，依法追究其法律责任。

8.1.3 建设项目环境保护

8.1.3.1 建设项目环境保护设计规定

根据《建设项目环境保护设计规定》，环境保护设计必须遵循国家有关环境保护法律、法规，合理开发和充分利用各种自然资源，严格控制环境污染，保护和改善生态环境。本规定由建设项目的设计单位、建设单位负责执行。

1. 各阶段设计的环境保护要求

（1）项目建议书阶段。项目建议书中应根据建设项目的性质、规模、建设地区的环境现状等有关资料，对建设项目建成投产后可能造成的环境影响进行简要说明，其主要内容有：①所在地区的环境现状；②可能造成的环境影响分析；③当地环保部门的意见和要求；④存在的问题。

（2）可行性研究（设计任务书）阶段。按《建设项目环境保护管理办法》的规定，需编制环境影响报告书或填报环境影响报告表的建设项目，必须要求编制环境影响报告书或填报环境影响报告表。

在可行性研究报告书中，应有环境保护的专门论述，其主要内容如下所述。

1）建设地区的环境现状。

2）主要污染源和主要污染物。

3）资源开发可能引起的生态变化。

4）设计采用的环境保护标准。

5）控制污染和生态变化的初步方案。

6）环境保护投资估算。

7）环境影响评价的结论或环境影响分析。

8）存在的问题及建议。

（3）初步设计阶段。建设项目的初步设计必须有环境保护篇（章），具体落实环境影响报告书（表）及其审批意见所确定的各项环境保护措施。环境保护篇（章）应包含下列主要内容。

1）环境保护设计依据。

2）主要污染源和主要污染物的种类、名称、数量、浓度或强度及排放方式。

3）规划采用的环境保护标准。

4）环境保护工程设施及其简要处理工艺流程、预期效果。

5）对建设项目引起的生态变化所采取的防范措施。

6）绿化设计。

7）环境管理机构及定员。

8）环境监测机构。

9）环境保护投资概算。

10）存在的问题及建议。

（4）施工图设计阶段。建设项目环境保护设施的施工图设计，必须按已批准的初步设计文件及其环境保护篇（章）所确定的各种措施和要求进行。

2. 选址与总图布置

（1）建设项目选址要求。建设项目的选址或选线，必须全面考虑建设地区的自然环境和社会环境，对选址或选线地区的地理、地形、地质、水文、气象、名胜古迹、城乡规划、土地利用、工农业布局、自然保护区现状及其发展规划等因素进行调查研究，并在收集建设地区的大气、水体、土壤等基本环境要素背景资料的基础上进行综合分析论证，制订最佳的规划设计方案。

凡排放有毒有害废水、废气、废渣（液）、恶臭、噪声、放射性元素等物质或因素的建设项目，严禁在城市规划确定的生活居住区、文教区、水源保护区、名胜古迹区、风景游览区、温泉区、疗养区和自然保护区等界区内选址。

铁路、公路等的选线应尽量减轻对沿途自然生态的破坏和污染。

环境保护设施用地应与主体工程用地同时选定。

排放有毒有害气体的建设项目应布置在生活居住区污染系数最小方位的上风侧，排放有毒有害废水的建设项目应布置在当地生活饮用水水源的下游，废渣堆置场地应与生活居住区及自然水体保持规定的距离。

产生有毒有害气体、粉尘、烟雾、恶臭、噪声等物质或因素的建设项目与生活居住区之间应保持必要的卫生防护距离，并采取绿化措施。

（2）总图布置中的环保设计要求。建设项目的总图布置，在满足主体工程需要的前提下，宜将污染危害最大的设施布置在远离非污染设施的地段，然后合理地确定其余设施的相应位置，尽可能避免互相影响和污染。

新建项目的行政管理和生活设施，应布置在靠近生活居住区的一侧，并作为建设项目的非扩建端。

建设项目的主要烟囱（排气筒），火炬设施，有毒有害原料、成品的储存设施，装卸站，等等，宜布置在厂区常年主导风向的下风侧。

新建项目应有绿化设计，其绿化覆盖率可根据建设项目的种类不同而异。城市内的建设项目应按当地有关绿化规划的要求执行。

3. 污染防治

（1）污染防治的原则。

1）工艺设计应积极采用无毒无害或低毒低害的原料，采用不产生或少产生污染的新技术、新工艺、新设备，最大限度地提高资源、能源利用率，尽可能在生产过程中把污染物减少到最低限度。

2）建设项目的供热、供电及供煤气的规划设计应根据条件尽量采用热电结合、集中供热或联片供热，集中供应民用煤气的建设方案。

3）环境保护工程设计应因地制宜地采用行之有效的治理和综合利用技术。

4）应采取各种有效措施，避免或抑制污染物的无组织排放。如设置专用容器或其他设施，用以回收采样、溢流、事故、检修时排出的物料或废弃物；设备、管道等必须采取有效的密封措施，防止物料跑、冒、滴、漏；粉状或散装物料的储存、装卸、筛分、运输等过程应设置抑制粉尘飞扬的设施。

5）废弃物的输送及排放装置宜设置计量、采样及分析设施。

6）废弃物在处理或综合利用过程中，如有二次污染物产生，还应采取防止二次污染的措施。

7）建设项目产生的各种污染或污染因素，必须符合国家或省、自治区、直辖市颁布的排放标准和有关法规后，方可向外排放。

8）储存、运输、使用放射性物质及放射性废弃物的处理，必须符合《放射性防护规定》和《放射性同位素工作卫生防护管理办法》等的要求。

（2）废气、粉尘污染防治。

1）凡在生产过程中产生有毒有害气体、粉尘、酸雾、恶臭、气溶胶等物质，宜设计成密闭的生产工艺和设备，尽可能避免敞开式操作。如需向外排放，还应设置除尘、吸收等净化设施。

2）各种锅炉、炉窑、冶炼等装置排放的烟气，必须设有除尘、净化设施。

3）含有易挥发物质的液体原料、成品、中间产品等储存设施，应有防止挥发物质逸出的措施。

4）开发和利用煤炭的建设项目，其设计应符合《关于防治煤烟型污染技术政策的规定》。

5）废气中所含的气体、粉尘及余能等，其中有回收利用价值的，应尽可能地回收利用；无利用价值的应采取妥善处理措施。

（3）废水污染防治。

1）建设项目的设计必须坚持节约用水的原则，生产装置排出的废水应合理回收重复利用。

2）废水的输送设计，应按清污分流的原则，根据废水的水质、水量、处理方法等因素，通过综合比较，合理划分废水输送系统。

3）工业废水和生活污水（含医院污水）的处理设计，应根据废水的水质、水量及其变化幅度、处理后的水质要求及地区特点等，确定最佳处理方法和流程。

4）拟定废水处理工艺时，应优先考虑利用废水、废气、废渣（液）等进行"以废治废"的综合治理。

5）废水中所含的各种物质，如固体物质、重金属及其化合物、易挥发性物体、酸或碱类、油类以及余能等，凡有利用价值的应考虑回收或综合利用。

6）工业废水和生活污水（含医院污水）排入城市排水系统时，其水质应符合有关排入城市下水道的水质标准的要求。

7）输送有毒有害或含有腐蚀性物质的废水的沟渠、地下管线检查井等，必须采取防渗漏和防腐蚀措施。

8）水质处理应选用无毒、低毒、高效或污染较轻的水处理药剂。

9）对受纳水体造成热污染的排水，应采取防止热污染的措施。

10）原（燃）料露天堆场，应有防止雨水冲刷、物料流失而造成污染的措施。

11）经常受有害物质污染的装置、作业场所的墙壁和地面的冲洗水以及受污染的雨水，应排入相应的废水管网。

12）严禁采用渗井、渗坑、废矿井或用净水稀释等手段排放有毒有害废水。

（4）废渣（液）污染防治。

1）废渣（液）的处理设计应根据废渣液的数量、性质，并结合地区特点等，进行综合比较，确定其处理方法。对有利用价值的，应考虑采取回收或综合利用措施；对没有利用价值的，可采取无害化堆置或焚烧等处理措施。

2）废渣（液）的临时储存，应根据排出量运输方式、利用或处理能力等情况，妥善设置堆场、储罐等缓冲设施，不得任意堆放。

3）不同的废渣（液）宜分别单独储存，以便管理和利用。两种或两种以上废渣（液）混合储存时，应符合下列要求：不产生有毒有害物质及其他有害化学反应，有利于堆放储存或综合处理。

4）废渣（液）的输送设计，应有防止污染环境的措施。输送含水量大的废渣和高浓度液体时，应采取措施避免沿途滴洒；有毒有害废渣、易扬尘废渣的装卸和运输，应采取密闭和增湿等措施，防止发生污染和中毒事故。

5）生产装置及辅助设施、作业场所、污水处理设施等排出的各种废渣（液），必须收集并进行处理，不得采取任何方式排入自然水体或任意抛弃。

6）可燃质废渣（液）的焚烧处理，应符合下列要求：焚烧所产生的有害气体必须有相应的净化处理设施，焚烧后的残渣应有妥善的处理设施。

7）含有可溶性剧毒废渣禁止直接埋入地下或排入地面水体。设计此类废渣的堆埋场时，必须设有防水、防渗漏或防止扬散的措施；还须设置堆场雨水或渗出液的收集处理和采样监测设施。

8）一般工业废渣、废矿石、尾矿等，可设置堆场或尾矿坝进行堆存。但应设置防止粉尘飞扬、淋沥水与溢流水、自燃等各种危害的有效措施。

9）含有贵重金属的废渣宜视具体情况采取回收处理措施。

（5）噪声控制。

1）噪声控制应首先控制噪声源，选用低噪声的工艺和设备。必要时还应采取相应控制措施。

2）管道设计，应合理布置并采用正确的结构，防止产生振动和噪声。

3）总体布置应综合考虑声学因素，合理规划，利用地形、建筑物等阻挡噪声传播。并合理分隔吵闹区和安静区，避免或减少高噪声设备对安静区的影响。

4）建设项目产生的噪声对周围环境的影响应符合有关城市区域环境噪声标准的规定。

8.1.3.2　建设项目环境保护设施竣工验收条件

建设项目环境保护设施竣工验收条件有以下几点。

（1）建设前期环境保护审查、审批手续完备，技术资料与环境保护档案资料齐全。

（2）环境保护设施及其他措施等已按批准的环境影响报告书（表）或者环境影响登记表和设计文件的要求建成或者落实，环境保护设施经负荷试车检测合格，其防治污染能力适应主体工程的需要。

（3）环境保护设施安装质量符合国家和有关部门颁发的专业工程验收规范、规程和检验评定标准。

（4）具备环境保护设施正常运转的条件，包括经培训合格的操作人员、健全的岗位操作规程及相应的规章制度，原料、动力供应落实，符合交付使用的其他要求。

（5）污染物排放符合环境影响报告书（表）或者环境影响登记表和设计文件中提出的标准及核定的污染物排放总量控制指标的要求。

（6）各项生态保护措施按环境影响报告书（表）规定的要求落实，建设项目建设过程中受到破坏并可恢复的环境已按规定采取了恢复措施。

（7）环境监测项目、点位、机构设置及人员配备符合环境影响报告书（表）和有关规定的要求。

（8）环境影响报告书（表）提出需对环境保护敏感点进行环境影响验证，对清洁生产进行指标考核，对施工期环境保护措施落实情况进行工程环境监理的，已按规定要求完成。

（9）环境影响报告书（表）要求建设单位采取措施削减其他设施污染物排放，或要求建设项目所在地方政府或者有关部门采取"区域削减"措施满足污染物排放总量控制要求的，其相应措施得到落实。

国务院环境保护行政主管部门在建设项目环境保护设施验收合格后，批准由建设单位提交的《验收申请报告》。经批准的《验收申请报告》是建设项目总体验收的主要依据之一。《验收申请报告》未经批准的建设项目，不能正式投入生产或使用。

8.1.4　法律责任

1. 建设单位的法律责任

根据《建设项目环境保护管理条例》第二十四至二十八条规定，建设单位违反《建设项目环境保护管理条例》的相关规定，应该承担的责任如下：

第二十四条 违反本条例规定，有下列行为之一的，由负责审批建设项目环境影响报告书、环境影响报告表或者环境影响登记表的环境保护行政主管部门责令限期补办手续；逾期不补办手续，擅自开工建设的，责令停止建设，可以处 10 万元以下的罚款：

（1）未报批建设项目环境影响报告书、环境影响报告表或者环境影响登记表的。

（2）建设项目的性质、规模、地点或者采用的生产工艺发生重大变化，未重新报批建设项目环境影响报告书、环境影响报告表或者环境影响登记表的。

（3）建设项目环境影响报告书、环境影响报告表或者环境影响登记表自批准之日起满 5 年，建设项目方开工建设，其环境影响报告书、环境影响报告表或者环境影响登记表未报原审批机关重新审核的。

第二十五条 建设项目环境影响报告书、环境影响报告表或者环境影响登记表未经批准或者未经原审批机关重新审核同意，擅自开工建设的，由负责审批该建设项目环境影响报告书、环境影响报告表或者环境影响登记表的环境保护行政主管部门责令停止建设，限期恢复原状，可以处 10 万元以下的罚款。

第二十六条 违反本条例规定，试生产建设项目配套建设的环境保护设施未与主体工程同时投入试运行的，由审批该建设项目环境影响报告书、环境影响报告表或者环境影响登记表的环境保护行政主管部门责令限期改正；逾期不改正的，责令停止试生产，可以处 5 万元以下的罚款。

第二十七条 违反本条例规定，建设项目投入试生产超过 3 个月，建设单位未申请环境保护设施竣工验收的，由审批该建设项目环境影响报告书、环境影响报告表或者环境影响登记表的环境保护行政主管部门责令限期办理环境保护设施竣工验收手续；逾期未办理的，责令停止试生产，可以处 5 万元以下的罚款。

第二十八条 违反本条例规定，建设项目需要配套建设的环境保护设施未建成、未经验收或者经验收不合格，主体工程正式投入生产或者使用的，由审批该建设项目环境影响报告书、环境影响报告表或者环境影响登记表的环境保护行政主管部门责令停止生产或者使用，可以处 10 万元以下的罚款。

2. 环保部门影响评价机构的法律责任

《建设项目环境保护管理条例》第二十九条规定："从事建设项目环境影响评价工作的单位，在环境影响评价工作中弄虚作假的，由国务院环境保护行政主管部门吊销资格证书，并处所收费用 1 倍以上 3 倍以下的罚款。"

3. 环保部门工作人员的法律责任

根据《建设项目环境保护管理条例》第三十条规定："环境保护行政主管部门的工作人员徇私舞弊、滥用职权、玩忽职守，构成犯罪的，依法追究刑事责任；尚不构成犯罪的，依法给予行政处分。"

按照 2015 年修订的《环境保护法》第六十八条规定：地方各级人民政府、县级以上人民政府环境保护主管部门和其他负有环境保护监督管理职责的部门有下列行为之一的，对直接负责的主管人员和其他直接责任人员给予记过、记大过或者降级处分；造成严重后果的，给予撤职或者开除处分，其主要负责人应当引咎辞职。

（1）不符合行政许可条件准予行政许可的。

（2）对环境违法行为进行包庇的。

（3）依法应当作出责令停业、关闭的决定而未作出的。

（4）对超标排放污染物、采用逃避监管的方式排放污染物、造成环境事故以及不落实生态保护措施造成生态破坏等行为，发现或者接到举报未及时查处的。

（5）违反本法规定，查封、扣押企业事业单位和其他生产经营者的设施、设备的。

（6）篡改、伪造或者指使篡改、伪造监测数据的。

（7）应当依法公开环境信息而未公开的。

（8）将征收的排污费截留、挤占或者挪作他用的。

（9）法律法规规定的其他违法行为。

8.2 建筑节能法规

扫一扫

8.2.1 建筑节能概述

1. 建筑节能的含义

节能是指应用技术可靠、经济合理、环境和社会都可以接受的方法，有效地利用能源，提高用能设备或工艺的能量利用效率。中国能源消耗主要集中在建筑能耗、工业能耗和交通能耗方面。提倡节能是我国可持续发展的一项长远发展战略，是我国的基本国策。

建筑节能是指建筑在规划、设计、建造和使用过程中，通过采用节能型材料和技术，加强用能管理，在保证建筑物使用功能和室内热环境质量的前提下，降低供热系统、空调制冷制热、照明、热水供应因大量热消耗而产生的能耗。

 知识要点提醒

建筑节能关系到"两型"社会建设和经济社会可持续发展。"两型"即资源节约型、环境友好型。

2. 建筑节能法规的立法现状

目前，我国现行与建筑节能有关的法律法规有《中华人民共和国建筑法》《民用建筑节能管理规定》《民用建筑工程节能质量监督管理办法》《中华人民共和国节约能源法》《城乡规划法》《民用建筑节能条例》《绿色施工导则》《公共机构节能条例》《中华人民共和国循环经济促进法》。

建筑工程节能相关标准规范主要有《民用建筑节能设计标准》（采暖居住建筑部分）（JGJ 26—2010）、《公共建筑节能设计标准》（GB 50189—2015）、《民用建筑太阳能热水系统应用技术规范》（GB 50364—2018）、《绿色建筑评价标准》（GB/T 50378—2019）、《建筑节能工程施工质量验收规范》（GB 50411—2007）、《夏热冬冷地区居住建筑节能设计标准》（JGJ 134—2010）等。

3. 民用建筑节能的监督管理

民用建筑是指居住建筑、商业、服务业、教育、卫生等公共建筑和国家机关办公建筑。

民用建筑节能是指民用建筑在规划、设计、建造和使用过程中，通过采用新型墙体材料，执行建筑节能标准，加强建筑物用能设备的运行管理，合理设计建筑围护结构的热工性能，提高采暖、制冷、照明、通风、给排水和通道系统的运行效率，以及利用可再生能源，在保证建筑物使用功能和室内热环境质量的前提下，降低建筑能源消耗，合理、有效地利用能源的活动。

国务院建设行政主管部门负责全国民用建筑节能的监督管理工作。

县级以上地方人民政府建设行政主管部门负责本行政区内的民用建筑节能的监督管理工作。

国务院建设行政主管部门根据全国节能规划，制定国家建筑节能专项规划；省、自治区、直辖市及设区城市人民政府建设行政主管部门应当根据本地节能规划，编制本地建筑节能专项规划，并组织实施。

编制城乡规划应该充分考虑能源、资源的综合利用与节约，对城镇布局、功能区设置、建筑特征、基础设施配置的影响进行研究论证。

国务院建设行政主管部门根据建筑节能发展现状，结合技术进步、经济合理的原则，组织制定建筑节能的相关标准，建立和完善建筑节能标准体系。省、自治区、直辖市人民政府建设行政主管部门应当严格执行国家建筑节能有关规定，可以制定严于国家民用建筑节能标准的地方标准或实施细则。

8.2.2　新建民用建筑节能

1. 规划管理

编制城市详细规划、镇详细规划，应当按照民用建筑节能的要求，确定建筑的布局、形状和朝向。

城乡规划主管部门依法对民用建筑项目进行规划审查，应当就设计方案是否符合民用建筑节能强制性标准征求同级建筑主管部门的意见；建筑主管部门应当自收到征求意见材料之日起 10 日内提出意见，征求意见时间不计算在规划许可的限期内。

2. 鼓励和淘汰产品

国家鼓励建筑节能的科学研究和技术开发，推广和应用节能型的建筑、结构、材料、用能设备和附属设施及相应的施工工艺、应用技术和管理技术，促进可再生能源的开发和利用。

国家鼓励和发展下列建筑节能技术和产品。

（1）新型节能墙体和屋面的保温、隔热技术与材料。

（2）节能门窗的保温隔热和密闭技术。

（3）集中供热和热、电、冷联产联供技术。

（4）供热采暖系统温度调控和分户热量计量技术与装置。

（5）太阳能、地热等可再生能源应用技术及设备。

（6）建筑照明节能技术与产品。

（7）空调制冷节能技术与产品。

（8）其他技术成熟、效果显著的节能技术和节能管理技术。

国务院建设行政主管部门制定鼓励推广应用和淘汰的建筑节能产品及技术的目录。省、自治区、直辖市人民政府建设行政主管部门可以根据该目录，制定适合本区域的鼓励推广应用和淘汰的建筑节能产品及技术的目录。

国家限制进口或者禁止进口能源消耗高的技术、材料和设备。

建设单位、设计单位、施工单位不得在建筑活动中使用列入禁止使用目录的技术、工艺、材料和设备。

3. 节能审查

施工图设计文件审查机构应当按照民用建筑节能强制性标准对施工图设计文件进行审查，并审查节能设计的内容。在审查报告中单列节能审查章节。不符合建筑节能强制性标准的，施工图设计文件审查结论应当为不合格。

经审查不符合民用建筑节能强制性标准的，县级以上地方人民政府建设行政主管部门不得颁发施工许可证。

4. 节能监督

在建筑工程施工过程中，县级以上地方人民政府建设行政主管部门应当加强对建筑物的围护结构（含墙体、屋面、门窗、玻璃幕墙等）、供热采暖和制冷系统、照明和通风等电气设备是否要求进行监督检查。

质量监督机构应采取抽查建筑节能工程实体质量和相关工程质量控制资料的方法，督促各方责任主体履行质量责任，确保工程质量。重点是监督检查、抽查建筑节能工程有关措施及落实情况，质量控制资料及相关产品的节能要求指标，加强事前控制，把检查各责任主体的节能工作行为放在首位。

8.2.3 既有建筑节能改造

1. 既有建筑节能改造的含义

既有建筑节能改造是指对不符合民用建筑节能强制性标准的既有建筑的围护结构、供热系统、采暖制冷系统、照明设备和热水供应设施等实施节能改造的活动。

2. 既有建筑节能改造的管理

既有建筑节能改造应当根据当地经济、社会发展水平和地理气候条件等实际情况有计划、分步骤地实施分类改造。

县级以上地方人民政府建设主管部门应当对本行政区域内既有建筑的建设年代、结构形式、用能系统、能源消耗指标、寿命周期等组织调查统计和分析，制订既有建筑节能改造计划，明确节能改造的目标、范围和要求，报本级人民政府批准后组织实施。

中央国家机关既有建筑的节能改造由有关管理机关事务工作的机构制订节能改造计划，并组织实施。

国家机关办公建筑、政府投资和以政府投资为主的公共建筑的节能改造应当制订节能改造方案，经充分论证，并按照国家有关规定办理相关审批手续方可进行。

各级人民政府及其有关部门、单位不得违反国家有关规定和标准，以节能改造的名义对前款规定的既有建筑进行扩建、改建。

居住建筑和除国家机关办公建筑、政府投资和以政府投资为主的公共建筑以外的其他公共建筑不符合民用建筑节能强制性标准的，在尊重建筑所有权人意愿的基础上，可以结合扩建、改建，逐步实施节能改造。

3. 既有建筑节能改造的措施

实施既有建筑节能改造，应当符合民用建筑节能强制性标准，优先采用遮阳、改善通风等低成本改造措施。

既有建筑围护结构的改造和供热系统的改造，应当同步进行。

对实行集中供热的建筑进行节能改造，应当安装供热系统调控装置和用热计量装置；对公共建筑进行节能改造，还应当安装室内温度调控装置和用电分项计量装置。

4. 既有建筑节能改造的费用管理

国家机关办公建筑的节能改造费用，由县级以上人民政府纳入本级财政预算。

居住建筑和教育、科学、文化、卫生、体育等公益事业使用的公共建筑节能改造费用，由政府、建筑所有权人共同负担。

国家鼓励多元化、多渠道投资既有建筑的节能改造，投资人可以按照协议分享建筑节能改造带来的收益，鼓励研究和制定本区域既有建筑的节能改造资金筹措办法与相关激励政策。

8.2.4　建筑用能系统运行节能

建筑所有权人或者使用权人应当保证建筑用能系统的正常运行，不得人为损坏建筑围护结构和用能系统。

国家机关办公建筑和大型公共建筑的所有权人或者使用权人应当建立健全民用建筑节能管理制度与操作规程，对建筑用能系统进行监测、维护，并定期将分项用电量报县级以上地方人民政府建设主管部门。

县级以上地方人民政府节能工作主管部门应当会同同级建设主管部门确定本行政区域内公共建筑重点用电单位及其年度用电限额。

县级以上地方人民政府建设主管部门应当对本行政区域内国家机关办公建筑和公共建筑用电情况进行调查统计与评价分析。国家机关办公建筑和大型公共建筑采暖、制冷、照明的能源消耗情况应当依照法律、行政法规和国家其他有关规定向社会公布。

国家机关办公建筑和公共建筑的所有权人或者使用权人应当对县级以上地方人民政府建设主管部门的调查统计工作予以配合。

供热单位应当建立健全相关制度，加强对专业技术人员的教育和培训。

供热单位应当改进技术装备，实施计量管理，并对供热系统进行监测、维护，提高供热系统的效率，保证供热系统的运行符合民用建筑节能强制性标准。

县级以上地方人民政府建设主管部门应当对本行政区域内供热单位的能源消耗情况进行调查统计和分析，并制定供热单位能源消耗指标；对超过能源消耗指标的，应当要求供热单位制定相应的改进措施，并监督实施。

8.2.5　各建设主体的节能责任义务和法律责任

8.2.5.1　各建设主体的责任和义务

1. 建设单位应当履行的责任和义务

（1）建设单位不得明示或者暗示设计单位、施工单位违反民用建筑节能强制性标准进行设计、施工，不得明示或者暗示施工单位使用不符合施工图设计文件要求的墙体材料、保

扫一扫

温材料、门窗、采暖制冷系统和照明设备。

按照合同约定由建设单位采购墙体材料、保温材料、门窗、采暖制冷系统和照明设备的，建设单位应当保证其符合施工图设计文件要求，保证其符合建筑节能标准。

不得擅自修改设计文件。当建筑设计修改涉及建筑节能强制性标准时，必须将修改后的设计文件送原施工图审查机构重新审查。

（2）建设单位组织竣工验收，应当对民用建筑是否符合民用建筑节能强制性标准进行查验；对不符合民用建筑节能强制性标准的，不得出具竣工验收合格报告。

2. 设计单位应当履行的责任和义务

（1）实行集中供热的建筑应当安装供热系统调控装置、用热计量装置和室内温度调控装置，公共建筑还应当安装用电分项计量装置。居住建筑安装的用热计量装置应当满足分户计量的要求。计量装置应当依法检定合格。

（2）建筑的公共走廊、楼梯等部位，应当安装、使用节能灯具和电气控制装置。

（3）对具备可再生能源利用条件的建筑，建设单位应当选择合适的可再生能源，用于采暖、制冷、照明和热水供应等；设计单位应当按照有关可再生能源利用的标准进行设计。

建设可再生能源利用设施，应当与建筑主体工程同步设计、同步施工、同步验收。

3. 施工单位应当履行的责任和义务

（1）要严格按照审查合格的设计文件和节能施工技术标准的要求进行施工，不得擅自修改设计文件。

（2）对进入施工现场的墙体材料、保温材料、门窗部品等进行检验，保证产品说明书和产品标识上注明的性能指标符合建筑节能要求，不符合施工图设计文件要求的，不得使用。

（3）应当编制建筑节能专项施工技术方案，并由施工单位专业技术人员和监理单位专业监理工程师进行审核，审核合格，由施工单位技术负责人及监理单位总监理工程师签字。

（4）墙体、屋面等节能工程在隐蔽之前，施工单位应当通知监理单位和建设工程质量监督机构，依法实施监理和质量监督。未经监理工程师签字，墙体材料、保温材料、门窗、采暖制冷系统和照明设备不得在建筑上使用或者安装，施工单位不得进行下一道工序的施工。

（5）节能工程完成后，应当按照《建筑节能工程施工质量验收规范》要求进行专项验收，填写分部、分项及检验批质量验收表。

（6）在正常使用条件下，保温工程的最低保修期限为 5 年。保温工程的保修期，自竣工验收合格之日起计算。保温工程在保修范围和保修期内发生质量问题的，施工单位应当履行保修义务，并对造成的损失依法承担赔偿责任。

4. 监理单位应当履行的责任和义务

（1）严格按照审查合格的设计文件和建筑节能标准的要求实施监理，针对工程特点编制符合建筑节能要求的建立规划及监理实施细则。

（2）加强对节能工程所使用的材料、设备、施工工艺的监理，并对施工质量承担监理责任。墙体、屋面的保温工程施工时，监理工程师应当按照工程监理规范的要求，采取旁站、巡视和平行检验等形式实施监理，并在《工程质量评估报告》中明确建筑节能标准的实施情况。

（3）工程监理单位发现施工单位不按照民用建筑节能强制性标准施工的，应当要求施工单位改正；施工单位拒不改正的，工程监理单位应当及时报告建设单位，并向有关主管部门报告。

5. 建设工程质量监督机构应当履行的责任和义务

建设工程质量监督机构应当加强建筑节能监督，对没有达到建筑节能设计标准的、不符合强制性条文规定或验收不合格的项目，不得组织工程竣工验收。对违反相关规定的建设、施工、监理等单位，由建设主管部门或建设工程质量监督部门责令限期整改；情节严重的将依据《建设工程质量管理条例》等有关法律、法规规定进行处罚。

房地产开发企业销售商品房，应当向购买人明示所售商品房的能源消耗指标、节能措施和保护要求、保温工程保修期等信息，并在商品房买卖合同和住宅质量保证书、住宅使用说明书中载明。

8.2.5.2　法律责任

按照 2008 年 10 月 1 日起施行的《民用建筑节能条例》，各方违反本条例规定，应当承担的法律责任如下。

1. 政府有关部门的法律责任

县级以上人民政府有关部门有下列行为之一的，对负有责任的主管人员和其他直接责任人员依法给予处分；构成犯罪的，依法追究刑事责任。

（1）对设计方案不符合民用建筑节能强制性标准的民用建筑项目颁发建设工程规划许可证的。

（2）对不符合民用建筑节能强制性标准的设计方案出具合格意见的。

（3）对施工图设计文件不符合民用建筑节能强制性标准的民用建筑项目颁发施工许可证的。

（4）不依法履行监督管理职责的其他行为。

（5）各级人民政府及其有关部门、单位违反国家有关规定和标准，以节能改造的名义对既有建筑进行扩建、改建的，对负有责任的主管人员和其他直接责任人员，依法给予处分。

2. 建设单位的法律责任

建设单位有下列行为之一的，由县级以上地方人民政府建设主管部门责令改正，处 20 万元以上 50 万元以下的罚款。

（1）明示或者暗示设计单位、施工单位违反民用建筑节能强制性标准进行设计、施工的。

（2）明示或者暗示施工单位使用不符合施工图设计文件要求的墙体材料、保温材料、门窗、采暖制冷系统和照明设备的。

（3）采购不符合施工图设计文件要求的墙体材料、保温材料、门窗、采暖制冷系统和照明设备的。

（4）使用列入禁止使用目录的技术、工艺、材料和设备的。

（5）建设单位对不符合民用建筑节能强制性标准的民用建筑项目出具竣工验收合格报告的，由县级以上地方人民政府建设主管部门责令改正，处民用建筑项目合同价款 2%以上 4%以下的罚款；造成损失的，依法承担赔偿责任。

3. 设计单位的法律责任

设计单位未按照民用建筑节能强制性标准进行设计，或者使用列入禁止使用目录的技术、工艺、材料和设备的，由县级以上地方人民政府建设主管部门责令改正，处 10 万元以上 30 万元以下的罚款；情节严重的，由颁发资质证书的部门责令停业整顿，降低资质等级或者吊销资质证书；造成损失的，依法承担赔偿责任。

4. 施工单位的法律责任

施工单位未按照民用建筑节能强制性标准进行施工的，由县级以上地方人民政府建设主管部门责令改正，处民用建筑项目合同价款 2% 以上 4% 以下的罚款；情节严重的，由颁发资质证书的部门责令停业整顿，降低资质等级或者吊销资质证书；造成损失的，依法承担赔偿责任。

施工单位有下列行为之一的，由县级以上地方人民政府建设主管部门责令改正，处 10 万元以上 20 万元以下的罚款；情节严重的，由颁发资质证书的部门责令停业整顿，降低资质等级或者吊销资质证书；造成损失的，依法承担赔偿责任。

（1）未对进入施工现场的墙体材料、保温材料、门窗、采暖制冷系统和照明设备进行查验的。

（2）使用不符合施工图设计文件要求的墙体材料、保温材料、门窗、采暖制冷系统和照明设备的。

（3）使用列入禁止使用目录的技术、工艺、材料和设备的。

5. 监理单位的法律责任

工程监理单位有下列行为之一的，由县级以上地方人民政府建设主管部门责令限期改正；逾期未改正的，处 10 万元以上 30 万元以下的罚款；情节严重的，由颁发资质证书的部门责令停业整顿，降低资质等级或者吊销资质证书；造成损失的，依法承担赔偿责任。

（1）未按照民用建筑节能强制性标准实施监理的。

（2）墙体、屋面的保温工程施工时，未采取旁站、巡视和平行检验等形式实施监理的。

（3）对不符合施工图设计文件要求的墙体材料、保温材料、门窗、采暖制冷系统和照明设备，按照符合施工图设计文件要求签字的，依照《建设工程质量管理条例》第六十七条的规定处罚。

 知识要点提醒

监理单位、监理工程师签字一定要慎重。

6. 房地产开发企业的法律责任

房地产开发企业销售商品房，未向购买人明示所售商品房的能源消耗指标、节能措施和保护要求、保温工程保修期等信息，或者向购买人明示的所售商品房能源消耗指标与实际能源消耗不符的，依法承担民事责任；由县级以上地方人民政府建设主管部门责令限期改正；逾期未改正的，处交付使用的房屋销售总额 2% 以下的罚款；情节严重的，由颁发资质证书的部门降低资质等级或者吊销资质证书。

7. 注册执业人员的法律责任

注册执业人员未执行民用建筑节能强制性标准的，由县级以上人民政府建设主管部门责令停止执业 3 个月以上 1 年以下；情节严重的，由颁发资格证书的部门吊销执业资格证书，

5 年内不予注册。

8.3　档　案　法

8.3.1　建设工程档案的种类

根据国家标准《建设工程文件归档规范》（GB/T 50328—2014），建设工程档案是指在工程建设活动中直接形成的具有归档保存价值的文字、图表、声像等各种形式的历史记录。根据该国家标准，应当归档的建设工程文件主要包括工程准备阶段文件、监理文件、施工文件、竣工图和竣工验收文件。

8.3.1.1　工程准备阶段文件

工程开工以前，在立项、审批、征地、勘察、设计、招投标等工程准备阶段形成的文件。

1. 立项文件

立项文件包括内容如下：

（1）项目建议书。

（2）项目建议书审批意见及前期工作通知书。

（3）可行性研究报告及附件。

（4）可行性研究报告审批意见。

（5）关于立项有关的会议纪要、领导讲话。

（6）专家建议文件。

（7）调查资料及项目评估研究材料等。

2. 建设用地、征地文件

（1）选址申请及选址规划意见通知书。

（2）用地申请报告及县级以上人民政府城乡建设用地批准书。

（3）征收安置意见、协议、方案等。

（4）建设用地规划许可证及其附件。

（5）划拨建设用地文件。

（6）国有土地使用证。

3. 勘察、测绘、设计文件

（1）工程地质勘察报告。

（2）水文地质勘查报告、自然条件、地震调查。

（3）建设用地钉桩通知（单）书。

（4）地形测量和拨地测量成果报告。

（5）申报的城乡规划设计条件和规划设计条件通知书。

（6）初步设计图纸和说明。

（7）技术设计图纸和说明。

（8）审定设计方案通知书及审查意见。

（9）有关行政主管部门（人防、环保、消防、交通、园林、市政、文物、通信、保密、河湖、教育、白蚁防治、卫生等）批准文件或取得的有关协议。

（10）施工图及其说明。

（11）设计计算书。

（12）政府有关部门对施工图设计文件的审批意见等。

4．招投标文件

（1）勘察设计招投标文件。

（2）勘察设计承包合同。

（3）施工招投标文件。

（4）施工承包合同。

（5）工程监理招投标文件。

（6）监理委托合同等。

5．开工审批文件

（1）建设项目列入年度计划的申报文件。

（2）建设项目列入年度计划的批复文件或年度计划项目表。

（3）规划审批申报表及报送的文件和图纸。

（4）建设工程规划许可证及其附件。

（5）建设工程开工审查表。

（6）建设工程施工许可证。

（7）投资许可证、审计证明、缴纳绿化建设费等证明。

（8）工程质量监督手续等。

6．财务文件

（1）工程投资估算材料。

（2）工程设计概算材料。

（3）施工图预算材料。

（4）施工图预算等。

7．建设、施工、监理机构及其负责人名单

（1）工程项目管理机构（项目经理部）及其负责人名单。

（2）工程项目监理机构（项目监理部）及其负责人名单。

（3）工程项目施工管理机构（施工项目经理部）及其负责人名单。

8.3.1.2 监理文件

监理文件是指工程监理单位在工程设计、施工等监理过程中形成的文件。主要包括以下内容。

（1）监理规划：包括监理规划、监理实施细则及监理部总控制计划等。

（2）监理月报中的有关质量问题。

（3）建立会议纪要中的有关质量问题。

（4）进度控制文件：包括工程开工/复工审批表、工程开工/复工暂停令等。

（5）质量控制文件：包括不合格项目通知、质量事故报告及处理意见等。

（6）造价控制文件：包括预付款报审与支付、月付款报审与支付、设计变更、洽商费用报审与签认、工程竣工结算审核意见书等。

（7）分包资质文件：包括分包单位资质材料、供货单位资质材料、试验等单位资质材料。

（8）监理通知：包括有关进度控制的监理通知、有关质量控制的监理通知、有关造价控制的监理通知。

（9）合同与其他事项管理文件：包括工程延期报告及审批、费用索赔报告及审批、合同争议、违约报告及处理意见、合同变更材料等。

（10）监理工作总结：包括专题总结、月报总结、工程竣工总结、质量评价意见报告。

8.3.1.3　施工文件

施工文件是指工程施工单位在施工过程中形成的文件。不同专业的工程对施工文件的要求不尽相同，一般包括以下内容。

（1）施工技术准备文件：包括施工组织设计、技术交底、图纸会审记录、施工预算的编制和审查、施工日志等。

（2）施工现场准备文件：包括控制管网设置资料、工程定位测量资料、基槽开挖线测量资料、施工安全措施、施工环保措施等。

（3）地基处理记录。

（4）工程图纸变更记录：包括设计会议会审记录、设计变更记录、工程洽商记录等。

（5）施工材料、预制构件质量证明文件及检测试验报告。

（6）设备、产品质量检查、安装记录：包括设备、产品质量合格证、质量保证书，设备集装箱、商检证明和说明书、开箱报告，设备安装记录，设备试运行记录，设备明细表，等等。

（7）施工实验记录、隐蔽工程检查记录。

（8）施工记录：包括工程定位测量检查记录、预检工程检查记录、沉降观测记录、结构吊装记录、工程竣工测量、新型建筑材料、施工新技术等。

（9）工程质量事故处理记录。

（10）工程质量检验记录：包括检验批质量验收记录，分项分部工程质量验收记录，基础、主体工程验收记录，等等。

8.3.1.4　竣工图和竣工验收文件

竣工图是指在工程竣工验收后，真实反映建设工程项目施工结果的图样。竣工验收文件是指在建设工程项目竣工验收活动中形成的文件。竣工验收文件主要包括以下内容。

（1）工程竣工总结：包括工程概况表、工程竣工总结。

（2）竣工验收记录：包括单位（子单位）工程质量验收记录、竣工验收说明书、竣工验收报告、竣工验收备案表（包括各专项验收认可文件）、工程质量保修书等。

（3）财务文件：包括决算文件、交付使用财产总表和财产明细表。

（4）声像、微缩、电子档案：包括工程照片、录音、录像材料、各种光盘、磁盘等。

8.3.2　建设工程档案的移交程序

8.3.2.1　各主要参建单位向建设单位移交工程文件

1. 基本规定

《建设工程文件归档规范》（GB/T 50328—2014）规定，工程文件的形成和积累应纳入工程建设管理的各个环节和有关人员的职责范围。工程文件应随工程建设进度同步形成，不得事后补编。每项建设工程应编制一套电子档案，随纸质档案一并移交城建档案管理机构。

在工程招标及与勘察、设计、施工、监理等单位签订协议、合同时，应明确竣工图的编制单位、工程档案的编制套数、编制费用及承担单位、工程档案的质量要求和移交时间等内容。

建设单位应当收集和整理工程准备阶段、竣工验收阶段形成的文件，并应进行立卷归档。建设单位还应当组织、监督和检查勘察、设计、施工、监理等单位的工程文件的形成、积累和立卷归档工作，并收集和汇总勘察、设计、施工、监理等单位的立卷归档的工程档案。

勘察、设计、施工、监理等单位应将本单位形成的工程文件立卷后向建设单位移交。

建设工程项目实行总承包管理的，总包单位应负责收集、汇总各分包单位形成的工程档案，并应及时向建设单位移交；各分包单位应将本单位形成的工程文件整理、立卷后及时移交总包单位。建设工程项目由几个单位承包的，各承包单位应负责收集、整理立卷其承包项目的工程文件，并应及时向建设单位移交。

城建档案管理机构应对工程文件的立卷归档工作进行监督、检查、指导。在工程竣工验收前，应对工程档案进行预验收，验收合格后，必须出具工程档案认可文件。未取得工程档案验收认可文件，不得组织工程竣工验收。

工程资料管理人员应经过工程文件归档整理的专业培训。

2. 工程文件的归档范围和质量要求

对与工程建设有关的重要活动、记载工程建设主要过程和现状、具有保存价值的各种载体的文件，均应收集齐全、整理立卷后归档。

归档的纸质工程文件应为原件。

工程文件的内容及其深度应符合国家现行有关工程勘察、设计、施工、监理等标准的规定。

工程文件的内容必须真实、准确，应与工程实际相符合。

工程文件应采用碳素墨水、蓝黑墨水等耐久性强的书写材料，不得使用红色墨水、纯蓝墨水、圆珠笔、复写纸、铅笔等易褪色的书写材料。计算机输出文字和图件应使用激光打印机，不应使用色带式打印机、水性墨打印机和热敏打印机。

工程文件应字迹清楚，图样清晰，图表整洁，签字盖章手续应完备。

工程文件中文字材料隔面尺寸规格宜为 A4 幅面（297 mm×210 mm）。图纸宜采用国家标准图幅。

工程文件的纸张应采用能长期保存的韧力大、耐久性强的纸张。

所有竣工图均应加盖符合规定的竣工图章。

竣工图的绘制与改绘应符合国家现行有关制图标准的规定。

归档的建设工程电子文件应采用开放式文件格式或通用格式进行存储。专用软件产生的非通用格式的电子文件应转换成通用格式。

归档的建设工程电子文件应包含元数据，保证文件的完整性和有效性。元数据应符合现行行业标准《建设电子档案元数据标准》（CJJ/T 187—2012）的规定。

归档的建设工程电子文件应采用电子签名等手段，所载内容应真实和可靠。

归档的建设工程电子文件的内容必须与其纸质档案一致。

离线归档的建设工程电子档案载体，应采用一次性写入光盘，光盘不应有磨损、划伤。

存储移交电子档案的载体应经过检测，应无病毒、无数据读写故障，并应确保接收方能通过适当设备导出数据。

3. 工程文件的归档

归档文件必须完整、准确、系统，能够反映工程建设活动的全过程。归档的文件必须经过分类整理，并应组成符合要求的案卷。根据建设程序和工程特点，归档可以分阶段进行，也可以在单位或者分部工程通过竣工验收后进行。勘察、设计单位应当在任务完成时，施工、监理单位应当在竣工验收前，将各自形成的有关工程档案向建设单位归档。凡设计、施工、监理单位需要向本单位归档的文件，应当按国家有关规定单独立卷归档。

勘察、设计、施工单位在收齐工程文件并整理立卷后，建设单位、监理单位应根据城建管理机构的要求对档案文件完整、准确、系统情况和案卷质量进行审查，审查合格后向建设单位移交。工程档案一般不少于两套：一套由建设单位保管，一套（原件）移交当地城建档案馆（室）。勘察、设计、施工单位向建设单位移交档案时，应当编制移交清单，双方签字、盖章后方可交接。

8.3.2.2 建设单位向政府主管机关移交建设项目档案

建设单位对列入城建档案管理机构接收范围的工程，工程竣工验收后 3 个月内，应向当地城建档案管理机构移交一套符合规定的工程档案。停建、缓建建设工程的档案，暂由建设单位保管。对于改建、扩建和维修工程，建设单位应当组织设计、施工单位据实修改、补充和完善原工程档案。对改变的部位，应当重新编制工程档案，并在工程竣工验收后 3 个月内向城建档案馆（室）移交。

建设单位向城建档案馆（室）移交工程档案时，应办理移交手续，填写移交目录，双方签字、盖章后交接。

依据《建设工程质量管理条例》第五十九条规定：违反本条例规定，建设工程竣工验收后，建设单位未向建设行政主管部门或者其他有关部门移交建设项目档案的，责令改正，处 1 万元以上 10 万元以下的罚款。

列入城建档案管理机构档案接收范围的工程，竣工验收前，城建档案管理机构应对工程档案进行预验收。城建档案管理机构在进行工程档案预验收时，应查验下列主要内容。

（1）工程档案齐全、系统、完整，全面反映工程建设活动和工程实际状况。

（2）工程档案已整理立卷，立卷符合本规范的规定。

（3）竣工图的绘制方法、图式及规格等符合专业技术要求，图面整洁，盖有竣工图章。

（4）文件的形成、来源符合实际，要求单位或个人签章的文件，其签章手续完备。

（5）文件的材质、阳面、书写、绘图、用墨、托裱等符合要求。

（6）电子档案格式、载体等符合要求。

（7）声像档案内容、质量、格式符合要求。

8.3.2.3 重大建设项目档案验收

为加强重大建设项目档案管理工作，确保重大建设项目档案的完整、准确、系统和安全，国家档案局和国家发改委根据《中华人民共和国档案法》和国家有关规定制定《重大建设项目档案验收办法》。该办法对重大建设项目档案验收的组织、验收申请和验收要求作出了具体规定。该办法适用于各级政府投资主管部门组织或委托组织进行竣工验收的固定资产投资项目（以下简称"项目"）。所称各级政府投资主管部门是指各级政府发展改革部门和具有投资管理职能的经济（贸易）部门。

1. 项目档案验收的组织

（1）国家发展和改革委员会组织验收的项目，由国家档案局组织项目档案的验收。

（2）国家发展和改革委员会委托中央主管部门（含中央管理企业，下同）、省级政府投资主管部门组织验收的项目，由中央主管部门档案机构、省级档案行政管理部门组织项目档案的验收，验收结果报国家档案局备案。

（3）省以下各级政府投资主管部门组织验收的项目，由同级档案行政管理部门组织项目档案的验收。

（4）国家档案局对中央主管部门档案机构、省级档案行政管理部门组织的项目档案验收进行监督、指导。项目主管部门、各级档案行政管理部门应加强项目档案验收前的指导和咨询，必要时可组织预检。

2. 项目档案验收组的组成

（1）国家档案局组织的项目档案验收，验收组由国家档案局、中央主管部门、项目所在地省级档案行政管理部门等单位组成。

（2）中央主管部门档案机构组织的项目档案验收，验收组由中央主管部门档案机构及项目所在地省级档案行政管理部门等单位组成。

（3）省级及省以下各级档案行政管理部门组织的项目档案验收，由档案行政管理部门、项目主管部门等单位组成。

（4）凡在城市规划区范围内建设的项目，项目档案验收组成员应包括项目所在地的城建档案接收单位。

（5）项目档案验收组人数为不少于 5 人的单数，组长由验收组织单位人员担任。必要时可邀请有关专业人员参加验收组。

3. 验收申请

项目建设单位（法人）应向项目档案验收组织单位报送档案验收申请报告，并填报《重大建设项目档案验收申请表》。项目档案验收组织单位应在收到档案验收申请报告的 10 个工作日内作出答复。

申请项目档案验收应具备下列条件。

（1）项目主体工程和辅助设施已按照设计建成，能满足生产或使用的需要。

（2）项目试运行指标考核合格或者达到设计能力。

（3）完成了项目建设全过程文件材料的收集、整理与归档工作。

（4）基本完成了项目档案的分类、组卷、编目等整理工作。

项目档案验收前，项目建设单位（法人）应组织项目设计、施工、监理等方面负责人以及有关人员，根据档案工作的相关要求，依照《重大建设项目档案验收内容及要求》（附件 2）进行全面自检。

项目档案验收申请报告的主要内容包括以下几点。

（1）项目建设及项目档案管理概况。

（2）保证项目档案的完整、准确、系统所采取的控制措施。

（3）项目文件材料的形成、收集、整理与归档情况，竣工图的编制情况及质量状况。

（4）档案在项目建设、管理、试运行中的作用。

（5）存在的问题及解决措施。

4. 验收要求

（1）项目档案验收会议。项目档案验收应在项目竣工验收 3 个月之前完成。项目档案验收以验收组织单位召集验收会议的形式进行。项目档案验收组全体成员参加项目档案验收会议，项目的建设单位（法人）、设计、施工、监理和生产运行管理或使用单位的有关人员列席会议。

项目档案验收会议的主要议程包括以下几步。

1）项目建设单位（法人）汇报项目建设概况、项目档案工作情况。

2）监理单位汇报项目档案质量的审核情况。

3）项目档案验收组检查项目档案及档案管理情况。

4）项目档案验收组对项目档案质量进行综合评价。

5）项目档案验收组形成并宣布项目档案验收意见。

（2）档案质量评价。检查项目档案，采用质询、现场查验、抽查案卷的方式。抽查档案的数量应不少于 100 卷，抽查重点为项目前期管理性文件、隐蔽工程文件、竣工文件、质检文件、重要合同、协议等。

项目档案验收应根据《国家重大建设项目文件归档要求与档案整理规范》（DA/T 28—2002），对项目档案的完整性、准确性、系统性进行评价。

（3）项目档案验收意见。项目档案验收意见的主要内容包括以下几方面。

1）项目建设概况。

2）项目档案管理情况，包括：项目档案工作的基础管理工作，项目文件材料的形成、收集、整理与归档情况，竣工图的编制情况及质量，档案的种类、数量，档案的完整性、准确性、系统性及安全性评价，档案验收的结论性意见。

3）存在问题、整改要求与建议。

（4）项目档案验收结果。项目档案验收结果分为合格与不合格。项目档案验收组半数以上成员同意通过验收的为合格。

项目档案验收合格的项目，由项目档案验收组出具项目档案验收意见。

项目档案验收不合格的项目，由项目档案验收组提出整改意见，要求项目建设单位（法人）于项目竣工验收前对存在的问题限期整改，并进行复查。复查后仍不合格的，不得进行竣工验收，并由项目档案验收组提请有关部门对项目建设单位（法人）通报批评。造成档案损失的，应依法追究有关单位及人员的责任。

 知识要点提醒

（1）根据国家标准，应当归档的建设工程文件主要包括工程准备阶段文件、监理文件、施工文件、竣工图和竣工验收文件。

（2）工程文件应随工程建设进度同步形成，不得事后补编。每项建设工程应编制一套电子档案，随纸质档案一并移交城建档案管理机构。

（3）归档的纸质工程文件应为原件。

8.4 劳动法与劳动合同法

8.4.1 劳动法

8.4.1.1 劳动法概述

1. 劳动法的含义

从广义上讲，《劳动法》是指调整劳动关系的法律法规，以及调整与劳动关系密切相关的其他社会关系的法律规范的总称。

从狭义上讲，我国的《劳动法》是指于 1994 年 7 月 5 日通过，1995 年 1 月 1 日起施行的《中华人民共和国劳动法》。2009 年 8 月 27 日第十一届全国人民代表大会常务委员会第十次会议通过《全国人民代表大会常务委员会关于修改部分法律的决定》，对《劳动法》第九十二条进行了少量修订。2018 年 12 月 29 日，第十三届全国人民代表大会常务委员会第七次会议发布了《关于修改〈中华人民共和国劳动法〉等七部法律的决定》的第二次修正稿。《劳动法》共十三章一百零七条，包括总则、促进就业、劳动合同和集体合同、工作时间和休息休假、工资、劳动安全卫生、女职工和未成年工特殊保护、职业培训、社会保险和福利、劳动争议、监督检查、法律责任、附则。《劳动法》是中国的基本法，为劳动法制建设奠定了基础。

2007 年 6 月 29 日，第十届全国人民代表大会常务委员会第二十八次会议通过了《中华人民共和国劳动合同法》，自 2008 年 1 月 1 日起施行。它对劳动合同制度做了进一步的完善。2012 年 12 月 28 日，第十一届全国人民代表大会常务委员会第三十次会议通过了《关于修改〈中华人民共和国劳动合同法〉的决定》修正。

为了贯彻实施《中华人民共和国劳动合同法》，2008 年 9 月 3 日，中华人民共和国国务院第二十五次常务会议通过了《中华人民共和国劳动合同法实施条例》，由国务院于 2008 年 9 月 18 日发布并实施。

2. 劳动法的适用对象

《劳动法》第二条规定："在中华人民共和国境内的企业、个体经济组织（以下统称用人单位）和与之形成劳动关系的劳动者，适用本法。国家机关、事业组织、社会团体和与之建立劳动合同关系的劳动者，依照本法执行。"

3. 劳动法的基本原则

关于劳动法基本原则的内容，学界还存在争议。比较有代表性的观点有：第一种观点认为，劳动法有三个基本原则，即社会正义原则、劳动自由原则和三方合作原则；第二种观点认为，我国劳动法的基本原则有劳动权利义务相一致原则、保护劳动者合法权益原则和劳动法主体利益平衡原则；第三种观点认为，劳动法的基本原则可以表述为以下各项：劳动既是公民权利又是公民义务原则、保护劳动者合法权益原则、劳动力资源合理配置原则。本书采用第三种观点。

8.4.1.2 劳动安全卫生

劳动安全卫生又称"劳动保护"，是指直接保护劳动者在劳动中的安全和健康的法律保障。根据《劳动法》的有关规定，用人单位和劳动者应当遵守如下有关劳动安全卫生的法律规定。

（1）用人单位必须建立、健全劳动安全卫生制度，严格执行国家劳动安全卫生规程和标准，对劳动者进行劳动安全卫生教育，防止劳动过程中的事故，减少职业危害。

（2）劳动安全卫生设施必须符合国家规定的标准。新建、改建、扩建工程的劳动安全卫生设施必须与主体工程同时设计、同时施工、同时投入生产和使用。

（3）用人单位必须为劳动者提供符合国家规定的劳动安全卫生条件和必要的劳动防护用品，对从事有职业危害作业的劳动者应当定期进行健康检查。

（4）从事特种作业的劳动者必须经过专门培训并取得特种作业资格。

（5）劳动者在劳动过程中必须严格遵守安全操作规程。劳动者对用人单位管理人员违章指挥、强令冒险作业，有权拒绝执行；对危害生命安全和身体健康的行为，有权提出批评、检举和控告。

（6）国家建立伤亡事故和职业病统计报告与处理制度。县级以上各级人民政府劳动行政部门、有关部门和用人单位应当依法对劳动者在劳动过程中发生的伤亡事故与劳动者的职业病状况，进行统计、报告和处理。

8.4.1.3　女职工和未成年工特殊保护

国家对女职工和未成年工实施特殊劳动保护。

1. 对女职工的特殊保护规定

（1）禁止安排女职工从事矿山井下、国家规定的第四级体力劳动强度的劳动和其他禁忌从事的劳动。

（2）不得安排女职工在经期从事高处、低温、冷水作业和国家规定的第三级体力劳动强度的劳动。

（3）不得安排女职工在怀孕期间从事国家规定的第三级体力劳动强度的劳动和孕期禁忌从事的劳动。对怀孕 7 个月以上的女职工，不得安排其延长工作时间和夜班劳动。

（4）女职工生育享受不少于 90 天的产假。

（5）不得安排女职工在哺乳未满 1 周岁的婴儿期间从事国家规定的第三级体力劳动强度的劳动和哺乳期禁忌从事的其他劳动，不得安排其延长工作时间和夜班劳动。

2. 对未成年工的特殊保护规定

未成年工是指年满 16 周岁未满 18 周岁的劳动者。

（1）不得安排未成年工从事矿山井下、有毒有害、国家规定的第四级体力劳动强度的劳动和其他禁忌从事的劳动。

（2）用人单位应当对未成年工定期进行健康检查。

8.4.1.4　劳动争议的处理

劳动争议又称"劳动纠纷"，是指劳动关系当事人之间关于劳动权利和义务的争议。我国《劳动法》第七十七条规定："用人单位与劳动者发生劳动争议，当事人可以依法申请调解、仲裁、提起诉讼，也可以协商解决。"

为了公正及时地解决劳动争议，保护当事人的合法权益，促进劳动关系的和谐稳定，中华人民共和国第十届全国人民代表大会常务委员会第三十一次会议于 2007 年 12 月 29 日通过制定《中华人民共和国劳动争议调解仲裁法》，自 2008 年 5 月 1 日起施行。本法第四条和第五条进一步规定："发生劳动争议，劳动者可以与用人单位协商，也可以请工会或者第三方共同与用人单位协商，达成和解协议。发生劳动争议，当事人不愿协商、协商不成或者达成和解协议后不履行的，可以向调解组织申请调解；不愿调解、调解不成或者达成调解协议后不履行的，可以向劳动争议仲裁委员会申请仲裁；对仲裁裁决不服的，除本法另有规定的外，可以向人民法院提起诉讼。"即劳动争议的处理有四种途径：①协商解决；②申请调解解决；③通过劳动争议仲裁委员会进行裁决；④通过人民法院处理。

解决劳动争议，应当根据合法、公正、及时处理的原则，依法维护劳动争议当事人的合法权益。

劳动争议发生后，当事人可以向本单位劳动争议调解委员会申请调解；调解不成，当事人一方要求仲裁的，可以向劳动争议仲裁委员会申请仲裁。当事人一方也可以直接向劳动争议仲裁委员会申请仲裁。对仲裁裁决不服的，可以向人民法院提起诉讼。

在用人单位内，可以设立劳动争议调解委员会。劳动争议调解委员会由职工代表、用人单位代表和工会代表组成。劳动争议调解委员会主任由工会代表担任。

劳动争议经调解达成协议的，当事人应当履行。

劳动争议仲裁委员会由劳动行政部门代表、同级工会代表、用人单位方面的代表组成。劳动争议仲裁委员会主任由劳动行政部门代表担任。

提出仲裁要求的一方应当自劳动争议发生之日起 60 日内向劳动争议仲裁委员会提出书面申请。仲裁裁决一般应在收到仲裁申请的 60 日内作出。对仲裁裁决无异议的，当事人必须履行。

劳动争议当事人对仲裁裁决不服的，可以自收到仲裁裁决书之日起 15 日内向人民法院提起诉讼。一方当事人在法定期限内不起诉又不履行仲裁裁决的，另一方当事人可以申请人民法院强制执行。

因签订集体合同发生争议，当事人协商解决不成的，当地人民政府劳动行政部门可以组织有关各方协调处理。

因履行集体合同发生争议，当事人协商解决不成的，可以向劳动争议仲裁委员会申请仲裁；对仲裁裁决不服的，可以自收到仲裁裁决书之日起 15 日内向人民法院提起诉讼。

8.4.2 劳动合同法

《中华人民共和国劳动合同法》是为了完善劳动合同制度，明确劳动合同双方当事人的权利和义务，保护劳动者的合法权益，构建和发展和谐稳定的劳动关系而制定的，其中对劳动合同的订立、履行、终止作出了更为详尽的规定。

8.4.2.1 劳动关系的建立

1. 劳动关系的含义

劳动关系是指劳动者与用人单位（包括各类企业、个体经济组织、民办非企业单位等组织）在实现劳动过程中建立的社会经济关系。从广义上讲，生活在城市和农村的任何劳动者与任何性质的用人单位之间因从事劳动而形成的社会关系都属于劳动关系的范畴。从狭义上讲，现实经济生活中的劳动关系是指依照国家劳动法律法规规范的劳动法律关系，即双方当事人是被一定的劳动法律规范所规定和确认的权利与义务联系在一起的，其权利和义务的实现是由国家强制力来保障的。

劳动法律关系的一方（劳动者）必须加入某一个用人单位，成为该单位的一员，并参加单位的生产劳动，遵守单位内部的劳动规则；而另一方（用人单位）则必须按照劳动者的劳动数量或质量给付其报酬，提供工作条件，并不断改进劳动者的物质文化生活。

2．劳动关系成立的情形

（1）用人单位招用劳动者未订立书面劳动合同，但同时具备下列情形的，劳动关系成立。

1）用人单位和劳动者符合法律、法规规定的主体资格。

2）用人单位依法制定的各项劳动规章制度适用于劳动者，劳动者受用人单位的劳动管理，从事用人单位安排的有报酬的劳动。

3）劳动者提供的劳动是用人单位业务的组成部分。

（2）用人单位未与劳动者签订劳动合同，认定双方存在劳动关系时可参照下列凭证。

1）工资支付凭证或记录（职工工资发放花名册）、缴纳各项社会保险费的记录。

2）用人单位向劳动者发放的"工作证""服务证"等能够证明身份的证件。

3）劳动者填写的用人单位招工招聘"登记表""报名表"等招用记录。

4）考勤记录。

5）其他劳动者的证言等。

其中，1）、3）、4）项的有关凭证由用人单位负举证责任。

（3）用人单位招用劳动者符合第一条规定的情形的，用人单位应当与劳动者补签劳动合同，劳动合同期限由双方协商确定。协商不一致的，任何一方均可提出终止劳动关系，但对符合签订无固定期限劳动合同条件的劳动者，如果劳动者提出订立无固定期限劳动合同，用人单位应当订立。

用人单位提出终止劳动关系的，应当按照劳动者在本单位工作年限每满一年支付一个月工资的经济补偿金。

3．建筑行业的劳动关系确认

建筑施工、矿山企业等用人单位将工程（业务）或经营权发包给不具备用工主体资格的组织或自然人，对该组织或自然人招用的劳动者，由具备用工主体资格的发包方承担用工主体责任。

《关于对企业在租赁过程中发生伤亡事故如何划分事故单位的复函》（劳办发〔1997〕62 号）第一条规定："企业在租赁、承包过程中，如果承租方或承包方无经营执照，仅为个人（或合伙）与出租或发包方签订租赁（或承包）合同，若发生伤亡事故应认定出租方或发包方为事故单位。"为此，从事实依据上、法律依据上都体现出劳动者与发包方构成劳动关系。

8.4.2.2 劳动合同的订立

劳动合同是劳动者与用人单位确定劳动关系、明确双方权利和义务的协议。《中华人民共和国劳动合同法》第十条规定："建立劳动关系，应当订立书面劳动合同。"

扫一扫

订立劳动合同，应当遵循合法、公平、平等自愿、协商一致、诚实信用的原则。

1．劳动合同当事人

劳动合同的当事人为用人单位和劳动者。《中华人民共和国劳动合同法实施条例》进一步规定，《劳动合同法》规定的用人单位设立的分支机构，依法取得营业执照或者等级证书的，可以作为用人单位与劳动者订立劳动合同；未依法取得营业执照或者等级证书的，受用人单位委托可以与劳动者订立劳动合同。

2. 订立劳动合同的时间限制

已建立劳动关系，未同时订立书面劳动合同的，应当自用工之日起1个月内订立书面劳动合同。

用人单位与劳动者在用工前订立劳动合同的，劳动关系自用工之日起建立。

（1）因劳动者原因未能订立书面劳动合同的后果。自用工之日起，经用人单位书面通知后，劳动者不与用人单位订立书面劳动合同的，用人单位应当书面通知劳动者中止劳动关系，无须向劳动者支付经济补偿，但应当支付实际工作时间的劳动报酬。

（2）因用人单位原因未能订立劳动合同的法律后果。用人单位自用工之日起超过1个月不满1年未与劳动者订立书面劳动合同的，应当依照《劳动合同法》第八十二条规定，应向劳动者每月支付2倍的工资。并应当与劳动者补订书面劳动合同。

这里，用人单位向劳动者每月支付2倍的工资的起算时间为用工之日满1个月的次日，截止时间为补订书面劳动合同的前1日。

3. 劳动合同的生效

劳动合同经用人单位与劳动者协商一致，并经用人单位和劳动者在劳动合同文本上签字或者盖章生效。劳动合同文本由用人单位和劳动者各执1份。

4. 劳动合同的类型

劳动合同分为固定期限劳动合同、无固定期限劳动合同和以完成一定工作任务为期限的劳动合同。

（1）固定期限劳动合同。固定期限劳动合同是指用人单位与劳动者约定合同终止时间的劳动合同。

用人单位与劳动者协商一致，可以订立固定期限劳动合同。

（2）无固定期限劳动合同。无固定期限劳动合同是指用人单位与劳动者约定无确定终止时间的劳动合同。

用人单位与劳动者协商一致，可以订立无固定期限劳动合同。有下列情形之一，劳动者提出或者同意续订、订立劳动合同的，除劳动者提出订立固定期限劳动合同外，应当订立无固定期限劳动合同。

1）劳动者在该用人单位连续工作满10年的。

2）用人单位初次实行劳动合同制度或者国有企业改制重新订立劳动合同时，劳动者在该用人单位连续工作满10年且距法定退休年龄不足10年的。

3）连续订立两次固定期限劳动合同，且劳动者没有《劳动合同法》第三十九条和第四十条第一项、第二项规定的情形，续订劳动合同的。

用人单位自用工之日起满1年不与劳动者订立书面劳动合同的，视为用人单位与劳动者已订立无固定期限劳动合同。

（3）以完成一定工作任务为期限的劳动合同。以完成一定工作任务为期限的劳动合同，是指用人单位与劳动者约定以某项工作的完成为合同期限的劳动合同。

用人单位与劳动者协商一致，可以订立以完成一定工作任务为期限的劳动合同。

5. 劳动合同的条款

劳动合同应当具备以下条款。

（1）用人单位的名称、住所和法定代表人或者主要负责人。

扫一扫

（2）劳动者的姓名、住址和居民身份证或者其他有效身份证件号码。

（3）劳动合同期限。

（4）工作内容和工作地点。

（5）工作时间和休息休假。

（6）劳动报酬。

（7）社会保险。

（8）劳动保护、劳动条件和职业危害防护。

（9）法律、法规规定应当纳入劳动合同的其他事项。

劳动合同除前款规定的必备条款外，用人单位与劳动者可以约定试用期、培训、保守秘密、补充保险和福利待遇等其他事项。

用人单位未在用工的同时订立书面劳动合同，与劳动者约定的劳动报酬不明确的，新招用的劳动者的劳动报酬按照集体合同规定的标准执行；没有集体合同或者集体合同未规定的，实行同工同酬。

6. 试用期

（1）试用期的时间限制。劳动合同期限 3 个月以上不满 1 年的，试用期不得超过 1 个月；劳动合同期限 1 年以上不满 3 年的，试用期不得超过 2 个月；3 年以上固定期限和无固定期限的劳动合同，试用期不得超过 6 个月。

（2）试用期的次数限制。同一用人单位与同一劳动者只能约定一次试用期。

以完成一定工作任务为期限的劳动合同或者劳动合同期限不满 3 个月的，不得约定试用期。

试用期包含在劳动合同期限内。劳动合同仅约定试用期的，试用期不成立，该期限为劳动合同期限。

（3）试用期的工资。劳动者在试用期的工资不得低于本单位相同岗位最低档工资或者劳动合同约定工资的 80%，并不得低于用人单位所在地的最低工资标准。

（4）试用期内合同解除条件的限制。在试用期间，除劳动者有《劳动合同法》第三十九条和第四十条第一项、第二项（劳动者患病或非因公负伤，在规定的医疗期满后不能从事原工作，也不能从事由用人单位另行安排的工作的；劳动者不能胜任工作，经过培训或者调整工作岗位，仍不能胜任工作的）规定的情形外，用人单位不得解除劳动合同。用人单位在试用期解除劳动合同的，应当向劳动者说明理由。

7. 服务期

用人单位为劳动者提供专项培训费，对其进行专业技术培训的，可以与该劳动者订立协议，约定服务期。

劳动者违反服务期约定的，应当按照约定向用人单位支付违约金。违约金的数额不得超过用人单位提供的培训费用。用人单位要求劳动者支付的违约金不得超过服务期尚未履行部分所应分摊的培训费用。

用人单位与劳动者约定服务期的，不影响按照正常的工资调整机制提高劳动者在服务期期间的劳动报酬。

8. 保密义务及竞业限制

用人单位与劳动者可以在劳动合同中约定保守用人单位的商业秘密和与知识产权相关的

保密事项。

对负有保密义务的劳动者，用人单位可以在劳动合同或者保密协议中与劳动者约定竞业限制条款，并约定在解除或者终止劳动合同后，在竞业限制期限内按月给予劳动者经济补偿。劳动者违反竞业限制约定的，应当按照约定向用人单位支付违约金。

竞业限制的人员限于用人单位的高级管理人员、高级技术人员和其他负有保密义务的人员。竞业限制的范围、地域、期限由用人单位与劳动者约定，竞业限制的约定不得违反法律、法规的规定。在解除或者终止劳动合同后，前款规定的人员（用人单位的高级管理人员、高级技术人员和其他负有保密义务的人员）到与本单位生产或者经营同类产品、从事同类业务的有竞争关系的其他用人单位，或者自己开业生产或者经营同类产品、从事同类业务的竞业限制期限不得超过 2 年。

8.4.2.3 劳动合同的履行

用人单位与劳动者应当按照劳动合同的约定，全面履行各自的义务。

用人单位应当按照劳动合同约定和国家规定，向劳动者及时足额支付劳动报酬。

用人单位拖欠或者未足额支付劳动报酬的，劳动者可以依法向当地人民法院申请支付令，人民法院应当依法发出支付令。

用人单位应当严格执行劳动定额标准，不得强迫或者变相强迫劳动者加班。用人单位安排加班的，应当按照国家有关规定向劳动者支付加班费。

劳动者拒绝用人单位管理人员违章指挥、强令冒险作业的，不视为违反劳动合同。

劳动者对危害生命安全和身体健康的劳动条件，有权对用人单位提出批评、检举和控告。

8.4.2.4 劳动合同的变更

用人单位变更名称、法定代表人、主要负责人或者投资人等事项，不影响劳动合同的履行。

用人单位发生合并或者分立等情况，原劳动合同继续有效，劳动合同由承继其权利和义务的用人单位继续履行。

用人单位与劳动者协商一致，可以变更劳动合同约定的内容。变更劳动合同应当采用书面形式。变更后的劳动合同文本由用人单位和劳动者各执一份。

8.4.2.5 劳动合同的解除和终止

用人单位与劳动者协商一致，可以解除劳动合同。

劳动者提前 30 日以书面形式通知用人单位，可以解除劳动合同。劳动者在试用期内提前 3 日通知用人单位，可以解除劳动合同。

扫一扫

1. 劳动者可以解除劳动合同的情形

用人单位有下列情形之一的，劳动者可以解除劳动合同。

（1）未按照劳动合同约定提供劳动保护或者劳动条件的。

（2）未及时足额支付劳动报酬的。

（3）未依法为劳动者缴纳社会保险费的。

（4）用人单位的规章制度违反法律、法规的规定，损害劳动者权益的。

（5）因《劳动合同法》第二十六条第一款规定的情形致使劳动合同无效的。

（6）法律、行政法规规定劳动者可以解除劳动合同的其他情形。

用人单位以暴力、威胁或者非法限制人身自由的手段强迫劳动者劳动的，或者用人单位违章指挥、强令冒险作业危及劳动者人身安全的，劳动者可以立即解除劳动合同，不需事先告知用人单位。

2. 用人单位可以解除劳动合同的情形

用人单位单方面解除劳动合同，事先应将理由通知工会。用人单位违反法律、行政法规规定或者劳动合同约定的，工会有权要求用人单位纠正。用人单位应当研究工会的意见，并将处理结果书面通知工会。

除用人单位与劳动者协商一致，用人单位可以与劳动者解除合同外，下列情形，用人单位也可以与劳动者解除合同。

（1）随时解除。劳动者有下列情形之一的（过失性辞退），用人单位可以解除劳动合同。

1）在试用期间被证明不符合录用条件的。

2）严重违反用人单位的规章制度的。

3）严重失职，营私舞弊，给用人单位造成重大损害的。

4）劳动者同时与其他用人单位建立劳动关系，对完成本单位的工作任务造成严重影响，或者经用人单位提出，拒不改正的。

5）因《劳动合同法》第二十六条第一款第一项规定的情形致使劳动合同无效的。

6）被依法追究刑事责任的。

（2）预告解除（无过失性辞退）。有下列情形之一的，用人单位提前 30 日以书面形式通知劳动者本人或者额外支付劳动者一个月工资后（按照该劳动者上个月的工资标准确定），可以解除劳动合同。

1）劳动者患病或者非因工负伤，在规定的医疗期满后不能从事原工作，也不能从事由用人单位另行安排的工作的。

2）劳动者不能胜任工作，经过培训或者调整工作岗位，仍不能胜任工作的。

3）劳动合同订立时所依据的客观情况发生重大变化，致使劳动合同无法履行，经用人单位与劳动者协商，未能就变更劳动合同内容达成协议的。

（3）经济性裁员。下列情形之一，需要裁减人员 20 人以上或者裁减不足 20 人但占企业职工总数 10% 以上的，用人单位提前 30 日向工会或者全体职工说明情况，听取工会或者职工的意见后，裁减人员方案经向劳动行政部门报告，可以裁减人员。

1）依照企业破产法规定进行重整的。

2）生产经营发生严重困难的。

3）企业转产、重大技术革新或者经营方式调整，经变更劳动合同后，仍需裁减人员的。

4）其他因劳动合同订立时所依据的客观经济情况发生重大变化，致使劳动合同无法履行的。

裁减人员时，应当优先留用下列人员。

1）与本单位订立较长期限的固定期限劳动合同的。

2）与本单位订立无固定期限劳动合同的。

3）家庭无其他就业人员，有需要扶养的老人或者未成年人的。

用人单位依照《劳动合同法》第二十六条第一款规定裁减人员，在六个月内重新招用人员的，应当通知被裁减的人员，并在同等条件下优先招用被裁减的人员。

（4）用人单位不得解除劳动合同的情形。

1）从事接触职业病危害作业的劳动者未进行离岗前职业健康检查，或者疑似职业病病人在诊断或者医学观察期间的。

2）在本单位患职业病或者因工负伤并被确认丧失或者部分丧失劳动能力的。

3）患病或者非因工负伤，在规定的医疗期内的。

4）女职工在孕期、产期、哺乳期的。

5）在本单位连续工作满15年，且距法定退休年龄不足5年的。

6）法律、行政法规规定的其他情形。

3. 劳动合同的终止

有下列情形之一的，劳动合同终止。用人单位与劳动者不得在劳动合同法规定的劳动合同终止情形之外约定其他的劳动合同终止条件。

（1）劳动合同期满的。

（2）劳动者开始依法享受基本养老保险待遇的。

（3）劳动者死亡，或者被人民法院宣告死亡或者宣告失踪的。

（4）用人单位被依法宣告破产的。

（5）用人单位被吊销营业执照、责令关闭、撤销或者用人单位决定提前解散的。

（6）法律、行政法规规定的其他情形。

劳动合同期满，有《劳动合同法》第四十二条规定（用人单位不得解除劳动合同的规定）情形之一的，劳动合同应当续延至相应的情形消失时终止。但是，《劳动合同法》第四十二条第二项规定丧失或者部分丧失劳动能力劳动者的劳动合同的终止，按照国家有关工伤保险的规定执行。

4. 终止合同的经济补偿

经济补偿的标准如下。

经济补偿按劳动者在本单位工作的年限，每满1年支付1个月工资的标准向劳动者支付。6个月以上不满1年的，按1年计算；不满6个月的，向劳动者支付半个月工资的经济补偿。

劳动者月工资高于用人单位所在直辖市、设区的市级人民政府公布的本地区上年度职工月平均工资3倍的，向其支付经济补偿的标准按职工月平均工资3倍的数额支付，向其支付经济补偿的年限最高不超过12年。

这里所称月工资是指劳动者在劳动合同解除或者终止前12个月的平均工资。

用人单位依法终止工伤职工的劳动合同的，除依照上述标准进行经济补偿外，还应当依照国家有关工伤保险的规定支付一次性工伤医疗补助金和伤残就业补助金。

5. 违约与赔偿

用人单位违反《劳动合同法》的规定解除或者终止劳动合同，劳动者要求继续履行劳动合同的，用人单位应当继续履行；劳动者不要求继续履行劳动合同或者劳动合同已经不能继续履行的，用人单位应当依照上述标准的两倍向劳动者支付赔偿金。已按规定支付赔偿金的，不再支付经济补偿。赔偿金的计算年限自用工之日起计算。

8.4.2.6　集体合同、劳务派遣、非全日制用工

1. 集体合同

集体合同是指企业职工一方与用人单位通过平等协商，就劳动报酬、工作时间、休息休假、劳动安全卫生、保险福利等事项订立的书面协议，是一种特殊的劳动合同。集体合同草案应当提交职工代表大会或者全体职工讨论通过。

（1）集体合同的当事人。集体合同的当事人一方是由工会代表的企业职工，另一方当事人是用人单位。

集体合同由工会代表企业职工一方与用人单位订立；尚未建立工会的用人单位，由上级工会指导劳动者推举的代表与用人单位订立。

（2）集体合同的分类。集体合同可分为专项集体合同、行业性和区域性集体合同。

1）专项集体合同。专项集体合同是指企业职工一方与用人单位可以订立劳动安全卫生、女职工权益保护、工资调整机制等专项集体合同。

2）行业性和区域性集体合同。行业性和区域性集体合同是指在县级以下区域内，建筑业、采矿业、餐饮服务业等行业可以由工会与企业方面代表订立行业性集体合同，或者订立区域性集体合同。

（3）集体合同的生效。集体合同订立后，应当报送劳动行政部门；劳动行政部门自收到集体合同文本之日起 15 日内未提出异议的，集体合同即行生效。

依法订立的集体合同对用人单位和劳动者具有约束力。行业性、区域性集体合同对当地本行业、本区域的用人单位和劳动者具有约束力。

（4）集体合同的报酬标准及效力。集体合同中劳动报酬和劳动条件等标准不得低于当地人民政府规定的最低标准，用人单位与劳动者订立的劳动合同中劳动报酬和劳动条件等标准不得低于集体合同规定的标准。

（5）集体合同的维权。用人单位违反集体合同，侵犯职工劳动权益的，工会可以依法要求用人单位承担责任；因履行集体合同发生争议，经协商解决不成的，工会可以依法申请仲裁、提起诉讼。

2. 劳务派遣

劳动合同用工是我国的企业基本用工形式。劳务派遣用工是补充形式，只能在临时性、辅助性或者替代性的岗位上实施。

劳务派遣是指劳务派遣单位与被派遣劳动者订立劳动合同后，将该劳动者派遣到用工单位从事劳动的一种特殊用工方式。

（1）劳务派遣当事人。劳务派遣当事人包括劳务派遣单位、劳动者和用工单位。

劳务派遣单位是指将劳动者派遣到用工单位的单位，是《劳动合同法》中所指的用人单位，应当履行用人单位对劳动者的义务。劳务派遣单位应当依照公司法的有关规定设立，注册资本不得少于 200 万元，有与开展业务相适应的固定的经营场所和设施，有符合法律、行政法规规定的劳务派遣管理制度，具备法律、行政法规规定的其他条件。经营劳务派遣业务，应当向劳动行政部门依法申请行政许可；经许可的，依法办理相应的公司登记。未经许可的，任何单位和个人不得经营劳务派遣业务。

用人单位或者其所属单位出资或者合伙设立的劳务派遣单位，不得向本单位或者所属单位派遣劳动者。

劳动者是被劳务派遣到用工单位工作的人。

用工单位是指接受劳务派遣单位派遣的劳动者的劳动并为其支付劳动报酬的单位。

（2）劳务派遣的劳动合同。劳务派遣单位与被派遣劳动者订立的劳动合同，除载明一般劳务合同应当具备的条款外，还应当载明被派遣劳动者的用工单位以及派遣期限、工作岗位等情况。

劳务派遣单位应当与被派遣劳动者订立2年以上的固定期限劳动合同，按月支付劳动报酬；被派遣劳动者在无工作期间，劳务派遣单位应当按照所在地人民政府规定的最低工资标准，向其按月支付报酬。

（3）劳务派遣协议。劳务派遣单位派遣劳动者应当与接受以劳务派遣形式用工的单位（以下称"用工单位"）订立劳务派遣协议。劳务派遣协议应当约定派遣岗位和人员数量、派遣期限、劳动报酬和社会保险费的数额与支付方式以及违反协议的责任。

用工单位应当根据工作岗位的实际需要与劳务派遣单位确定派遣期限，不得将连续用工期限分割订立数个短期劳务派遣协议。

（4）劳务派遣单位应当履行的义务。

1）告知义务：应当将劳务派遣协议的内容告知被派遣劳动者。

2）不得克扣劳务报酬的义务：不得克扣用工单位按照劳务派遣协议支付给被派遣劳动者的劳动报酬。

3）无偿派遣的义务：劳务派遣单位和用工单位不得向被派遣劳动者收取费用。

4）跨地区派遣劳动者的，被派遣劳动者享有的劳动报酬和劳动条件，按照用工单位所在地的标准执行。

（5）用工单位应当履行的义务。

1）执行国家劳动标准，提供相应的劳动条件和劳动保护。

2）告知被派遣劳动者的工作要求和劳动报酬。

3）支付加班费、绩效奖金，提供与工作岗位相关的福利待遇。

4）对在岗被派遣劳动者进行工作岗位所必需的培训。

5）连续用工的，实行正常的工资调整机制。

用工单位不得将被派遣劳动者再派遣到其他用人单位。

（6）劳动者享有的权利和义务。

1）被派遣劳动者享有与用工单位的劳动者同工同酬的权利。用工单位无同类岗位劳动者的，参照用工单位所在地相同或者相近岗位劳动者的劳动报酬确定。

2）被派遣劳动者有权在劳务派遣单位或者用工单位依法参加或者组织工会，维护自身的合法权益。

3）被派遣劳动者可以依照《劳动合同法》第三十六条、第三十八条的规定与劳务派遣单位解除劳动合同。

被派遣劳动者有《劳动合同法》第三十九条和第四十条第一项、第二项规定情形的，用工单位可以将劳动者退回劳务派遣单位，劳务派遣单位依照有关规定，可以与劳动者解除劳动合同。

小思考

劳务派遣协议的主要内容有哪些？

3. 非全日制用工

（1）非全日制用工的含义。非全日制用工是指以小时计酬为主，劳动者在同一用人单位一般平均每日工作时间不超过 4 小时，每周工作时间累计不超过 24 小时的用工形式。

（2）非全日制用工的特点。

1）非全日制用工双方当事人可以订立口头协议。

2）从事非全日制用工的劳动者可以与一个或者一个以上用人单位订立劳动合同；但是，后订立的劳动合同不得影响先订立的劳动合同的履行。

3）非全日制用工双方当事人不得约定试用期。

4）非全日制用工双方当事人任何一方都可以随时通知对方终止用工。终止用工，用人单位不向劳动者支付经济补偿。

5）非全日制用工小时计酬标准不得低于用人单位所在地人民政府规定的最低小时工资标准。

6）非全日制用工劳动报酬结算支付周期最长不得超过 15 日。

《劳动合同法实施条例》规定，劳务派遣单位不得以非全日制用工形式招用被派遣劳动者。

用人单位违反规定，扣押劳动者居民身份证等证件的，由劳动行政部门责令限期退还劳动者本人，并依照有关法律规定给予处罚。用人单位违反规定，以担保或者其他名义向劳动者收取财物的，由劳动行政部门责令限期退还劳动者本人，并以每人 500 元以上 2 000 元以下的标准处以罚款；给劳动者造成损害的，应当承担赔偿责任。劳动者依法解除或者终止劳动合同，用人单位扣押劳动者档案或者其他物品的，依照前款规定处罚。

用人单位有下列情形之一的，由劳动行政部门责令限期支付劳动报酬、加班费或者经济补偿；劳动报酬低于当地最低工资标准的，应当支付其差额部分；逾期不支付的，责令用人单位按应付金额 50% 以上 100% 以下的标准向劳动者加付赔偿金。

1）未按照劳动合同的约定或者国家规定及时足额支付劳动者劳动报酬的。

2）低于当地最低工资标准支付劳动者工资的。

3）安排加班不支付加班费的。

4）解除或者终止劳动合同，未依照《劳动合同法》规定向劳动者支付经济补偿的。

8.4.2.7　建筑劳务用工管理

为加强建筑劳务用工管理，进一步落实建筑施工企业在队伍培育、权益保护、质量安全等方面的责任，保障劳务人员合法权益，2014 年 7 月，住建部发布《关于进一步加强和完善建筑劳务管理工作的指导意见》。

为解决拖欠农民工工资问题，2016 年，国务院办公厅发布了《关于全面治理拖欠农民工工资问题的意见》。

为了提高工程质量水平，促进建筑业健康发展，2017 年 2 月，国务院办公厅发布了《关于促进建筑业持续健康发展的意见》，针对建筑行业劳务用工问题，提出以下要求。

（1）施工总承包、专业承包企业可通过自有劳务人员或劳务分包、劳务派遣等多种方式完成劳务作业。施工企业对自有劳务人员承担用工主体责任，签订书面劳动合同，办理工伤、医疗或综合保险等社会保险。

（2）施工劳务企业应组织自有劳务人员完成劳务分包作业，不得再次分包或转包。

（3）施工总承包、专业承包和施工劳务等企业要严格落实劳务人员实名制。建筑施工企业应承担劳务人员管理责任、教育培训责任和质量安全责任。

（4）建立全国建筑工人管理服务信息平台，开展建筑工人实名制管理，记录建筑工人的身份信息、培训情况、职业技能、从业记录等信息，逐步实现全覆盖。

（5）大力发展木工、电工、砌筑、钢筋制作等以作业为主的专业企业。

（6）施工总承包企业对所承包工程项目的农民工工资支付负总责。分包企业对所招用农民工的工资支付负直接责任。

（7）要推行银行代发工资制度，鼓励实行分包企业农民工工资委托施工总承包企业直接代发的办法。

（8）建立拖欠工资企业"黑名单"制度，要建立健全企业失信联合惩戒机制。

（9）坚持施工企业与农民工先签订劳动合同后进场施工。

（10）施工总承包企业和分包企业应将经农民工本人签字确认的工资支付书面记录保存2年以上备查。

（11）在建筑市政、交通、水利等全面实行工资保证金制度，对企业实行减免措施或适当提高缴存比例。

（12）建立健全农民工工资（劳务费）专用账户管理制度。实行人工费用与其他工程款分账管理制度，在项目所在地银行开设农民工工资（劳务费）专用账户。

（13）施工总承包企业负责在施工现场醒目位置设立维权信息告示牌，明示业主单位、施工总承包企业及所在项目部、分包企业、行业监管部门等基本信息；明示劳动用工相关法律法规、当地最低工资标准、工资支付日期等信息；明示属地行业监管部门投诉举报电话和劳动争议调解仲裁、劳动保障监察投诉举报电话等信息，实现所有施工场地全覆盖。

8.4.2.8 建筑业工伤保险

建筑业属于工伤风险较高行业，又是农民工集中的行业。为维护建筑业职工特别是农民工的工伤保障权益，国家大力推进建筑施工企业依法参加工伤保险。为解决建筑施工企业工伤保险参保覆盖率低、一线建筑工人特别是农民工工伤维权能力弱、工伤待遇落实难等问题。2014年12月，人力资源和社会保障部、住房城乡建设部、安全监管总局、全国总工会发布《关于进一步做好建筑业工伤保险工作的意见》，提出以下要求。

（1）施工企业相对固定的职工，按用人单位参加工伤保险（以工资总额为基数）；建筑项目使用农民工，按项目参加工伤保险（工程总造价的一定比例）。

（2）建设单位在办理施工许可手续时，应当提交建设项目工伤保险参保证明。

（3）建设单位应将工伤保险费用单独列支，不参与竞标，开工前由施工总承包单位一次性代缴，覆盖项目使用的所有职工，包括专业承包单位、劳务分包单位使用的农民工。

（4）发生工伤事故，用人单位在30日内提出工伤认定申请；职工本人或其近亲属、工会组织可以在1年内提出工伤认定申请，事实清楚、权利义务关系明确的15日内作出工伤认定决定。

（5）未参加工伤保险的建设项目，由用人单位支付工伤保险待遇，施工总承包单位、建设单位承担连带责任；可由工伤保险基金先行支付，用人单位和承担连带责任的施工总承包单位、建设单位应当偿还。

（6）建设单位、施工总承包单位或分包单位将工程发包给不具备用工主体资格的组织或个人，劳动者发生工伤，由发包单位与不具备用工主体资格的组织或个人承担连带赔偿责任。

 案例分析一

广州一家网络科技公司将一项安装工程发包给包工头张某，张某带领十几个民工施工，张某为这些工人发放工资。在施工过程中，其中 1 名民工罗某不小心从高处坠落造成 8 级伤残，张某随即下落不明，罗某将网络科技公司告上劳动争议仲裁委，要求确认成立劳动关系和赔偿 10 多万元，劳动争议仲裁委、一审法院和二审法院均依据《关于确立劳动关系有关事项的通知》第一条确认罗某和网络科技有限公司之间存在劳动关系。一审法院认为网络科技公司将安装工程发包给自然人张某，张某雇用罗某从事该工程施工工作，张某不具备用人单位资格。在罗某工作中，网络科技公司通过张某间接管理罗某并通过张某间接发放罗某工资，罗某从事的工作属于网络科技公司的业务。依据《关于确立劳动关系有关事项的通知》第一条规定，张某不具备法律规定的用工主体资格，而罗某从事网络科技公司安排的有劳动报酬的劳动且其工作属于网络科技公司业务组成部分，故本院确认罗某、网络科技公司双方存在劳动关系。

8.5　建设工程纠纷处理机制

8.5.1　建设工程纠纷处理机制概述

1. 建设工程纠纷的含义、特点及分类

由于建设工程本身具有环节多、周期长、涉及面广的特点，工程建设过程中常常会发生纠纷，如质量纠纷、工期纠纷、付款纠纷、安全损害赔偿纠纷。建设工程纠纷就是在工程建设过程中，有关当事人之间及有关当事人与有关行政机关之间，因与工程有关的法律关系所产生的纷争。工程建设领域出现纠纷是正常的，往往具有原因复杂、标的较大、涉及面广、技术性强等特点。

建设工程纠纷有民事纠纷和行政纠纷两种。

（1）民事纠纷。建设工程民事纠纷是在建设工程活动中平等主体之间发生的以民事权利义务法律关系为内容的争议。有关当事人之间的争议一般表现在合同履约及有关责任归属等存在分歧，一般为财产关系民事纠纷（如合同纠纷、损害赔偿纠纷等）和人身关系民事纠纷（如名誉权纠纷、继承权纠纷等）。在建设工程领域，较为普遍和重要的民事纠纷主要有合同纠纷、侵权纠纷。在民事纠纷中，当事人之间是平等的主体关系。他们之间的纠纷往往通过协商、调解、仲裁和诉讼途径解决。

（2）行政纠纷。有关当事人与有关行政机关的纷争主要表现为当事人对行政机关所作出的行政许可、行政强制、行政裁决和行政处罚等不服所产生的分歧。行政纠纷是不平等主体之间的法律关系，主要通过行政复议和行政诉讼解决。

扫一扫

2. 建设工程纠纷处理机制的概念和证据制度

建设工程纠纷处理机制主要是指解决建设工程纠纷的一整套方法及相互之间的关联。根据纠纷本身性质不同，可以将建设工程纠纷处理划分为民事纠纷和处理、行政诉讼纠纷的处理以及涉及刑事责任的案例处理。

建设工程纠纷处理方式有以下两种。

（1）诉讼处理方式：通过法院、当事人和其他诉讼参与人的诉讼活动来解决纠纷，其包括起诉、答辩、质证和审判等环节。

（2）非诉讼处理方式：指除了诉讼之外的一切纠纷解决办法的总称。和解、调解、仲裁是最常用的非诉讼处理方式。

在纠纷处理中，要按照法定程序和要求加以收集、审查和运用各种证据，如书证、物证、视听资料、证人证言、当事人陈述、鉴定结论、勘查笔录等。证据应具备客观性、关联性和合法性。在纠纷处理中，当事人对自己提出的主张，负有用证据加以证明的责任，即"谁主张，谁举证"的举证责任。

8.5.2 建设工程民事纠纷的解决途径

1. 和解

和解是指当事人双方在平等自愿的基础上，通过友好协商、互谅互让达成和解协议，进而解决纠纷，其执行依靠当事人的自觉履行。和解具有成本低、及时、便利的特点，可以在任何阶段进行。其实质是双方各自作出让步与妥协。

2. 调解

调解是指建设工程民事争议当事人在第三方主持下，通过双方当事人进行斡旋与劝解，促使双方自愿达成协议，从而解决争议的方式。

调解与和解的区别：和解没有第三方参与，调解有中立的第三方参与。调解可以分为民间调解、行政调解、仲裁调解、诉讼调解等形式。调解人员可以由双方自行选定，可以是双方信赖的人或者专业机构，也可以由人民法院、仲裁机构或专门调解机构指定，双方当事人认可。纠纷双方如果接受和解调解，则由调解人员整理和解记录，制作调解书。如有任何一方或者双方不接受和解调解，或者在调解书签署之前，一方或双方反悔，则调解失败，此时双方可以选择其他方式来解决问题。

3. 仲裁

仲裁是指民事争议当事人根据争议发生前或者争议发生后达成的协议，自愿将争议提交仲裁机构进行审理，并由仲裁机构作出具有法律拘束力的裁决，从而解决争议的方式。首先，纠纷双方当事人达成仲裁协议，然后再去指定的仲裁机构提交申请，如果通过之后就可以进行仲裁活动。仲裁的调整范围仅限于民事纠纷，具有自愿性、专业性、独立性、保密性和快捷性的特点。

4. 诉讼

诉讼是指建设工程民事争议当事人依法请求人民法院行使审判权，就双方之间的争议作出具有国家强制力保证实现其合法权益的审批，从而解决争议的方式。具有公权性、程序性和强制性。启动民事诉讼程序的必要前提是起诉，没有当事人的起诉，法院不能依职权启动民事诉讼程序，其他人也不能要求法院启动民事诉讼程序，这就是"不告不理"原则。

8.5.3　建设工程行政纠纷的解决途径

扫一扫

行政纠纷是指建设工程法律关系的当事人与行政机关所发生的行政争议，主要处理方式有行政复议和行政诉讼。

1. 行政复议

行政复议是指公民、法人或其他组织（作为行政相对人）认为行政机关的具体行政行为侵害其合法权益，依法请求法定的行政复议机关审查该行政行为的合法性和合理性，该复议机关依照法定程序对该具体行政行为进行审查，并作出行政复议决定的法律制度。

行政复议是行政机关实施的被动行政行为，它兼具行政监督、行政救济和行政司法行为的特征与属性。这是公民、法人或其他组织通过行政救济途径解决行政争议的一种方法，对于监督和维护行政主体依法行使行政职权，保护相对人的合法权益等均具有重要的意义和作用。

行政复议基本制度包括一级复议制度、合议制度、书面审查制度、回避制度、听证制度和法律责任追究制度。

2. 行政诉讼

行政诉讼是指公民、法人或者其他组织认为行使国家行政权的机关和组织及其工作人员所实施的具体行政行为，侵犯了其合法权利，依法向人民法院起诉，人民法院在当事人及其他诉讼参与人的参加下，依法对被诉具体行政行为进行审查并作出裁判，从而解决行政争议的制度。它对保障一个国家依法行政，建立法治政府，确保公民、法人或其他组织合法权利免受行政权力的侵害，具有十分重大的意义。

在民事诉讼中"谁主张，谁举证"，而在行政诉讼中"举证责任倒置"，由被诉的行政机关承担主要的举证责任。行政诉讼的审理程序与民事诉讼大致相同，且当事人均有权提出上诉。

8.6　文物保护制度

8.6.1　文物保护概述

依据《中华人民共和国文物保护法》《中华人民共和国文物保护法实施条例》及有关规定，工程建设涉及的所有文物依照《中华人民共和国文物保护法》归国家所有。各参建单位都有保护文物的义务，不得侵占、截留或者破坏文物、阻挠文物部门进行文物保护和科学研究工作。

1. 受国家保护的文物范围

在中华人民共和国境内，下列文物受国家保护。

（1）具有历史、艺术、科学价值的古文化遗址、古墓葬、古建筑、石窟寺和石刻、壁画。

（2）与重大历史事件、革命运动或者著名人物有关的以及具有重要纪念意义、教育意义或者史料价值的近代现代重要史迹、实物、代表性建筑。

（3）历史上各时代珍贵的艺术品、工艺美术品。

（4）历史上各时代重要的文献资料以及具有历史、艺术、科学价值的手稿和图书资料等。

（5）反映历史上各时代、各民族社会制度、社会生产、社会生活的代表性实物。

具有科学价值的古脊椎动物化石和古人类化石同文物一样受国家保护。

文物不仅具有经济价值，更多的是研究历史文化的重要意义。

2. 文物的分类

文物根据是否可以移动，可以分为不可移动文物和可移动文物。

（1）不可移动文物。不可移动文物是指古文化遗址、古墓葬、古建筑、石窟寺、石刻、壁画、近代现代重要史迹和代表性建筑等。根据它们的历史、艺术、科学价值，可以分别确定为全国重点文物保护单位，省级文物保护单位，市、县级文物保护单位。

（2）可移动文物。可移动文物是指历史上各时代重要实物、艺术品、文献、手稿、图书资料、代表性实物等。可以分为珍贵文物和一般文物，珍贵文物又分为一级文物、二级文物、三级文物。

8.6.2　文物保护相关制度

1. 有关文物保护单位的保护范围建设规定

扫一扫

文物保护单位的保护范围内不得进行其他建设工程或者爆破、钻探、挖掘等作业。但是，因特殊情况需要在文物保护单位的保护范围内进行其他建设工程或者爆破、钻探、挖掘等作业的，必须保证文物保护单位的安全，并经核定公布该文物保护单位的人民政府批准，在批准前应当征得上一级人民政府文物行政部门同意；在全国重点文物保护单位的保护范围内进行其他建设工程或者爆破、钻探、挖掘等作业的，必须经省、自治区、直辖市人民政府批准，在批准前应当征得国务院文物行政部门同意。

根据保护文物的实际需要，经省、自治区、直辖市人民政府批准，可以在文物保护单位的周围划出一定的建设控制地带，并予以公布。

在文物保护单位的建设控制地带内进行建设工程，不得破坏文物保护单位的历史风貌；工程设计方案应当根据文物保护单位的级别，经相应的文物行政部门同意后，报城乡建设规划部门批准。

在文物保护单位的保护范围和建设控制地带内，不得建设污染文物保护单位及其环境的设施，不得进行可能影响文物保护单位安全及其环境的活动。对已有的污染文物保护单位及其环境的设施，应当限期治理。

建设工程选址，应当尽可能避开不可移动文物；因特殊情况不能避开的，对文物保护单位应当尽可能实施原址保护。

实施原址保护的，建设单位应当事先确定保护措施，根据文物保护单位的级别报相应的文物行政部门批准；未经批准的，不得开工建设。

无法实施原址保护，必须迁移异地保护或者拆除的，应当报省、自治区、直辖市人民政府批准；迁移或者拆除省级文物保护单位的，批准前须征得国务院文物行政部门同意。全国重点文物保护单位不得拆除；需要迁移的，须由省、自治区、直辖市人民政府报国务院批准。原址保护、迁移、拆除所需费用，由建设单位列入建设工程预算。

2. 施工发现文物报告和保护的规定

进行大型基本建设工程，建设单位应当事先报请省、自治区、直辖市人民政府文物行政部门组织从事考古发掘的单位在工程范围内有可能埋藏文物的地方进行考古调查、勘探。

考古调查、勘探中发现文物的，由省、自治区、直辖市人民政府文物行政部门根据文物保护的要求会同建设单位共同商定保护措施；遇有重要发现的，由省、自治区、直辖市人民政府文物行政部门及时报国务院文物行政部门处理。

需要配合建设工程进行的考古发掘工作，应当由省、自治区、直辖市文物行政部门在勘探工作的基础上提出发掘计划，报国务院文物行政部门批准。国务院文物行政部门在批准前，应当征求社会科学研究机构及其他科研机构和有关专家的意见。

确因建设工期紧迫或者有自然破坏危险，对古文化遗址、古墓葬急需进行抢救发掘的，由省、自治区、直辖市人民政府文物行政部门组织发掘，并同时补办审批手续。

凡因进行基本建设和生产建设需要的考古调查、勘探、发掘，所需费用由建设单位列入建设工程预算。

在进行建设工程或者在农业生产中，任何单位或者个人发现文物，应当保护现场，立即报告当地文物行政部门，文物行政部门接到报告后，如无特殊情况，应当在 24 小时内赶赴现场，并在 7 日内提出处理意见。文物行政部门可以报请当地人民政府通知公安机关协助保护现场；发现重要文物的，应当立即上报国务院文物行政部门，国务院文物行政部门应当在接到报告后 15 日内提出处理意见。发现的文物属于国家所有，任何单位或者个人不得哄抢、私分、藏匿。

 案例分析二

广州五座先秦古墓因地铁施工被毁

2013 年 6 月 14 日晚，广州市地铁六号线二期工程（萝岗车辆段）建设造成大公山遗址考古工作现场被破坏。5 座商代晚期至春秋战国时期墓葬被毁坏，已露面的先秦陶罐等文物被挖走。记者在现场看到，考古工人的发掘工具被拖到一旁，写着"文物考古勘探发掘区"的黄色警示牌被推倒，警示牌上用作划定范围的红色警戒线已经断开。

自 3 月 9 日考古人员进入萝岗车辆段地铁工地以来，已经在该区域发掘 30 余座古墓。这里是广州市古墓葬最密集的山坡之一，最早的古墓可以追溯到商代晚期，有重要的历史研究价值。从规模来看，这是广州市近年来发现的规模第二大的先秦墓葬区。考古人员在勘探过程中发现了 10 余件石器、几十件陶片。距今 3000 多年的商代晚期，这里成为墓葬区，从商代晚期到战国早期，墓葬埋藏时间延续上千年，总面积约有 2 万 m^2，是研究广州地区早期文化、南越国文明源头的重要证据。此次突然施工，破坏了墓葬遗址的重要部分，被损坏的文物数量和价值不可估量。根据《中华人民共和国文物保护法》第六十六条规定，擅自迁移、拆除不可移动文物的；在文物保护单位的建设控制地带内进行建设工程，其工程设计方案未经文物行政部门同意、报城乡建设规划部门批准，对文物保护单位的历史风貌造成破坏的……造成严重后果的，处 5 万元以上 50 万元以下的罚款，上位法提出的限额，《广州市文物保护规定》也无法突破。因此在其第四十六条中规定，未经允许对文物进行装饰、装修，造成文物破坏；在建设过程中，发现文物不立即停止施工、未经勘探私自开工建设等违反文物保护规定的行为，处以 10 万元至 50 万元罚款。

对于动辄亿元、几十亿元的工程项目，这点罚款简直太小儿科，只要是"省保"级别以下的文物，只要不是蓄意盗墓或者以攫取文物为目的的破坏，基本上都只能罚款了事。参与制定《广州市文物保护条例》的广州市人大常委周济光指出，违法成本与违法获利的巨大反差，往往会让开发商们铤而走险，突击拆建。

与此形成鲜明对比的是西安地铁在全国在建地铁上作出了典范。西安地面名胜古迹和地下文物埋藏极为丰富，而西安规划建设的六条地铁线路中就有四条下穿西安古城区，文物保护压力非常大。光地铁线路勘探，考古人员高峰时期出动100多人，条条线路都有墓，最多的挖出了130多座。西安在地铁的规划、施工等各个阶段都特别重视文物保护。在地铁线路的规划中，西安主动避开大型遗址保护区。在首条地铁线路地铁二号线的规划与建设中，为避开地下8 m深的"文化层"，降低震动对文物的影响，线路的纵断面设计结构一般在地下12 m以下。除了总体控制，西安地铁还针对地铁下穿文物建筑采取了一系列科学有效的技术措施，如线路绕行、加大埋深、盾构施工、控制沉降、无缝接轨等。

 本 章 小 结

本章主要介绍了环境保护、建筑节能、档案法、劳动法、纠纷处理、文物保护等相关法规。这些法规都直接或者间接地影响到工程建设项目活动。了解这些法律法规，对今后的工作学习都会有很大的帮助。

习 题

1. 单选题

(1)《环境保护法》中关于环境保护的基本原则中，预防为主的原则就是（　　　）的原则。

  A. "谁开发，谁保护"　　　　　　　　B. "防患于未然"

  C. "谁开发，谁预防"　　　　　　　　D. "谁预防，谁受益"

(2) 设计单位未按照建筑节能强制性标准进行设计的，应当（　　　）。

  A. 审查通过　　　B. 修改设计　　　C. 罚款　　　D. 吊销执照

(3) 建筑节能是指在建筑物的规划、设计、新建（改建、扩建）、改造和使用过程中，执行节能标准，采用节能型的技术、工艺、设备、材料和产品，提高保温隔热性能和采暖供热、空调制冷制热系统效率，加强建筑物用能系统的运行管理，利用可再生能源，在（　　　）的前提下，减少供热、空调制冷制热、照明、热水供应的能耗。

  A. 保证室内热环境质量　　　　　　　B. 保证经济性

  C. 保证质量安全　　　　　　　　　　D. 保证室内温度

(4) 建筑节能的实质，就是在保证和提高建筑物室内环境质量的条件下，在建筑物使用过程中（　　　），包括充分利用可再生能源，不断提高能源利用效率。

  A. 合理使用能源　　　　　　　　　　B. 减少能源使用

  C. 提高能源利用效率　　　　　　　　D. 杜绝浪费能源

(5) 在建筑节能中，建筑环境是指（　　　）。

  A. 建筑物的外部环境　　　　　　　　B. 建筑物的内部环境

C. 建筑物的内部环境和外部环境　　　　D. 建筑物当地的气候条件

(6) 重大建设项目档案验收应在竣工验收（　　）个月前完成。

A. 1　　　　　　　B. 2　　　　　　　C. 3　　　　　D. 4

2. 多选题

(1) 下列有关劳动合同订立的说法中，正确的是（　　）。

A. 用人单位设立的分支机构，不得作为用人单位与劳动者订立劳动合同

B. 用人单位设立的分支机构，未依法取得营业执照或者等级证书的，不得作为用人单位与劳动者订立劳动合同

C. 用人单位招用劳动者，不得扣押劳动者的居民身份证和其他证件

D. 用人单位招用劳动者，不得要求劳动者提供担保

E. 用人单位设立的分支机构，未依法取得营业执照或者等级证书的，受用人单位委托可以与劳动者订立劳动合同

(2) 劳动法律关系包括（　　）。

A. 劳动法律关系主体　　　　　　　　　B. 劳动法律关系客体

C. 劳动法律关系内容　　　　　　　　　D. 劳动法律关系对象

E. 劳动法律关系方法

(3) 根据国家标准，应当归档的建设工程文件主要包括（　　）。

A. 工程准备阶段文件　　　　　　　　　B. 监理文件

C. 施工文件　　　　　　　　　　　　　D. 竣工图和竣工验收文件

E. 不包括 A

3. 思考题

(1) 环境保护法的基本原则是什么？

(2) 建设项目环境影响评价的概念、地位和作用是什么？

(3) 环境保护法的基本制度有哪些？其目标是什么？

(4) 什么是建设项目环境保护"三同时"制度？

(5) 什么是建筑节能？

(6) 关于建筑节能的执行和监管，法律上有哪些主要的规定？

(7) 新建建筑节能审查的要求是什么？

(8) 应当归档的建设工程文件包括哪些？

(9) 简述劳动法所包括内容。

(10) 施工过程中发现文物，应该如何处理？

4. 案例分析题

背景：广州一家钢结构工程有限公司将一安装工程发包给包工头，对包工头实行包干制，包工头自负盈亏。在施工过程中，包工头雇佣的一名民工赵某从脚手架上坠落受伤，住院数月，医疗费已经花去 10 多万元。包工头系自然人，没有用工主体资格。

问题：本案中民工赵某是与哪一方有劳动合同关系？其赔偿应该由谁负担？

建筑业相关法律法规目录汇编

附录1.1 法　　律

《中华人民共和国建筑法》
《中华人民共和国合同法》
《中华人民共和国招标投标法》
《中华人民共和国安全生产法》
《中华人民共和国城乡规划法》
《中华人民共和国土地管理法》
《中华人民共和国城市房地产管理法》
《中华人民共和国测绘法》
《中华人民共和国消防法》
《中华人民共和国劳动法》
《中华人民共和国劳动合同法》
《中华人民共和国标准化法》
《中华人民共和国行政处罚法》
《中华人民共和国环境保护法》
《中华人民共和国环境影响评价法》
《中华人民共和国水污染防治法》
《中华人民共和国固体废物污染环境防治法》
《中华人民共和国环境噪声污染防治法》
《中华人民共和国大气污染防治法》
《中华人民共和国节约能源法》
《中华人民共和国防洪法》
《中华人民共和国水土保持法》
《中华人民共和国防震减灾法》
《中华人民共和国保险法》
《中华人民共和国社会保险法》
《中华人民共和国企业所得税法》
《中华人民共和国个人所得税法》
《中华人民共和国税收征收管理法》

《中华人民共和国民法通则》
《中华人民共和国民事诉讼法》
《中华人民共和国行政许可法》
《中华人民共和国行政监察法》
《中华人民共和国行政处罚法》
《中华人民共和国行政复议法》
《中华人民共和国仲裁法》
《中华人民共和国劳动争议调解仲裁法》
《中华人民共和国担保法》
《中华人民共和国物权法》

附录1.2 行 政 法 规

《建设工程质量管理条例》
《建设工程安全生产管理条例》
《生产安全事故报告和调查处理条例》
《安全生产许可证条例》
《特种设备安全监察条例》
《企业职工伤亡事故报告和处理规定》
《特别重大事故调查程序暂行规定》
《国务院关于特大安全事故行政责任追究的规定》
《中华人民共和国民用爆炸物品管理条例》
《中华人民共和国标准化法实施条例》
《建设工程勘察设计管理条例》
《建设项目环境保护管理条例》
《中华人民共和国注册建筑师条例》
《地震安全性评价管理条例》
《城市房屋拆迁管理条例》
《民用建筑节能条例》
《中华人民共和国防汛条例》
《城市绿化条例》
《城市市容和环境卫生管理条例》
《工伤保险条例》

附录1.3 部 门 规 章

《实施工程建设强制性标准监督规定》
《工程建设国家标准管理办法》
《工程建设行业标准管理办法》

《工程建设项目施工招标投标办法》

《工程建设项目货物招标投标办法》

《房屋建筑和市政基础设施工程施工招标投标管理办法》

《房屋建筑和市政基础设施工程施工分包管理办法》

《建筑工程设计招标投标管理办法》

《工程建设项目自行招标试行办法》

《招标公告发布暂行办法》

《工程建设项目招标代理机构资格认定办法》

《工程建设项目招标范围和规模标准规定》

《评标委员会和评标方法暂行规定》

《评标专家和评标专家库管理暂行办法》

《建设工程质量检测管理办法》

《房屋建筑工程质量保修办法》

《建设项目竣工环境保护验收管理办法》

《中华人民共和国注册建筑师条例实施细则》

《房地产估价师注册管理办法》

《造价工程师注册管理办法》

《监理工程师资格考试和注册试行办法》

《建筑业企业资质管理规定》

《外商投资建筑业企业管理规定》

《工程监理企业资质管理规定》

《建筑施工企业安全生产许可证管理规定》

《建筑工程施工许可证管理办法》

《建设工程消防监督管理规定》

《建设工程勘察设计市场管理规定》

《建设工程施工现场管理规定》

《建筑装饰装修管理规定》

《住宅室内装饰装修管理办法》

《民用建筑节能管理规定》

《城市建设档案管理规定》

《房屋建筑和市政基础设施工程竣工验收备案管理办法》

《特种作业人员安全技术培训考核管理规定》

《重大建设项目档案验收办法》

《生产安全事故应急预案管理办法》

《安全生产违法行为行政处罚办法》

《城市建筑垃圾管理规定》

附录1.4　规范性文件

《建造师执业资格制度暂行规定》

《关于建筑业企业项目经理资质管理制度向建造师执业资格制度过渡有关问题的通知》

《建造师执业资格考试实施办法》

《注册建造师执业管理办法（试行）》

《注册建造师执业工程规模标准（试行）》

《注册建造师继续教育管理暂行办法》

《施工现场安全防护用具及机械设备使用监督管理规定》

《国家基本建设大中型项目实行招标投标的暂行规定》

《建设部关于培育发展工程总承包和工程项目管理企业的指导意见》

《重大建设项目档案验收办法》

《建设工程文件归档整理规范》

《建设部关于加快推进建筑市场信用体系建设工作的意见》

《建设部关于印发〈建筑市场诚信行为信息管理办法〉的通知》

《建设部关于建立和完善劳务分包制度发展建筑劳务企业的意见》

《建设工程质量投诉处理暂行规定》

《建设工程施工合同（示范文本）》

《建设工程价款结算暂行办法》

《劳动和社会保障部、建设部关于印发〈建设领域农民工工资支付管理暂行办法〉的通知》

《建设部、国家发展改革委员会、财政部、中国人民银行关于严禁政府投资项目使用带资承包方式进行建设的通知》

《司法部、建设部关于为解决建设领域拖欠工程款和农民工工资问题提供法律服务和法律援助的通知》

《建设部关于印发〈绿色施工导则〉的通知》

《工程建设地方标准化工作管理规定》

《危险性较大的分部分项工程安全管理办法》

《建筑施工企业安全生产管理机构设置及专职安全生产管理人员配备办法》

《房屋建筑工程和市政基础设施工程实行见证取样和送检的规定》

《建设部关于加强建筑意外伤害保险工作的指导意见》

附录 2

建设工程质量管理条例

（2000 年 1 月 10 日国务院第 25 次常务会议通过，2000 年 1 月 30 日中华人民共和国国务院令第 279 号公布 自公布之日起施行，2017 年 10 月 7 日第一次修正，2019 年 4 月 23 日第二次修正）

目　　录

第一章　总　　则

第一条　为了加强对建设工程质量的管理，保证建设工程质量，保护人民生命和财产安全，根据《中华人民共和国建筑法》，制定本条例。

第二条　凡在中华人民共和国境内从事建设工程的新建、扩建、改建等有关活动及实施对建设工程质量监督管理的，必须遵守本条例。

本条例所称建设工程，是指土木工程、建筑工程、线路管道和设备安装工程及装修工程。

第三条　建设单位、勘察单位、设计单位、施工单位、工程监理单位依法对建设工程质量负责。

第四条　县级以上人民政府建设行政主管部门和其他有关部门应当加强对建设工程质量的监督管理。

第五条　从事建设工程活动，必须严格执行基本建设程序，坚持先勘察、后设计、再施工的原则。

县级以上人民政府及其有关部门不得超越权限审批建设项目或者擅自简化基本建设程序。

第六条　国家鼓励采用先进的科学技术和管理方法，提高建设工程质量。

第二章 建设单位的质量责任和义务

第七条 建设单位应当将工程发包给具有相应资质等级的单位。

建设单位不得将建设工程肢解发包。

第八条 建设单位应当依法对工程建设项目的勘察、设计、施工、监理以及与工程建设有关的重要设备、材料等的采购进行招标。

第九条 建设单位必须向有关的勘察、设计、施工、工程监理等单位提供与建设工程有关的原始资料。

原始资料必须真实、准确、齐全。

第十条 建设工程发包单位不得迫使承包方以低于成本的价格竞标，不得任意压缩合理工期。

建设单位不得明示或者暗示设计单位或者施工单位违反工程建设强制性标准，降低建设工程质量。

第十一条 施工图设计文件审查的具体办法，由国务院建设行政主管部门、国务院其他有关部门制定。

施工图设计文件未经审查批准的，不得使用。

第十二条 实行监理的建设工程，建设单位应当委托具有相应资质等级的工程监理单位进行监理，也可以委托具有工程监理相应资质等级并与被监理工程的施工承包单位没有隶属关系或者其他利害关系的该工程的设计单位进行监理。

下列建设工程必须实行监理：

（一）国家重点建设工程；

（二）大中型公用事业工程；

（三）成片开发建设的住宅小区工程；

（四）利用外国政府或者国际组织贷款、援助资金的工程；

（五）国家规定必须实行监理的其他工程。

第十三条 建设单位在开工前，应当按照国家有关规定办理工程质量监督手续，工程质量监督手续可以与施工许可证或者开工报告合并办理。

第十四条 按照合同约定，由建设单位采购建筑材料、建筑构配件和设备的，建设单位应当保证建筑材料、建筑构配件和设备符合设计文件和合同要求。

建设单位不得明示或者暗示施工单位使用不合格的建筑材料、建筑构配件和设备。

第十五条 涉及建筑主体和承重结构变动的装修工程，建设单位应当在施工前委托原设计单位或者具有相应资质等级的设计单位提出设计方案；没有设计方案的，不得施工。

房屋建筑使用者在装修过程中，不得擅自变动房屋建筑主体和承重结构。

第十六条 建设单位收到建设工程竣工报告后，应当组织设计、施工、工程监理等有关单位进行竣工验收。

建设工程竣工验收应当具备下列条件：

（一）完成建设工程设计和合同约定的各项内容；

（二）有完整的技术档案和施工管理资料；

（三）有工程使用的主要建筑材料、建筑构配件和设备的进场试验报告；

（四）有勘察、设计、施工、工程监理等单位分别签署的质量合格文件；

（五）有施工单位签署的工程保修书。

建设工程经验收合格的，方可交付使用。

第十七条 建设单位应当严格按照国家有关档案管理的规定，及时收集、整理建设项目各环节的文件资料，建立、健全建设项目档案，并在建设工程竣工验收后，及时向建设行政主管部门或者其他有关部门移交建设项目档案。

第三章 勘察、设计单位的质量责任和义务

第十八条 从事建设工程勘察、设计的单位应当依法取得相应等级的资质证书，并在其资质等级许可的范围内承揽工程。

禁止勘察、设计单位超越其资质等级许可的范围或者以其他勘察、设计单位的名义承揽工程。禁止勘察、设计单位允许其他单位或者个人以本单位的名义承揽工程。

勘察、设计单位不得转包或者违法分包所承揽的工程。

第十九条 勘察、设计单位必须按照工程建设强制性标准进行勘察、设计，并对其勘察、设计的质量负责。

注册建筑师、注册结构工程师等注册执业人员应当在设计文件上签字，对设计文件负责。

第二十条 勘察单位提供的地质、测量、水文等勘察成果必须真实、准确。

第二十一条 设计单位应当根据勘察成果文件进行建设工程设计。

设计文件应当符合国家规定的设计深度要求，注明工程合理使用年限。

第二十二条 设计单位在设计文件中选用的建筑材料、建筑构配件和设备，应当注明规格、型号、性能等技术指标，其质量要求必须符合国家规定的标准。

除有特殊要求的建筑材料、专用设备、工艺生产线等外，设计单位不得指定生产厂、供应商。

第二十三条 设计单位应当就审查合格的施工图设计文件向施工单位作出详细说明。

第二十四条 设计单位应当参与建设工程质量事故分析，并对因设计造成的质量事故，提出相应的技术处理方案。

第四章 施工单位的质量责任和义务

第二十五条 施工单位应当依法取得相应等级的资质证书，并在其资质等级许可的范围内承揽工程。

禁止施工单位超越本单位资质等级许可的业务范围或者以其他施工单位的名义承揽工程。禁止施工单位允许其他单位或者个人以本单位的名义承揽工程。

施工单位不得转包或者违法分包工程。

第二十六条 施工单位对建设工程的施工质量负责。

施工单位应当建立质量责任制，确定工程项目的项目经理、技术负责人和施工管理负责人。

建设工程实行总承包的，总承包单位应当对全部建设工程质量负责；建设工程勘察、设计、施工、设备采购的一项或者多项实行总承包的，总承包单位应当对其承包的建设工程或

者采购的设备的质量负责。

第二十七条　总承包单位依法将建设工程分包给其他单位的，分包单位应当按照分包合同的约定对其分包工程的质量向总承包单位负责，总承包单位与分包单位对分包工程的质量承担连带责任。

第二十八条　施工单位必须按照工程设计图纸和施工技术标准施工，不得擅自修改工程设计，不得偷工减料。

施工单位在施工过程中发现设计文件和图纸有差错的，应当及时提出意见和建议。

第二十九条　施工单位必须按照工程设计要求、施工技术标准和合同约定，对建筑材料、建筑构配件、设备和商品混凝土进行检验，检验应当有书面记录和专人签字；未经检验或者检验不合格的，不得使用。

第三十条　施工单位必须建立、健全施工质量的检验制度，严格工序管理，作好隐蔽工程的质量检查和记录。隐蔽工程在隐蔽前，施工单位应当通知建设单位和建设工程质量监督机构。

第三十一条　施工人员对涉及结构安全的试块、试件以及有关材料，应当在建设单位或者工程监理单位监督下现场取样，并送具有相应资质等级的质量检测单位进行检测。

第三十二条　施工单位对施工中出现质量问题的建设工程或者竣工验收不合格的建设工程，应当负责返修。

第三十三条　施工单位应当建立、健全教育培训制度，加强对职工的教育培训；未经教育培训或者考核不合格的人员，不得上岗作业。

第五章　工程监理单位的质量责任和义务

第三十四条　工程监理单位应当依法取得相应等级的资质证书，并在其资质等级许可的范围内承担工程监理业务。

禁止工程监理单位超越本单位资质等级许可的范围或者以其他工程监理单位的名义承担工程监理业务。禁止工程监理单位允许其他单位或者个人以本单位的名义承担工程监理业务。

工程监理单位不得转让工程监理业务。

第三十五条　工程监理单位与被监理工程的施工承包单位以及建筑材料、建筑构配件和设备供应单位有隶属关系或者其他利害关系的，不得承担该项建设工程的监理业务。

第三十六条　工程监理单位应当依照法律、法规以及有关技术标准、设计文件和建设工程承包合同，代表建设单位对施工质量实施监理，并对施工质量承担监理责任。

第三十七条　工程监理单位应当选派具备相应资格的总监理工程师和监理工程师进驻施工现场。

未经监理工程师签字，建筑材料、建筑构配件和设备不得在工程上使用或者安装，施工单位不得进行下一道工序的施工。未经总监理工程师签字，建设单位不拨付工程款，不进行竣工验收。

第三十八条　监理工程师应当按照工程监理规范的要求，采取旁站、巡视和平行检验等形式，对建设工程实施监理。

第六章 建设工程质量保修

第三十九条 建设工程实行质量保修制度。

建设工程承包单位在向建设单位提交工程竣工验收报告时，应当向建设单位出具质量保修书。质量保修书中应当明确建设工程的保修范围、保修期限和保修责任等。

第四十条 在正常使用条件下，建设工程的最低保修期限为：

（一）基础设施工程、房屋建筑的地基基础工程和主体结构工程，为设计文件规定的该工程的合理使用年限；

（二）屋面防水工程、有防水要求的卫生间、房间和外墙面的防渗漏，为5年；

（三）供热与供冷系统，为2个采暖期、供冷期；

（四）电气管线、给排水管道、设备安装和装修工程，为2年。

其他项目的保修期限由发包方与承包方约定。

建设工程的保修期，自竣工验收合格之日起计算。

第四十一条 建设工程在保修范围和保修期限内发生质量问题的，施工单位应当履行保修义务，并对造成的损失承担赔偿责任。

第四十二条 建设工程在超过合理使用年限后需要继续使用的，产权所有人应当委托具有相应资质等级的勘察、设计单位鉴定，并根据鉴定结果采取加固、维修等措施，重新界定使用期。

第七章 监 督 管 理

第四十三条 国家实行建设工程质量监督管理制度。

国务院建设行政主管部门对全国的建设工程质量实施统一监督管理。国务院铁路、交通、水利等有关部门按照国务院规定的职责分工，负责对全国的有关专业建设工程质量的监督管理。

县级以上地方人民政府建设行政主管部门对本行政区域内的建设工程质量实施监督管理。县级以上地方人民政府交通、水利等有关部门在各自的职责范围内，负责对本行政区域内的专业建设工程质量的监督管理。

第四十四条 国务院建设行政主管部门和国务院铁路、交通、水利等有关部门应当加强对有关建设工程质量的法律、法规和强制性标准执行情况的监督检查。

第四十五条 国务院发展计划部门按照国务院规定的职责，组织稽查特派员，对国家出资的重大建设项目实施监督检查。

国务院经济贸易主管部门按照国务院规定的职责，对国家重大技术改造项目实施监督检查。

第四十六条 建设工程质量监督管理，可以由建设行政主管部门或者其他有关部门委托的建设工程质量监督机构具体实施。

从事房屋建筑工程和市政基础设施工程质量监督的机构，必须按照国家有关规定经国务院建设行政主管部门或者省、自治区、直辖市人民政府建设行政主管部门考核；从事专业建设工程质量监督的机构，必须按照国家有关规定经国务院有关部门或者省、自治区、直辖市人民政府有关部门考核。经考核合格后，方可实施质量监督。

第四十七条 县级以上地方人民政府建设行政主管部门和其他有关部门应当加强对有关建设工程质量的法律、法规和强制性标准执行情况的监督检查。

第四十八条 县级以上人民政府建设行政主管部门和其他有关部门履行监督检查职责时，有权采取下列措施：

（一）要求被检查的单位提供有关工程质量的文件和资料；

（二）进入被检查单位的施工现场进行检查；

（三）发现有影响工程质量的问题时，责令改正。

第四十九条 建设单位应当自建设工程竣工验收合格之日起15日内，将建设工程竣工验收报告和规划、公安消防、环保等部门出具的认可文件或者准许使用文件报建设行政主管部门或者其他有关部门备案。

建设行政主管部门或者其他有关部门发现建设单位在竣工验收过程中有违反国家有关建设工程质量管理规定行为的，责令停止使用，重新组织竣工验收。

第五十条 有关单位和个人对县级以上人民政府建设行政主管部门和其他有关部门进行的监督检查应当支持与配合，不得拒绝或者阻碍建设工程质量监督检查人员依法执行职务。

第五十一条 供水、供电、供气、公安消防等部门或者单位不得明示或者暗示建设单位、施工单位购买其指定的生产供应单位的建筑材料、建筑构配件和设备。

第五十二条 建设工程发生质量事故，有关单位应当在24小时内向当地建设行政主管部门和其他有关部门报告。对重大质量事故，事故发生地的建设行政主管部门和其他有关部门应当按照事故类别和等级向当地人民政府和上级建设行政主管部门和其他有关部门报告。

特别重大质量事故的调查程序按照国务院有关规定办理。

第五十三条 任何单位和个人对建设工程的质量事故、质量缺陷都有权检举、控告、投诉。

第八章 罚 则

第五十四条 违反本条例规定，建设单位将建设工程发包给不具有相应资质等级的勘察、设计、施工单位或者委托给不具有相应资质等级的工程监理单位的，责令改正，处50万元以上100万元以下的罚款。

第五十五条 违反本条例规定，建设单位将建设工程肢解发包的，责令改正，处工程合同价款百分之零点五以上百分之一以下的罚款；对全部或者部分使用国有资金的项目，并可以暂停项目执行或者暂停资金拨付。

第五十六条 违反本条例规定，建设单位有下列行为之一的，责令改正，处20万元以上50万元以下的罚款：

（一）迫使承包方以低于成本的价格竞标的；

（二）任意压缩合理工期的；

（三）明示或者暗示设计单位或者施工单位违反工程建设强制性标准，降低工程质量的；

（四）施工图设计文件未经审查或者审查不合格，擅自施工的；

（五）建设项目必须实行工程监理而未实行工程监理的；

（六）未按照国家规定办理工程质量监督手续的；

（七）明示或者暗示施工单位使用不合格的建筑材料、建筑构配件和设备的；

（八）未按照国家规定将竣工验收报告、有关认可文件或者准许使用文件报送备案的。

第五十七条 违反本条例规定，建设单位未取得施工许可证或者开工报告未经批准，擅自施工的，责令停止施工，限期改正，处工程合同价款百分之一以上百分之二以下的罚款。

第五十八条 违反本条例规定，建设单位有下列行为之一的，责令改正，处工程合同价款百分之二以上百分之四以下的罚款；造成损失的，依法承担赔偿责任：

（一）未组织竣工验收，擅自交付使用的；

（二）验收不合格，擅自交付使用的；

（三）对不合格的建设工程按照合格工程验收的。

第五十九条 违反本条例规定，建设工程竣工验收后，建设单位未向建设行政主管部门或者其他有关部门移交建设项目档案的，责令改正，处 1 万元以上 10 万元以下的罚款。

第六十条 违反本条例规定，勘察、设计、施工、工程监理单位超越本单位资质等级承揽工程的，责令停止违法行为，对勘察、设计单位或者工程监理单位处合同约定的勘察费、设计费或者监理酬金 1 倍以上 2 倍以下的罚款；对施工单位处工程合同价款百分之二以上百分之四以下的罚款，可以责令停业整顿，降低资质等级；情节严重的，吊销资质证书；有违法所得的，予以没收。

未取得资质证书承揽工程的，予以取缔，依照前款规定处以罚款；有违法所得的，予以没收。

以欺骗手段取得资质证书承揽工程的，吊销资质证书，依照本条第一款规定处以罚款；有违法所得的，予以没收。

第六十一条 违反本条例规定，勘察、设计、施工、工程监理单位允许其他单位或者个人以本单位名义承揽工程的，责令改正，没收违法所得，对勘察、设计单位和工程监理单位处合同约定的勘察费、设计费和监理酬金 1 倍以上 2 倍以下的罚款；对施工单位处工程合同价款百分之二以上百分之四以下的罚款；可以责令停业整顿，降低资质等级；情节严重的，吊销资质证书。

第六十二条 违反本条例规定，承包单位将承包的工程转包或者违法分包的，责令改正，没收违法所得，对勘察、设计单位处合同约定的勘察费、设计费百分之二十五以上百分之五十以下的罚款；对施工单位处工程合同价款百分之零点五以上百分之一以下的罚款；可以责令停业整顿，降低资质等级；情节严重的，吊销资质证书。

工程监理单位转让工程监理业务的，责令改正，没收违法所得，处合同约定的监理酬金百分之二十五以上百分之五十以下的罚款；可以责令停业整顿，降低资质等级；情节严重的，吊销资质证书。

第六十三条 违反本条例规定，有下列行为之一的，责令改正，处 10 万元以上 30 万元以下的罚款：

（一）勘察单位未按照工程建设强制性标准进行勘察的；

（二）设计单位未根据勘察成果文件进行工程设计的；

（三）设计单位指定建筑材料、建筑构配件的生产厂、供应商的；

（四）设计单位未按照工程建设强制性标准进行设计的。

有前款所列行为，造成工程质量事故的，责令停业整顿，降低资质等级；情节严重的，吊销资质证书；造成损失的，依法承担赔偿责任。

第六十四条　违反本条例规定，施工单位在施工中偷工减料的，使用不合格的建筑材料、建筑构配件和设备的，或者有不按照工程设计图纸或者施工技术标准施工的其他行为的，责令改正，处工程合同价款百分之二以上百分之四以下的罚款；造成建设工程质量不符合规定的质量标准的，负责返工、修理，并赔偿因此造成的损失；情节严重的，责令停业整顿，降低资质等级或者吊销资质证书。

第六十五条　违反本条例规定，施工单位未对建筑材料、建筑构配件、设备和商品混凝土进行检验，或者未对涉及结构安全的试块、试件以及有关材料取样检测的，责令改正，处10万元以上20万元以下的罚款；情节严重的，责令停业整顿，降低资质等级或者吊销资质证书；造成损失的，依法承担赔偿责任。

第六十六条　违反本条例规定，施工单位不履行保修义务或者拖延履行保修义务的，责令改正，处10万元以上20万元以下的罚款，并对在保修期内因质量缺陷造成的损失承担赔偿责任。

第六十七条　工程监理单位有下列行为之一的，责令改正，处50万元以上100万元以下的罚款，降低资质等级或者吊销资质证书；有违法所得的，予以没收；造成损失的，承担连带赔偿责任：

（一）与建设单位或者施工单位串通，弄虚作假、降低工程质量的；

（二）将不合格的建设工程、建筑材料、建筑构配件和设备按照合格签字的。

第六十八条　违反本条例规定，工程监理单位与被监理工程的施工承包单位以及建筑材料、建筑构配件和设备供应单位有隶属关系或者其他利害关系承担该项建设工程的监理业务的，责令改正，处5万元以上10万元以下的罚款，降低资质等级或者吊销资质证书；有违法所得的，予以没收。

第六十九条　违反本条例规定，涉及建筑主体或者承重结构变动的装修工程，没有设计方案擅自施工的，责令改正，处50万元以上100万元以下的罚款；房屋建筑使用者在装修过程中擅自变动房屋建筑主体和承重结构的，责令改正，处5万元以上10万元以下的罚款。

有前款所列行为，造成损失的，依法承担赔偿责任。

第七十条　发生重大工程质量事故隐瞒不报、谎报或者拖延报告期限的，对直接负责的主管人员和其他责任人员依法给予行政处分。

第七十一条　违反本条例规定，供水、供电、供气、公安消防等部门或者单位明示或者暗示建设单位或者施工单位购买其指定的生产供应单位的建筑材料、建筑构配件和设备的，责令改正。

第七十二条　违反本条例规定，注册建筑师、注册结构工程师、监理工程师等注册执业人员因过错造成质量事故的，责令停止执业1年；造成重大质量事故的，吊销执业资格证书，5年以内不予注册；情节特别恶劣的，终身不予注册。

第七十三条　依照本条例规定，给予单位罚款处罚的，对单位直接负责的主管人员和其他直接责任人员处单位罚款数额百分之五以上百分之十以下的罚款。

第七十四条　建设单位、设计单位、施工单位、工程监理单位违反国家规定，降低工程质量标准，造成重大安全事故，构成犯罪的，对直接责任人员依法追究刑事责任。

第七十五条　本条例规定的责令停业整顿，降低资质等级和吊销资质证书的行政处罚，由颁发资质证书的机关决定；其他行政处罚，由建设行政主管部门或者其他有关部门依照法定职权决定。

依照本条例规定被吊销资质证书的，由工商行政管理部门吊销其营业执照。

第七十六条 国家机关工作人员在建设工程质量监督管理工作中玩忽职守、滥用职权、徇私舞弊，构成犯罪的，依法追究刑事责任；尚不构成犯罪的，依法给予行政处分。

第七十七条 建设、勘察、设计、施工、工程监理单位的工作人员因调动工作、退休等原因离开该单位后，被发现在该单位工作期间违反国家有关建设工程质量管理规定，造成重大工程质量事故的，仍应当依法追究法律责任。

第九章 附 则

第七十八条 本条例所称肢解发包，是指建设单位将应当由一个承包单位完成的建设工程分解成若干部分发包给不同的承包单位的行为。

本条例所称违法分包，是指下列行为：

（一）总承包单位将建设工程分包给不具备相应资质条件的单位的；

（二）建设工程总承包合同中未有约定，又未经建设单位认可，承包单位将其承包的部分建设工程交由其他单位完成的；

（三）施工总承包单位将建设工程主体结构的施工分包给其他单位的；

（四）分包单位将其承包的建设工程再分包的。

本条例所称转包，是指承包单位承包建设工程后，不履行合同约定的责任和义务，将其承包的全部建设工程转给他人或者将其承包的全部建设工程肢解以后以分包的名义分别转给其他单位承包的行为。

第七十九条 本条例规定的罚款和没收的违法所得，必须全部上缴国库。

第八十条 抢险救灾及其他临时性房屋建筑和农民自建低层住宅的建设活动，不适用本条例。

第八十一条 军事建设工程的管理，按照中央军事委员会的有关规定执行。

第八十二条 本条例自发布之日起施行。

附刑法有关条款

第一百三十七条 建设单位、设计单位、施工单位、工程监理单位违反国家规定，降低工程质量标准，造成重大安全事故的，对直接责任人员处五年以下有期徒刑或者拘役，并处罚金；后果特别严重的，处五年以上十年以下有期徒刑，并处罚金。

建设工程安全生产管理条例

2003 年 11 月 12 日国务院第 28 次常务会议通过，2003 年 11 月 24 日中华人民共和国国务院令第 393 号公布，自 2004 年 2 月 1 日起施行。

第一章 总 则

第一条 为了加强建设工程安全生产监督管理，保障人民群众生命和财产安全，根据《中华人民共和国建筑法》《中华人民共和国安全生产法》，制定本条例。

第二条 在中华人民共和国境内从事建设工程的新建、扩建、改建和拆除等有关活动及实施对建设工程安全生产的监督管理，必须遵守本条例。

本条例所称建设工程，是指土木工程、建筑工程、线路管道和设备安装工程及装修工程。

第三条 建设工程安全生产管理，坚持安全第一、预防为主的方针。

第四条 建设单位、勘察单位、设计单位、施工单位、工程监理单位及其他与建设工程安全生产有关的单位，必须遵守安全生产法律、法规的规定，保证建设工程安全生产，依法承担建设工程安全生产责任。

第五条 国家鼓励建设工程安全生产的科学技术研究和先进技术的推广应用，推进建设工程安全生产的科学管理。

第二章 建设单位的安全责任

第六条 建设单位应当向施工单位提供施工现场及毗邻区域内供水、排水、供电、供气、供热、通信、广播电视等地下管线资料，气象和水文观测资料，相邻建筑物和构筑物、地下工程的有关资料，并保证资料的真实、准确、完整。

建设单位因建设工程需要，向有关部门或者单位查询前款规定的资料时，有关部门或者单位应当及时提供。

第七条 建设单位不得对勘察、设计、施工、工程监理等单位提出不符合建设工程安全生产法律、法规和强制性标准规定的要求，不得压缩合同约定的工期。

第八条 建设单位在编制工程概算时，应当确定建设工程安全作业环境及安全施工措施所需费用。

第九条 建设单位不得明示或者暗示施工单位购买、租赁、使用不符合安全施工要求的安全防护用具、机械设备、施工机具及配件、消防设施和器材。

第十条 建设单位在申请领取施工许可证时，应当提供建设工程有关安全施工措施的资料。

依法批准开工报告的建设工程，建设单位应当自开工报告批准之日起 15 日内，将保证安全施工的措施报送建设工程所在地的县级以上地方人民政府建设行政主管部门或者其他有关部门备案。

第十一条 建设单位应当将拆除工程发包给具有相应资质等级的施工单位。

建设单位应当在拆除工程施工 15 日前，将下列资料报送建设工程所在地的县级以上地方人民政府建设行政主管部门或者其他有关部门备案：

（一）施工单位资质等级证明；

（二）拟拆除建筑物、构筑物及可能危及毗邻建筑的说明；

（三）拆除施工组织方案；

（四）堆放、清除废弃物的措施。

实施爆破作业的，应当遵守国家有关民用爆炸物品管理的规定。

第三章 勘察、设计、工程监理及其他有关单位的安全责任

第十二条 勘察单位应当按照法律、法规和工程建设强制性标准进行勘察，提供的勘察文件应当真实、准确，满足建设工程安全生产的需要。

勘察单位在勘察作业时，应当严格执行操作规程，采取措施保证各类管线、设施和周边建筑物、构筑物的安全。

第十三条 设计单位应当按照法律、法规和工程建设强制性标准进行设计，防止因设计不合理导致生产安全事故的发生。

设计单位应当考虑施工安全操作和防护的需要，对涉及施工安全的重点部位和环节在设计文件中注明，并对防范生产安全事故提出指导意见。

采用新结构、新材料、新工艺的建设工程和特殊结构的建设工程，设计单位应当在设计中提出保障施工作业人员安全和预防生产安全事故的措施建议。

设计单位和注册建筑师等注册执业人员应当对其设计负责。

第十四条 工程监理单位应当审查施工组织设计中的安全技术措施或者专项施工方案是否符合工程建设强制性标准。

工程监理单位在实施监理过程中，发现存在安全事故隐患的，应当要求施工单位整改；情况严重的，应当要求施工单位暂时停止施工，并及时报告建设单位。施工单位拒不整改或者不停止施工的，工程监理单位应当及时向有关主管部门报告。

工程监理单位和监理工程师应当按照法律、法规和工程建设强制性标准实施监理，并对建设工程安全生产承担监理责任。

第十五条 为建设工程提供机械设备和配件的单位，应当按照安全施工的要求配备齐全有效的保险、限位等安全设施和装置。

第十六条 出租的机械设备和施工机具及配件，应当具有生产（制造）许可证、产品合格证。

出租单位应当对出租的机械设备和施工机具及配件的安全性能进行检测，在签订租赁协议时，应当出具检测合格证明。

禁止出租检测不合格的机械设备和施工机具及配件。

第十七条 在施工现场安装、拆卸施工起重机械和整体提升脚手架、模板等自升式架设

设施，必须由具有相应资质的单位承担。

安装、拆卸施工起重机械和整体提升脚手架、模板等自升式架设设施，应当编制拆装方案，制定安全施工措施，并由专业技术人员现场监督。

施工起重机械和整体提升脚手架、模板等自升式架设设施安装完毕后，安装单位应当自检，出具自检合格证明，并向施工单位进行安全使用说明，办理验收手续并签字。

第十八条 施工起重机械和整体提升脚手架、模板等自升式架设设施的使用达到国家规定的检验检测期限的，必须经具有专业资质的检验检测机构检测。经检测不合格的，不得继续使用。

第十九条 检验检测机构对检测合格的施工起重机械和整体提升脚手架、模板等自升式架设设施，应当出具安全合格证明文件，并对检测结果负责。

第四章 施工单位的安全责任

第二十条 施工单位从事建设工程的新建、扩建、改建和拆除等活动，应当具备国家规定的注册资本、专业技术人员、技术装备和安全生产等条件，依法取得相应等级的资质证书，并在其资质等级许可的范围内承揽工程。

第二十一条 施工单位主要负责人依法对本单位的安全生产工作全面负责。施工单位应当建立健全安全生产责任制度和安全生产教育培训制度，制定安全生产规章制度和操作规程，保证本单位安全生产条件所需资金的投入，对所承担的建设工程进行定期和专项安全检查，并做好安全检查记录。

施工单位的项目负责人应当由取得相应执业资格的人员担任，对建设工程项目的安全施工负责，落实安全生产责任制度、安全生产规章制度和操作规程，确保安全生产费用的有效使用，并根据工程的特点组织制定安全施工措施，消除安全事故隐患，及时、如实报告生产安全事故。

第二十二条 施工单位对列入建设工程概算的安全作业环境及安全施工措施所需费用，应当用于施工安全防护用具及设施的采购和更新、安全施工措施的落实、安全生产条件的改善，不得挪作他用。

第二十三条 施工单位应当设立安全生产管理机构，配备专职安全生产管理人员。

专职安全生产管理人员负责对安全生产进行现场监督检查。发现安全事故隐患，应当及时向项目负责人和安全生产管理机构报告；对违章指挥、违章操作的，应当立即制止。

专职安全生产管理人员的配备办法由国务院建设行政主管部门会同国务院其他有关部门制定。

第二十四条 建设工程实行施工总承包的，由总承包单位对施工现场的安全生产负总责。

总承包单位应当自行完成建设工程主体结构的施工。

总承包单位依法将建设工程分包给其他单位的，分包合同中应当明确各自的安全生产方面的权利、义务。总承包单位和分包单位对分包工程的安全生产承担连带责任。

分包单位应当服从总承包单位的安全生产管理，分包单位不服从管理导致生产安全事故的，由分包单位承担主要责任。

第二十五条 垂直运输机械作业人员、安装拆卸工、爆破作业人员、起重信号工、登高架设作业人员等特种作业人员，必须按照国家有关规定经过专门的安全作业培训，并取得特种作业操作资格证书后，方可上岗作业。

第二十六条 施工单位应当在施工组织设计中编制安全技术措施和施工现场临时用电方案，对下列达到一定规模的危险性较大的分部分项工程编制专项施工方案，并附具安全验算结果，经施工单位技术负责人、总监理工程师签字后实施，由专职安全生产管理人员进行现场监督：

（一）基坑支护与降水工程；

（二）土方开挖工程；

（三）模板工程；

（四）起重吊装工程；

（五）脚手架工程；

（六）拆除、爆破工程；

（七）国务院建设行政主管部门或者其他有关部门规定的其他危险性较大的工程。

对前款所列工程中涉及深基坑、地下暗挖工程、高大模板工程的专项施工方案，施工单位还应当组织专家进行论证、审查。

本条第一款规定的达到一定规模的危险性较大工程的标准，由国务院建设行政主管部门会同国务院其他有关部门制定。

第二十七条 建设工程施工前，施工单位负责项目管理的技术人员应当对有关安全施工的技术要求向施工作业班组、作业人员作出详细说明，并由双方签字确认。

第二十八条 施工单位应当在施工现场入口处、施工起重机械、临时用电设施、脚手架、出入通道口、楼梯口、电梯井口、孔洞口、桥梁口、隧道口、基坑边沿、爆破物及有害危险气体和液体存放处等危险部位，设置明显的安全警示标志。安全警示标志必须符合国家标准。

施工单位应当根据不同施工阶段和周围环境及季节、气候的变化，在施工现场采取相应的安全施工措施。施工现场暂时停止施工的，施工单位应当做好现场防护，所需费用由责任方承担，或者按照合同约定执行。

第二十九条 施工单位应当将施工现场的办公、生活区与作业区分开设置，并保持安全距离；办公、生活区的选址应当符合安全性要求。职工的膳食、饮水、休息场所等应当符合卫生标准。施工单位不得在尚未竣工的建筑物内设置员工集体宿舍。

施工现场临时搭建的建筑物应当符合安全使用要求。施工现场使用的装配式活动房屋应当具有产品合格证。

第三十条 施工单位对因建设工程施工可能造成损害的毗邻建筑物、构筑物和地下管线等，应当采取专项防护措施。

施工单位应当遵守有关环境保护法律、法规的规定，在施工现场采取措施，防止或者减少粉尘、废气、废水、固体废物、噪声、振动和施工照明对人和环境的危害和污染。

在城市市区内的建设工程，施工单位应当对施工现场实行封闭围挡。

第三十一条 施工单位应当在施工现场建立消防安全责任制度，确定消防安全责任人，制定用火、用电、使用易燃易爆材料等各项消防安全管理制度和操作规程，设置消防通道、消防水源，配备消防设施和灭火器材，并在施工现场入口处设置明显标志。

第三十二条 施工单位应当向作业人员提供安全防护用具和安全防护服装，并书面告知危险岗位的操作规程和违章操作的危害。

作业人员有权对施工现场的作业条件、作业程序和作业方式中存在的安全问题提出批评、检举和控告，有权拒绝违章指挥和强令冒险作业。

在施工中发生危及人身安全的紧急情况时，作业人员有权立即停止作业或者在采取必要的应急措施后撤离危险区域。

第三十三条 作业人员应当遵守安全施工的强制性标准、规章制度和操作规程，正确使用安全防护用具、机械设备等。

第三十四条 施工单位采购、租赁的安全防护用具、机械设备、施工机具及配件，应当具有生产（制造）许可证、产品合格证，并在进入施工现场前进行查验。

施工现场的安全防护用具、机械设备、施工机具及配件必须由专人管理，定期进行检查、维修和保养，建立相应的资料档案，并按照国家有关规定及时报废。

第三十五条 施工单位在使用施工起重机械和整体提升脚手架、模板等自升式架设设施前，应当组织有关单位进行验收，也可以委托具有相应资质的检验检测机构进行验收；使用承租的机械设备和施工机具及配件的，由施工总承包单位、分包单位、出租单位和安装单位共同进行验收。验收合格的方可使用。

《特种设备安全监察条例》规定的施工起重机械，在验收前应当经有相应资质的检验检测机构监督检验合格。

施工单位应当自施工起重机械和整体提升脚手架、模板等自升式架设设施验收合格之日起 30 日内，向建设行政主管部门或者其他有关部门登记。登记标志应当置于或者附着于该设备的显著位置。

第三十六条 施工单位的主要负责人、项目负责人、专职安全生产管理人员应当经建设行政主管部门或者其他有关部门考核合格后方可任职。

施工单位应当对管理人员和作业人员每年至少进行一次安全生产教育培训，其教育培训情况记入个人工作档案。安全生产教育培训考核不合格的人员，不得上岗。

第三十七条 作业人员进入新的岗位或者新的施工现场前，应当接受安全生产教育培训。未经教育培训或者教育培训考核不合格的人员，不得上岗作业。

施工单位在采用新技术、新工艺、新设备、新材料时，应当对作业人员进行相应的安全生产教育培训。

第三十八条 施工单位应当为施工现场从事危险作业的人员办理意外伤害保险。

意外伤害保险费由施工单位支付。实行施工总承包的，由总承包单位支付意外伤害保险费。意外伤害保险期限自建设工程开工之日起至竣工验收合格止。

第五章 监督管理

第三十九条 国务院负责安全生产监督管理的部门依照《中华人民共和国安全生产法》的规定，对全国建设工程安全生产工作实施综合监督管理。

县级以上地方人民政府负责安全生产监督管理的部门依照《中华人民共和国安全生产法》的规定，对本行政区域内建设工程安全生产工作实施综合监督管理。

第四十条 国务院建设行政主管部门对全国的建设工程安全生产实施监督管理。国务院铁路、交通、水利等有关部门按照国务院规定的职责分工，负责有关专业建设工程安全生产的监督管理。

县级以上地方人民政府建设行政主管部门对本行政区域内的建设工程安全生产实施监督管理。县级以上地方人民政府交通、水利等有关部门在各自的职责范围内，负责本行政区域内的专业建设工程安全生产的监督管理。

第四十一条 建设行政主管部门和其他有关部门应当将本条例第十条、第十一条规定的有关资料的主要内容抄送同级负责安全生产监督管理的部门。

第四十二条 建设行政主管部门在审核发放施工许可证时，应当对建设工程是否有安全施工措施进行审查，对没有安全施工措施的，不得颁发施工许可证。

建设行政主管部门或者其他有关部门对建设工程是否有安全施工措施进行审查时，不得收取费用。

第四十三条 县级以上人民政府负有建设工程安全生产监督管理职责的部门在各自的职责范围内履行安全监督检查职责时，有权采取下列措施：

（一）要求被检查单位提供有关建设工程安全生产的文件和资料；

（二）进入被检查单位施工现场进行检查；

（三）纠正施工中违反安全生产要求的行为；

（四）对检查中发现的安全事故隐患，责令立即排除；重大安全事故隐患排除前或者排除过程中无法保证安全的，责令从危险区域内撤出作业人员或者暂时停止施工。

第四十四条 建设行政主管部门或者其他有关部门可以将施工现场的监督检查委托给建设工程安全监督机构具体实施。

第四十五条 国家对严重危及施工安全的工艺、设备、材料实行淘汰制度。具体目录由国务院建设行政主管部门会同国务院其他有关部门制定并公布。

第四十六条 县级以上人民政府建设行政主管部门和其他有关部门应当及时受理对建设工程生产安全事故及安全事故隐患的检举、控告和投诉。

第六章 生产安全事故的应急救援和调查处理

第四十七条 县级以上地方人民政府建设行政主管部门应当根据本级人民政府的要求，制定本行政区域内建设工程特大生产安全事故应急救援预案。

第四十八条 施工单位应当制定本单位生产安全事故应急救援预案，建立应急救援组织或者配备应急救援人员，配备必要的应急救援器材、设备，并定期组织演练。

第四十九条 施工单位应当根据建设工程施工的特点、范围，对施工现场易发生重大事故的部位、环节进行监控，制定施工现场生产安全事故应急救援预案。实行施工总承包的，由总承包单位统一组织编制建设工程生产安全事故应急救援预案，工程总承包单位和分包单位按照应急救援预案，各自建立应急救援组织或者配备应急救援人员，配备救援器材、设备，并定期组织演练。

第五十条 施工单位发生生产安全事故，应当按照国家有关伤亡事故报告和调查处理的规定，及时、如实地向负责安全生产监督管理的部门、建设行政主管部门或者其他有关部门报告；特种设备发生事故的，还应当同时向特种设备安全监督管理部门报告。接到报告的部门应当按照国家有关规定，如实上报。

实行施工总承包的建设工程，由总承包单位负责上报事故。

第五十一条 发生生产安全事故后，施工单位应当采取措施防止事故扩大，保护事故现场。需要移动现场物品时，应当作出标记和书面记录，妥善保管有关证物。

第五十二条 建设工程生产安全事故的调查、对事故责任单位和责任人的处罚与处理，按照有关法律、法规的规定执行。

第七章 法律责任

第五十三条 违反本条例的规定，县级以上人民政府建设行政主管部门或者其他有关行政管理部门的工作人员，有下列行为之一的，给予降级或者撤职的行政处分；构成犯罪的，依照刑法有关规定追究刑事责任：

（一）对不具备安全生产条件的施工单位颁发资质证书的；

（二）对没有安全施工措施的建设工程颁发施工许可证的；

（三）发现违法行为不予查处的；

（四）不依法履行监督管理职责的其他行为。

第五十四条 违反本条例的规定，建设单位未提供建设工程安全生产作业环境及安全施工措施所需费用的，责令限期改正；逾期未改正的，责令该建设工程停止施工。

建设单位未将保证安全施工的措施或者拆除工程的有关资料报送有关部门备案的，责令限期改正，给予警告。

第五十五条 违反本条例的规定，建设单位有下列行为之一的，责令限期改正，处20万元以上50万元以下的罚款；造成重大安全事故，构成犯罪的，对直接责任人员，依照刑法有关规定追究刑事责任；造成损失的，依法承担赔偿责任：

（一）对勘察、设计、施工、工程监理等单位提出不符合安全生产法律、法规和强制性标准规定的要求的；

（二）要求施工单位压缩合同约定的工期的；

（三）将拆除工程发包给不具有相应资质等级的施工单位的。

第五十六条 违反本条例的规定，勘察单位、设计单位有下列行为之一的，责令限期改正，处10万元以上30万元以下的罚款；情节严重的，责令停业整顿，降低资质等级，直至吊销资质证书；造成重大安全事故，构成犯罪的，对直接责任人员，依照刑法有关规定追究刑事责任；造成损失的，依法承担赔偿责任：

（一）未按照法律、法规和工程建设强制性标准进行勘察、设计的；

（二）采用新结构、新材料、新工艺的建设工程和特殊结构的建设工程，设计单位未在设计中提出保障施工作业人员安全和预防生产安全事故的措施建议的。

第五十七条 违反本条例的规定，工程监理单位有下列行为之一的，责令限期改正；逾期未改正的，责令停业整顿，并处10万元以上30万元以下的罚款；情节严重的，降低资质等级，直至吊销资质证书；造成重大安全事故，构成犯罪的，对直接责任人员，依照刑法有关规定追究刑事责任；造成损失的，依法承担赔偿责任：

（一）未对施工组织设计中的安全技术措施或者专项施工方案进行审查的；

（二）发现安全事故隐患未及时要求施工单位整改或者暂时停止施工的；

（三）施工单位拒不整改或者不停止施工，未及时向有关主管部门报告的；

（四）未依照法律、法规和工程建设强制性标准实施监理的。

第五十八条 注册执业人员未执行法律、法规和工程建设强制性标准的，责令停止执业 3 个月以上 1 年以下；情节严重的，吊销执业资格证书，5 年内不予注册；造成重大安全事故的，终身不予注册；构成犯罪的，依照刑法有关规定追究刑事责任。

第五十九条 违反本条例的规定，为建设工程提供机械设备和配件的单位，未按照安全施工的要求配备齐全有效的保险、限位等安全设施和装置的，责令限期改正，处合同价款 1 倍以上 3 倍以下的罚款；造成损失的，依法承担赔偿责任。

第六十条 违反本条例的规定，出租单位出租未经安全性能检测或者经检测不合格的机械设备和施工机具及配件的，责令停业整顿，并处 5 万元以上 10 万元以下的罚款；造成损失的，依法承担赔偿责任。

第六十一条 违反本条例的规定，施工起重机械和整体提升脚手架、模板等自升式架设设施安装、拆卸单位有下列行为之一的，责令限期改正，处 5 万元以上 10 万元以下的罚款；情节严重的，责令停业整顿，降低资质等级，直至吊销资质证书；造成损失的，依法承担赔偿责任：

（一）未编制拆装方案、制定安全施工措施的；

（二）未由专业技术人员现场监督的；

（三）未出具自检合格证明或者出具虚假证明的；

（四）未向施工单位进行安全使用说明，办理移交手续的。

施工起重机械和整体提升脚手架、模板等自升式架设设施安装、拆卸单位有前款规定的第（一）项、第（三）项行为，经有关部门或者单位职工提出后，对事故隐患仍不采取措施，因而发生重大伤亡事故或者造成其他严重后果，构成犯罪的，对直接责任人员，依照刑法有关规定追究刑事责任。

第六十二条 违反本条例的规定，施工单位有下列行为之一的，责令限期改正；逾期未改正的，责令停业整顿，依照《中华人民共和国安全生产法》的有关规定处以罚款；造成重大安全事故，构成犯罪的，对直接责任人员，依照刑法有关规定追究刑事责任：

（一）未设立安全生产管理机构、配备专职安全生产管理人员或者分部分项工程施工时无专职安全生产管理人员现场监督的；

（二）施工单位的主要负责人、项目负责人、专职安全生产管理人员、作业人员或者特种作业人员，未经安全教育培训或者经考核不合格即从事相关工作的；

（三）未在施工现场的危险部位设置明显的安全警示标志，或者未按照国家有关规定在施工现场设置消防通道、消防水源、配备消防设施和灭火器材的；

（四）未向作业人员提供安全防护用具和安全防护服装的；

（五）未按照规定在施工起重机械和整体提升脚手架、模板等自升式架设设施验收合格后登记的；

（六）使用国家明令淘汰、禁止使用的危及施工安全的工艺、设备、材料的。

第六十三条 违反本条例的规定，施工单位挪用列入建设工程概算的安全生产作业环境及安全施工措施所需费用的，责令限期改正，处挪用费用 20% 以上 50% 以下的罚款；造成损失的，依法承担赔偿责任。

第六十四条 违反本条例的规定，施工单位有下列行为之一的，责令限期改正；逾期未改正的，责令停业整顿，并处 5 万元以上 10 万元以下的罚款；造成重大安全事故，构成犯罪的，对直接责任人员，依照刑法有关规定追究刑事责任：

（一）施工前未对有关安全施工的技术要求作出详细说明的；

（二）未根据不同施工阶段和周围环境及季节、气候的变化，在施工现场采取相应的安全施工措施，或者在城市市区内的建设工程的施工现场未实行封闭围挡的；

（三）在尚未竣工的建筑物内设置员工集体宿舍的；

（四）施工现场临时搭建的建筑物不符合安全使用要求的；

（五）未对因建设工程施工可能造成损害的毗邻建筑物、构筑物和地下管线等采取专项防护措施的。

施工单位有前款规定第（四）项、第（五）项行为，造成损失的，依法承担赔偿责任。

第六十五条 违反本条例的规定，施工单位有下列行为之一的，责令限期改正；逾期未改正的，责令停业整顿，并处 10 万元以上 30 万元以下的罚款；情节严重的，降低资质等级，直至吊销资质证书；造成重大安全事故，构成犯罪的，对直接责任人员，依照刑法有关规定追究刑事责任；造成损失的，依法承担赔偿责任：

（一）安全防护用具、机械设备、施工机具及配件在进入施工现场前未经查验或者查验不合格即投入使用的；

（二）使用未经验收或者验收不合格的施工起重机械和整体提升脚手架、模板等自升式架设设施的；

（三）委托不具有相应资质的单位承担施工现场安装、拆卸施工起重机械和整体提升脚手架、模板等自升式架设设施的；

（四）在施工组织设计中未编制安全技术措施、施工现场临时用电方案或者专项施工方案的。

第六十六条 违反本条例的规定，施工单位的主要负责人、项目负责人未履行安全生产管理职责的，责令限期改正；逾期未改正的，责令施工单位停业整顿；造成重大安全事故、重大伤亡事故或者其他严重后果，构成犯罪的，依照刑法有关规定追究刑事责任。

作业人员不服管理、违反规章制度和操作规程冒险作业造成重大伤亡事故或者其他严重后果，构成犯罪的，依照刑法有关规定追究刑事责任。

施工单位的主要负责人、项目负责人有前款违法行为，尚不够刑事处罚的，处 2 万元以上 20 万元以下的罚款或者按照管理权限给予撤职处分；自刑罚执行完毕或者受处分之日起，5 年内不得担任任何施工单位的主要负责人、项目负责人。

第六十七条 施工单位取得资质证书后，降低安全生产条件的，责令限期改正；经整改仍未达到与其资质等级相适应的安全生产条件的，责令停业整顿，降低其资质等级直至吊销资质证书。

第六十八条 本条例规定的行政处罚，由建设行政主管部门或者其他有关部门依照法定职权决定。

违反消防安全管理规定的行为，由公安消防机构依法处罚。

有关法律、行政法规对建设工程安全生产违法行为的行政处罚决定机关另有规定的，从其规定。

第八章 附 则

第六十九条 抢险救灾和农民自建低层住宅的安全生产管理，不适用本条例。

第七十条 军事建设工程的安全生产管理，按照中央军事委员会的有关规定执行。

第七十一条 本条例自 2004 年 2 月 1 日起施行。

最高人民法院关于审理建设工程施工合同纠纷案件适用法律问题的解释(二)

《最高人民法院关于审理建设工程施工合同纠纷案件适用法律问题的解释（二）》已于2018年10月29日由最高人民法院审判委员会第1751次会议通过，自2019年2月1日起施行。

为正确审理建设工程施工合同纠纷案件，依法保护当事人合法权益，维护建筑市场秩序，促进建筑市场健康发展，根据《中华人民共和国民法总则》《中华人民共和国合同法》《中华人民共和国建筑法》《中华人民共和国招标投标法》《中华人民共和国民事诉讼法》等法律规定，结合审判实践，制定本解释。

第一条　招标人和中标人另行签订的建设工程施工合同约定的工程范围、建设工期、工程质量、工程价款等实质性内容，与中标合同不一致，一方当事人请求按照中标合同确定权利义务的，人民法院应予支持。

招标人和中标人在中标合同之外就明显高于市场价格购买承建房产、无偿建设住房配套设施、让利、向建设单位捐赠财物等另行签订合同，变相降低工程价款，一方当事人以该合同背离中标合同实质性内容为由请求确认无效的，人民法院应予支持。

第二条　当事人以发包人未取得建设工程规划许可证等规划审批手续为由，请求确认建设工程施工合同无效的，人民法院应予支持，但发包人在起诉前取得建设工程规划许可证等规划审批手续的除外。

发包人能够办理审批手续而未办理，并以未办理审批手续为由请求确认建设工程施工合同无效的，人民法院不予支持。

第三条　建设工程施工合同无效，一方当事人请求对方赔偿损失的，应当就对方过错、损失大小、过错与损失之间的因果关系承担举证责任。

损失大小无法确定，一方当事人请求参照合同约定的质量标准、建设工期、工程价款支付时间等内容确定损失大小的，人民法院可以结合双方过错程度、过错与损失之间的因果关系等因素作出裁判。

第四条　缺乏资质的单位或者个人借用有资质的建筑施工企业名义签订建设工程施工合同，发包人请求出借方与借用方对建设工程质量不合格等因出借资质造成的损失承担连带赔偿责任的，人民法院应予支持。

第五条　当事人对建设工程开工日期有争议的，人民法院应当分别按照以下情形予以认定：

（一）开工日期为发包人或者监理人发出的开工通知载明的开工日期；开工通知发出

后，尚不具备开工条件的，以开工条件具备的时间为开工日期；因承包人原因导致开工时间推迟的，以开工通知载明的时间为开工日期。

（二）承包人经发包人同意已经实际进场施工的，以实际进场施工时间为开工日期。

（三）发包人或者监理人未发出开工通知，亦无相关证据证明实际开工日期的，应当综合考虑开工报告、合同、施工许可证、竣工验收报告或者竣工验收备案表等载明的时间，并结合是否具备开工条件的事实，认定开工日期。

第六条 当事人约定顺延工期应当经发包人或者监理人签证等方式确认，承包人虽未取得工期顺延的确认，但能够证明在合同约定的期限内向发包人或者监理人申请过工期顺延且顺延事由符合合同约定，承包人以此为由主张工期顺延的，人民法院应予支持。

当事人约定承包人未在约定期限内提出工期顺延申请视为工期不顺延的，按照约定处理，但发包人在约定期限后同意工期顺延或者承包人提出合理抗辩的除外。

第七条 发包人在承包人提起的建设工程施工合同纠纷案件中，以建设工程质量不符合合同约定或者法律规定为由，就承包人支付违约金或者赔偿修理、返工、改建的合理费用等损失提出反诉的，人民法院可以合并审理。

第八条 有下列情形之一，承包人请求发包人返还工程质量保证金的，人民法院应予支持：

（一）当事人约定的工程质量保证金返还期限届满。

（二）当事人未约定工程质量保证金返还期限的，自建设工程通过竣工验收之日起满二年。

（三）因发包人原因建设工程未按约定期限进行竣工验收的，自承包人提交工程竣工验收报告九十日后起当事人约定的工程质量保证金返还期限届满；当事人未约定工程质量保证金返还期限的，自承包人提交工程竣工验收报告九十日后起满二年。

发包人返还工程质量保证金后，不影响承包人根据合同约定或者法律规定履行工程保修义务。

第九条 发包人将依法不属于必须招标的建设工程进行招标后，与承包人另行订立的建设工程施工合同背离中标合同的实质性内容，当事人请求以中标合同作为结算建设工程价款依据的，人民法院应予支持，但发包人与承包人因客观情况发生了在招标投标时难以预见的变化而另行订立建设工程施工合同的除外。

第十条 当事人签订的建设工程施工合同与招标文件、投标文件、中标通知书载明的工程范围、建设工期、工程质量、工程价款不一致，一方当事人请求将招标文件、投标文件、中标通知书作为结算工程价款的依据的，人民法院应予支持。

第十一条 当事人就同一建设工程订立的数份建设工程施工合同均无效，但建设工程质量合格，一方当事人请求参照实际履行的合同结算建设工程价款的，人民法院应予支持。

实际履行的合同难以确定，当事人请求参照最后签订的合同结算建设工程价款的，人民法院应予支持。

第十二条 当事人在诉讼前已经对建设工程价款结算达成协议，诉讼中一方当事人申请对工程造价进行鉴定的，人民法院不予准许。

第十三条 当事人在诉讼前共同委托有关机构、人员对建设工程造价出具咨询意见，诉讼中一方当事人不认可该咨询意见申请鉴定的，人民法院应予准许，但双方当事人明确表示受该咨询意见约束的除外。

第十四条　当事人对工程造价、质量、修复费用等专门性问题有争议，人民法院认为需要鉴定的，应当向负有举证责任的当事人释明。当事人经释明未申请鉴定，虽申请鉴定但未支付鉴定费用或者拒不提供相关材料的，应当承担举证不能的法律后果。

一审诉讼中负有举证责任的当事人未申请鉴定，虽申请鉴定但未支付鉴定费用或者拒不提供相关材料，二审诉讼中申请鉴定，人民法院认为确有必要的，应当依照民事诉讼法第一百七十条第一款第三项的规定处理。

第十五条　人民法院准许当事人的鉴定申请后，应当根据当事人申请及查明案件事实的需要，确定委托鉴定的事项、范围、鉴定期限等，并组织双方当事人对争议的鉴定材料进行质证。

第十六条　人民法院应当组织当事人对鉴定意见进行质证。鉴定人将当事人有争议且未经质证的材料作为鉴定依据的，人民法院应当组织当事人就该部分材料进行质证。经质证认为不能作为鉴定依据的，根据该材料作出的鉴定意见不得作为认定案件事实的依据。

第十七条　与发包人订立建设工程施工合同的承包人，根据合同法第二百八十六条规定请求其承建工程的价款就工程折价或者拍卖的价款优先受偿的，人民法院应予支持。

第十八条　装饰装修工程的承包人，请求装饰装修工程价款就该装饰装修工程折价或者拍卖的价款优先受偿的，人民法院应予支持，但装饰装修工程的发包人不是该建筑物的所有权人的除外。

第十九条　建设工程质量合格，承包人请求其承建工程的价款就工程折价或者拍卖的价款优先受偿的，人民法院应予支持。

第二十条　未竣工的建设工程质量合格，承包人请求其承建工程的价款就其承建工程部分折价或者拍卖的价款优先受偿的，人民法院应予支持。

第二十一条　承包人建设工程价款优先受偿的范围依照国务院有关行政主管部门关于建设工程价款范围的规定确定。

承包人就逾期支付建设工程价款的利息、违约金、损害赔偿金等主张优先受偿的，人民法院不予支持。

第二十二条　承包人行使建设工程价款优先受偿权的期限为六个月，自发包人应当给付建设工程价款之日起算。

第二十三条　发包人与承包人约定放弃或者限制建设工程价款优先受偿权，损害建筑工人利益，发包人根据该约定主张承包人不享有建设工程价款优先受偿权的，人民法院不予支持。

第二十四条　实际施工人以发包人为被告主张权利的，人民法院应当追加转包人或者违法分包人为本案第三人，在查明发包人欠付转包人或者违法分包人建设工程价款的数额后，判决发包人在欠付建设工程价款范围内对实际施工人承担责任。

第二十五条　实际施工人根据合同法第七十三条规定，以转包人或者违法分包人怠于向发包人行使到期债权，对其造成损害为由，提起代位权诉讼的，人民法院应予支持。

第二十六条　本解释自 2019 年 2 月 1 日起施行。

本解释施行后尚未审结的一审、二审案件，适用本解释。

本解释施行前已经终审、施行后当事人申请再审或者按照审判监督程序决定再审的案件，不适用本解释。

最高人民法院以前发布的司法解释与本解释不一致的，不再适用。

部分习题参考答案

第1章 导 论

1. 单选题

（1）A （2）C （3）D （4）B

2. 多选题

（1）ABCD （2）ABCD （3）BCDE （4）AD

第2章 城乡规划法律制度

1. 单选题

（1）D （2）C （3）C （4）C （5）B （6）C （7）A

2. 多选题

（1）AC （2）BCE （3）ACD （4）ACD （5）ACDE （6）ADE （7）DE
（8）BCE

4. 案例分析题

（1）该项目是违法建筑，应责令停工，罚款，补办手续。

（2）办理用地性质变更及项目立项报批等手续；办理土地有偿出让手续；办理建设用地规划许可证、建设工程规划许可证。

第3章 勘察设计法律制度

1. 单选题

（1）C （2）A （3）B （4）A （5）C （6）B （7）A

2. 多选题

（1）ABDE （2）ABE （3）ABCD （4）BCD （5）ABE

4. 案例分析题

（1）①未依法变更设计；②对变更的设计未依法进行审查；③违反建筑施工许可；④未经批准并依法办理建设用地规划许可证；⑤未依法办理建设工程规划许可证。

（2）监理工程师只对监理合同委托范围内的工程质量负责。施工图设计的问题虽然在施工阶段发现，但是图纸的问题在设计阶段就已存在，图纸的质量不是监理合同的监理范围，业主没有委托设计阶段监理，图纸有问题，监理没有责任。监理工程师在施工准备阶段组织的施工图纸会审，目的是发现设计问题，把问题消灭在审图阶段，以免给业主带来更大的损失。监理工程师对施工图纸的会审，不能免除设计院对图纸质量的责任。

第4章 建筑法、招标投标法及合同法

1. 单选题

（1）B （2）D （3）D （4）D （5）C （6）A （7）C （8）B （9）C
（10）B （11）B （12）D

2. 多选题

（1）ABCE　（2）ABCE　（3）ABD　（4）BE　（5）CD　（6）ABD　（7）ABC

第5章　工程建设质量管理法律制度

1. 单选题

（1）C　（2）D　（3）D　（4）B

2. 多选题

（1）ABC　（2）ACDE　（3）BCD　（4）ABCD　（5）AD

3. 思考题

（1）建设工程质量简称"工程质量"，有狭义和广义之分。狭义上的建设工程质量通常是指建设工程实体的质量，即指在国家现行的有关法律、法规、技术标准、设计文件和合同中，对工程安全、适用、经济、美观等特性的综合要求；主要反映在建设工程是否满足相关标准规定或合同约定的要求，包括其在安全、技术、使用功能及其在耐久性能、环境保护等方面所有明显能力和隐含能力的特性总和。广义上的建设工程质量还包括工程建设参与者的服务质量和工作质量，主要反映在他们的服务水平与完善程度、工作态度、管理水平、工作效率等多个方面。

（2）我国有完整的建设工程质量管理体系，主要包括宏观管理和微观管理两个方面。宏观管理是指国家对建设工程质量所进行的监督管理，它具体由建设行政主管部门及其授权机构实施，是外部的、纵向的控制；微观管理是指工程建设各方的质量管理和控制体系，主要包括两个方面：一是建筑业企业所建工程的质量管理，是内部的、自身的控制；二是建设单位对所建工程的质量进行监理，是外部的、横向的控制。

（3）我国的建筑业所涉及的设计、科研、房地产开发、市政、施工、试验、质量监督、建设监理等企事业单位，在建立内部质量管理体系时，应选择 GB/T 19004—ISO 9004《质量管理和质量体系要素——指南》建立企业质量体系，并根据用户的要求和企业产品的特点进行选择。在不同水平的三个标准中，GB/T 19003—ISO 9003 是最终检验和试验的质量保证模式，GB/T 19002—ISO 9002 是生产和安装的质量保证模式，GB/T 19003—ISO 9003 是设计/开发、生产、安装和服务的质量保证模式。设计、科研、房地产开发、总承包（集体）公司可以选择 GB/T 19001—ISO 9001 标准，市政、施工（土建、安装机械化施工、建筑装饰）等企业可以选择 GB/T 19002—ISO 9002 标准，而试验、检验、监理等机构可以选择 GB/T 19003—ISO 9003 标准。

（4）建设工程质量监督工作的主管部门，在国家为建设部，在地方为各级人民政府的建设主管部门。市、县建设工程质量监督站和国务院各工业、交通部门所设的专业建设工程质量监督站（简称监督站）为建设工程质量监督的实施机构。

主要职责：检查受监工程的勘察、设计、施工单位和建筑构件厂是否严格执行技术标准，检查其工程（产品）质量；检查工程的质量等级和建筑构件质量，参与评定本地区、本部门的优质工程；参与重大工程质量事故的处理；总结质量监督工程经验，掌握工程质量状况，定期向主管部门汇报。

主要权限：对不按技术标准和有关文件要求设计与施工的单位，可给予警告或通报批评；对发生严重工程质量问题的单位可令其及时妥善处理，对情节严重的，可按有关规定进行罚款，如为在施工工程，则应令其停工整顿；对于核验不合格的工程，可作出返修加固的决定，直至达到合格方准交付使用；对造成重大质量事故的单位，可参加有关部门组成的调查组，提出调查处理意见；对工程质量优良的单位，可提请当地建设主管部门给予奖励。

（5）工程建设参与各方的质量责任与义务如下表所示。

工程参与方	质量责任与义务
建设单位	①依法发包；②依法履行合同；③依法报审施工图；④依法委托监理；⑤办理质量监督手续；⑥依法进行工程变更；⑦组织竣工验收；⑧归档工程资料
勘察单位	①按资质等级依法承揽工程的勘察业务；②严格执行强制性标准；③提供的地质、测量、水文等勘察成果必须真实、准确
设计单位	①按资质等级依法承揽工程的勘察业务；②依据勘察成果进行设计；③所选建筑材料、构配件和设备符合质量要求；④进行技术交底；⑤参与工程质量事故处理
施工单位	①按资质等级承揽业务；②施工总承包单位对工程质量总负责；③按设计文件和相关标准施工；④建立检验制度
监理单位	①按资质等级依法承揽业务；②独立监理；③依法监理；④行使规定职责和权限；⑤根据要求采用不同的监理形式实施监理工作
供应商	①按资质等级提供产品与相应的服务；②产品标识清楚；③对其供应的产品质量负责

（6）建筑工程实行总承包的，总承包单位应当对全部建设工程质量负责；建设工程勘察、设计、施工、设备采购的一项或者多项实行总承包的，总承包单位应当对其承包的建设工程或者采购的设备的质量负责。总承包单位依法将建设工程分包给其他单位的，分包单位应当按照分包合同的约定对其分包工程的质量向总承包单位负责，总承包单位与分包单位对分包工程的质量承担连带责任。也就是说，当所建工程出现问题，不管是由总包单位造成的还是由分包单位造成的，通常由总承包单位负全面质量及经济责任。在总承包单位承担责任后，总包单位可以依法及工程分包合同的相关约定，向分包单位追偿。分包工程的责任承担，由总承包单位和他包单位承担连带责任。因此，根据本条规定，对于分包工程发生的质量问题以及违约责任，建设单位或其他受害人既可以向分包单位请求赔偿全部损失，也可以向总承包单位请求赔偿全部损失。总包单位进行赔偿后，有权根据建筑工程分包合同约定，对于不属于自己责任的那部分赔偿向分包方追偿。

（7）注册执业人员的质量责任：我国目前对勘察设计行业已实行了建筑师和结构工程师的个人执业注册制度，并规定注册建筑师、注册结构工程师必须在规定的执业范围内对本人负责的建筑工程设计文件，实施签字盖章制度。也就是说设计文件必须由这些具备相应法定资格的执业人员签字盖章才能生效。执业注册人员作为勘察设计单位的技术支撑力量，也是勘察设计质量的责任主体之一，应当和企业共同承担勘察设计质量的责任和义务。

注册执业人员的法律责任：因过错造成质量事故的，责令停止执业1年，造成重大质量事故的，吊销执业资格证书，5年以内不予注册，情节特别恶劣的终身不予注册。构成犯罪的，依法追究刑事责任。

第6章　建设工程安全生产管理法律制度

1. 单选题

（1）A　（2）B　（3）A　（4）A　（5）A　（6）D　（7）D　（8）A　（9）A

2. 多选题

(1) ACDE　(2) DE　(3) CDE　(4) ABC　(5) ABCDE

第 7 章　房地产法律制度

1. 单选题

(1) C　(2) C　(3) B　(4) A　(5) B　(6) A　(7) A

2. 多选题

(1) AE　(2) BDE　(3) CD　(4) ABD

4. 案例分析题

(1) A 工厂在 1999 年经征用使用 10 亩土地是不合法的。因为根据《土地管理法》的规定，征用土地的审批权由省人民政府和国务院享有，县政府批准 A 工厂征用土地 10 亩属于非法行使土地审批权的行为，因此，A 工厂据此使用的土地应属于非法用地。

(2) A 工厂将 10 亩土地出让给畅达公司的性质属于非法转让土地。A 工厂以非法占有的土地与畅达公司联营，目的是以土地为条件获得利益，实质上是以合法的形式实施了非法转让土地的行为，应认定为非法转让土地。

(3) 对畅达公司圈起的土地，应按非法转让土地处理，即没收非法所得，并处以罚款。同时还应追究非法批地直接责任者的法律责任。

第 8 章　其他相关法规

1. 单选题

(1) B　(2) B　(3) A　(4) A　(5) C　(6) C

2. 多选题

(1) CDE　(2) ABD　(3) ABCD

4. 案例分析题

本案中民工赵某与广州这家钢结构工程有限公司有劳动合同关系，其赔偿应该由钢结构工程有限公司负担。

参 考 文 献

[1] 住房和城乡建设部高等学校土建学科教学指导委员会. 建设法规教程 [M]. 北京：中国建筑工业出版社，2011.

[2] 全国一级建造师执业资格考试用书编写委员会. 建设工程法规及相关知识 [M]. 北京：中国建筑工业出版社，2019.

[3] 李永福. 建设工程法规 [M]. 北京：中国建筑工业出版社，2011.

[4] 马凤玲. 建设法规 [M]. 北京：中国建筑工业出版社，2014.

[5] 朱宏亮. 建设法规 [M]. 3版. 武汉：武汉理工大学出版社，2011.

[6] 马楠. 建设法规 [M]. 北京：机械工业出版社，2013.

[7] 王孟钧，陈辉华. 建设法规 [M]. 2版. 武汉：武汉理工大学出版社，2013.

[8] 宋宗宇. 建设法规 [M]. 2版. 重庆：重庆大学出版社，2012.

[9] 吴迈. 建设法规 [M]. 武汉：武汉理工大学出版社，2012.

[10] 柳立生，刘红霞. 房地产开发与经营 [M]. 2版. 武汉：武汉理工大学出版社，2014.

[11] 叶胜川. 建设法规 [M]. 武汉：武汉理工大学出版社，2014.

[12] 孙艳，王晓琴. 建设法规 [M]. 武汉：武汉理工大学出版社，2012.

[13] 杨伟军，夏栋舟. 工程建设法规 [M]. 北京：中国建材工业出版社，2012.

[14] 肖铭，潘安平. 建设法规 [M]. 北京：北京大学出版社，2012.

[15] 郑润梅. 建设法规概论 [M]. 北京：中国建材工业出版社，2011.

[16] 莫曼君. 建设工程相关法律法规及案例 [M]. 北京：中国电力出版社，2011.

[17] 金国辉. 新编建设法规教程与案例 [M]. 北京：机械工业出版社，2011.

[18] 马楠. 建设法规与典型案例分析 [M]. 北京：机械工业出版社，2011.

[19] 徐占发. 建设法规与案例分析 [M]. 北京：机械工业出版社，2011.

[20] 刘仁辉. 建设法规 [M]. 北京：科学出版社，2011.

[21] 顾永才，杨雪梅. 建设法规 [M]. 北京：科学出版社，2009.

[22] 国务院法制办公室. 中华人民共和国合同法注解与配套 [M]. 北京：中国法制出版社，2011.

[23] 宋宗宇，李延思. 建设工程法规 [M]. 重庆：重庆大学出版社，2012.